向家坝水电站金属结构
管理总结

王毅华　张世保　王　毅　郭金涛
谭志国　王德金　王爱国　高　鹏　编著

中国三峡出版传媒

中国三峡出版社

图书在版编目（CIP）数据

向家坝水电站金属结构管理总结／王毅华编著．—北京：中国三峡出版社，2021. 12
ISBN 978－7－5206－0111－5

Ⅰ. ①向… Ⅱ. ①王… Ⅲ. ①水力发电站-金属结构-水工建筑物-管理-水富县 Ⅳ. ①TV73

中国版本图书馆 CIP 数据核字（2019）第 282876 号

责任编辑：王　杨

中国三峡出版社出版发行
（北京市通州区新华北街 156 号　101100）
电话：（010）57082645　57082577
http：//media. ctg. com. cn

北京中科印刷有限公司印刷　新华书店经销
2021 年 12 月第 1 版　2021 年 12 月第 1 次印刷
开本：787×1092 毫米　1/16　印张：18. 25
字数：398 千字
ISBN 978－7－5206－0111－5　定价：158. 00 元

《向家坝水电站金属结构管理总结》
编 委 会

主　任：樊启祥

副主任：王毅华　张世保　王　毅

编　委：郭金涛　谭志国　王德金　王爱国

　　　　高　鹏　王海涛　胡　凡　杜　清

　　　　吴国林　熊亮舫　吉嘉兴　虎永辉

　　　　严巨纯

前　言

　　向家坝水电站是金沙江水电基地下游 4 级开发中的最末一个梯级电站，具有防洪、发电、航运、灌溉、生态环保等多种功能，且社会、生态、航运、经济等效益巨大。因其功能多样，金属结构设备种类繁多，几乎囊括了水电站金属结构设备的各种主要类型，包括大坝泄洪、冲沙、地下电站、坝后电站、灌溉取水、垂直升船机、靠船墩和趸船等各类金属结构设备，总吨位高达 3.6 万 t。而且，因工程特性，金属结构设备普遍需要满足高水头、大流速、抗冲刷等要求，设计、制造、安装等环节技术难点较多，精度要求高，且多数无先例可循，需要创新、优化、加强过程管控方可满足工程高标准、长期、可靠运行的需要。实施过程中，参建各方在业主方中国三峡集团的统一协调下，协同工作、各展所长，通过不断地研究、试验、优化、创新、总结，积累了大量的经验，亮点颇多，很多项目的技术和管理在水电行业中起到了开创性和引领性的作用，是一笔宝贵的过程资产，值得进行系统性的总结，以利其他工程借鉴。例如：将液压提升系统首次成功应用于特大型水工钢闸门启闭领域，将一刚一柔支腿首次成功应用于水电站坝顶门机领域，超高水头、超高流速工况下冲沙孔设备的设计及精确制造安装等。

　　本书对向家坝工程金属结构设计、制造、安装管理等方面的经验进行了系统性的总结，对工程重点案例进行了分析，展现了向家坝工程金属结构设计、制造、安装中的亮点，同时也对不足部分进行了细致剖析，具有内容丰富、翔实的特点。因向家坝工程施工的复杂性，本书论述的金属结构管理经验和案例具有很强的代表性和借鉴意义，是一本可读性很强的经验总结类书籍。

作者

2021 年 8 月

目　录

第 1 章　综　述

1.1　工程总体情况

向家坝水电站是金沙江下游河段规划的最末 1 个梯级，坝址位于四川省宜宾市和云南省水富县交界处。电站上游距溪洛渡河道里程为 156.6km，下游距宜宾市 33km，离水富县城 1.5km。

向家坝水电站工程（以下简称"工程"）的开发任务以发电为主，同时改善航运条件，兼顾防洪、灌溉，并具有拦沙和对溪洛渡水电站进行反调节等作用。电站主要向华东地区供电，在枯水期兼顾四川省用电需要。

向家坝水电站水库正常蓄水位 380.00m，相应库容 49.77 亿 m^3；死水位和汛期限制水位均为 370.00m，相应库容 40.74 亿 m^3，调节库容 9.03 亿 m^3，具有不完全季调节能力。电站原设计安装 8 台 75 万 kW 机组，总装机容量 600 万 kW。招标设计阶段，经技术经济论证并报国家发展改革委备案，将单机容量从 75 万 kW 增大至 80 万 kW，总装机容量提高到 640 万 kW。

根据 GB 50201—1994《防洪标准》及 DL 5180—2003《水电枢纽工程等级划分及设计安全标准》的规定，向家坝水电站为一等大（1）型工程，挡水建筑物的设计洪水重现期为 500 年，校核洪水重现期为 5000 年；电站厂房设计洪水重现期为 200 年，校核洪水重现期为 1000 年。

工程枢纽主要由挡水建筑物、泄洪消能建筑物、冲排沙建筑物、左岸坝后引水发电系统、右岸地下引水发电系统、通航建筑物及灌溉取水口等组成。其中，拦河大坝为混凝土重力坝，最大坝高 162.00m，坝顶长度 896.26m；电站厂房分列两岸布置，左、右岸厂房各安装 4 台 80 万 kW 机组；泄洪建筑物位于河床中部略靠右侧，由"12 个表孔 + 10 个中孔"组成，表孔、中孔间隔布置，消力池采用跌坎式淹没射流底流消能工，由中导墙将其分成两个消能区；一级垂直升船机位于左岸坝后厂房左侧，最大提升高度 114.20m；左岸灌溉取水口位于左岸岸坡坝段，设计取水流量为 98m^3/s；右岸灌溉取水口位于右岸地下厂房进水口右侧，设计取水流量为

$38m^3/s$；冲沙孔和排沙洞分别设在升船机坝段的左侧及右岸地下厂房的进水口下部。

1.1.1 工程设计

向家坝水电站工程由中国水电顾问集团中南勘测设计研究院负责设计，工程规模庞大，具有发电、泄洪、冲排沙、灌溉、供水、通航、导流等功能，涵盖了水电工程所需具备的全部功能。根据各系统功能要求和复杂工况，金属结构及设备采用了弧门、平板门、叠梁门、分节门、反钩门、双翼门、密封门、旋转门、拦污栅以及门机、台车、固定卷扬机、液压启闭机、钢绞线液压张紧提升系统等，几乎囊括了水电工程所有类型的闸门和启闭设备，金属结构及设备工程量合计达6万多t。设计中攻克了大量技术难题，多项产品设计在国内水电工程尚属首次采用，一大批金属结构及设备设计技术参数代表了国内最高水平，为国内水电工程起到了很好的示范作用。

1.1.2 招标采购

由于向家坝水电站工程施工周期长、金属结构及设备工程量大，因此适合采用分段招标法，根据工程具体施工工期、各项金属结构及设备的制造周期和安装进度，适时编制阶段招标文件进行招标，这样既能适应工程设计的进度要求，保证采购设备技术参数、型号、数量的准确性，又能较准确地反映合同价格的准确性、可比性。

在招标阶段，为有效地发挥专业特长，将向家坝所有（除导流底孔门槽埋件外）厂坝金属结构及设备的制造和安装分开进行招标，由专业制造或安装承包商分别承担制造或安装工作，对金属结构及设备制造或安装工艺、制造或安装程序、测量手段、质量控制和质量保证非常有利。

为使金属结构及设备的安装与土建施工能更好地衔接，所有的金属结构及设备安装标纳入各标段土建标中；为与导流底孔土建施工同步，满足施工工期要求，将导流系统所有闸门门槽一、二期埋件的制造和安装纳入土建标中；金属结构及设备的制造项目纳入金属结构及设备采购标中。

1.1.3 工程实施

向家坝水电工程金属结构安装分若干标段，分别由中国葛洲坝集团股份有限公司、中水四局、水电三局、武警水电部队等数家单位承担，三峡发展、长江院以及西北院负责监理。

其中，一期工程金属结构主要为左岸主体及导流工程中所有导流底孔门槽一、二期埋件，门槽槽塞的制造和安装；冲沙孔进口段工作和事故挡水门槽一期埋件的制造和安装；灌溉取水口工作和事故检修门槽一期埋件的制造和安装；位于垂直升船机塔楼空腔内的升船机平衡重系统一期埋件的制造和安装。安装工作还包括导流底孔门槽试槽检验，以及施工过程及导流期对门槽的保护和试运转所必需的各种临时设施的制造安装。二期工程金属结构主要为大坝泄洪系统、坝后厂房系统、左岸冲沙系统、左岸灌溉取水系统、施工导流系统、垂直升船机上闸首的金属结构及设备的安装，部分设备的制造，部分设备的回收及二次安装等；出厂验收、卸货、现场验收，工地范围的二次运输、贮存、维护保养和正式移交前的运行、管理；项目（设备）试运转所必需的各种临时设施的安装，包括提供临时电源、电缆等；闸门、启闭机和闸门门槽埋件外露部分在工地安装拼接焊缝两侧的除锈和防腐蚀，以及安装完毕后的面漆涂装和相应的动、静水试验。

向家坝水电站金属结构及启闭机设备按功能分布于泄洪系统、冲排沙系统、引水发电系统（左岸坝后、右岸坝后、右岸地下）、灌溉系统、通航系统及施工导流系统等六大系统。共有各类闸门 105 扇、门槽（门库）埋件 128 套、拦污栅 69 扇、伸缩节 7 套、各类型启闭机 60 台套、升船机闸首防撞装置 2 套、活动桥及液压驱动装置 1 套。总工程量为 44 290t，其中金属结构设备 35 473t、伸缩节设备 616t、启闭机设备（含防撞装置、活动桥及驱动装置）8201t。

1.1.4　建设管理及运行

向家坝水电站建设管理单位为中国三峡建设管理有限公司向家坝工程建设部（现为向溪建设部，以下简称"建设部"）。在工程建设施工过程中，建设部管理科学、有效，管理体系运行顺畅、高效，工程质量长期处于受控状态，经过中国长江三峡集团有限公司（以下简称"中国三峡集团"）质量专家组等多次检查，其优异的表现得到了多次肯定。

向家坝水电站工程运行管理由中国长江电力股份有限公司向家坝水力发电厂承担，作为西电东输的重点工程项目，其功能多样、施工量大、结构体型复杂，从工程投入运行使用至今（2020 年），整体运行情况良好，各工程部位运转正常，初步达到设计目标。

1.2　工程主要内容

向家坝水电站金属结构设备具有点多、面广，总量大，设计、制造、安装难度大，部分项目工期紧的特点。金属结构设备除少量设备外，主体设备已完成安装，亮点很多，技术创新点多，很多项目在水电行业中具有开创性和引领性的作用，总结和推广意义大。例如将液压提升系统成功应用于特大型水工钢闸门启闭领域，将"一刚一柔"支腿首次成功应用于水电站坝顶门机领域，高水头、超高流速工况下冲沙孔设备的设计、制造及安装等。

（1）设备布置部位的功能涵盖面广。除一般电站的施工导流、发电、泄洪、冲排沙系统外，还有灌溉、通航、生活供水等系统。

（2）工程量大，数量种类多。总工程量为 44 290t，闸门包括平面滑动闸门（含反钩闸门）、平面定轮闸门、弧形闸门等，启闭机包括门式启闭机、台车式启闭机、固定卷扬式启闭机、液压启闭机，伸缩节有单波复式结构和双波复式结构。

（3）技术要求高，制造难度大。其中，中孔弧形闸门面板需机加工后贴不锈钢板；表孔弧形闸门半径达 30m，门叶面积达 214m²；泄洪坝段坝顶双向门机轨距 31m 为世界之最，门架结构采用"一刚一柔"门腿方案为水电行业首次使用；地下厂房进水口快速门液压启闭机容量大（最大持住力为 8 500kN）；左岸坝后电站伸缩节钢管直径 12.2m，轴向位移 20mm，径向位移 13mm；左岸冲沙孔出口工作闸门为高水头（大于 110m）平板门，结构复杂，制造加工难度大。

（4）设备制造交货日期跨度大，从 2008 年 9 月至 2015 年 12 月，长达 7 年多；而部分时段交货集中，2011 年交货量达 1.9 万 t，2012 年交货量达 1.3 万 t，分别占金属结构设备总工程量的 43% 和 30%。

（5）金属结构制造厂分布广，管理难度大。

1.2.1　左岸冲沙孔金属结构

左岸冲沙孔布置在垂直升船机左侧，在 6 号导流底孔正上方，其主要功能是对垂直升船机下游航道进行冲沙清淤。冲沙孔出口段设置 1 道工作闸门，布置在出口压坡段前的洞身内，冲沙孔出口下游接消力池及消力尾坎，当工作闸门需要检修、维护时，可将消力池水抽干，使工作闸门具备检修、维护条件；冲沙孔进口段设置事故闸门；冲沙孔进口端设置 1 道检修门，当事故闸门门槽及整个洞身维修时下门挡水。

工作闸门和事故闸门启闭机利用 6 号导流底孔进口事故封堵闸门 2×6500kN 双吊点固定卷扬机拆分为两个 6500kN 单吊点固定卷扬机，启闭机布置在坝顶混凝土排架平台上。出口工作闸门由双缸双作用液压启闭机操作，启闭机容量为 2× 8000kN/2×6500kN。

1.2.2　坝后厂房发电系统金属结构

坝后厂房布置于枢纽左岸，左、右分别与通航坝段和泄水坝段相邻，共安装 4 台单机容量为 800MW 的水轮发电机组，每台机组为单进水口、单尾水管，在每个尾水管出口处用中墩分成 2 个尾水孔口，4 台机组共 8 个尾水出口。

坝后厂房每台机组进口前沿由隔墩分成 6 个过水孔，4 台机组共 24 孔，每孔设置 2 道拦污栅槽（第一道栅槽兼做清污导槽），配置 27 扇拦污栅（其中 3 扇备用栅），拦污栅的启闭和清污均由坝前 1000kN 清污双向门机通过平衡梁或清污抓斗操作；在拦污栅下游设有 1 道检修门槽，共 4 孔，检修闸门按每孔 1 扇考虑，共 4 扇，机组安装结束后，保留 1 扇检修闸门作为永久设备，其余 3 扇吊移，由坝顶 3000kN 双向门机配合液压自动抓梁进行操作；在检修闸门下游，每条引水钢管进口段设 1 道快速闸门，共 4 扇，在机组事故工况下快速闭门，采用布置在 384.00m 高程的

3200kN/6000kN（启门力/持住力）垂直式液压启闭机操作；在每个尾水孔出口设有1道尾水检修门槽，共8孔，每孔设置1扇尾水检修闸门，在机组和尾水管检修时挡水，由尾水平台2×2000kN单向门机配合液压自动抓梁操作。

1.2.3 导流系统金属结构

大坝左岸非溢流坝段及冲沙孔坝段连续布置6条导流底孔。从左至右依次编号为1~6号。导流底孔分两批下闸：第一批为1~5号导流底孔同时下闸，由6号导流底孔继续向下游泄水，待上游水位上升到泄洪中孔且下泄流量达到供水流量时再将6号导流底孔下闸。

1~5号导流底孔进口端设置1扇封堵闸门，每扇封堵闸门配置一套钢绞线液压张紧提升系统；每套提升系统由6组5600kN提升装置组成，每组钢绞线与各自操作的封堵闸门6个吊耳直接相连。

6号导流底孔进口事故闸门设置于进口端，启闭机为固定卷扬式，布置在闸门安装平台上部混凝土排架上。启闭机容量为2×6500kN。出口工作闸门采用平面定轮闸门，设置在出口段洞顶压坡前，闸门启闭设备为固定卷扬式启闭机，布置在闸门安装平台上部混凝土排架上。启闭机容量为2×4500kN。

1.2.4 左岸灌溉取水孔金属结构

左岸灌溉取水口布置于左岸非溢流坝段，进水口段坝体后接取水隧洞，取水隧洞后接灌溉渠。灌溉取水系统进水口前端设置1道拦污栅，其后依次设置1道检修闸门和1道事故闸门。坝顶高程为384.00m处设有1台单向门机，分别通过三套自动抓梁对左岸灌溉孔进口拦污栅、检修闸门及事故闸门进行操作。

1.2.5 升船机上闸首金属结构

向家坝水电站通航建筑物形式采用一级全平衡齿轮齿条爬升式垂直升船机。垂直升船机布置于河道左侧，左、右分别与冲沙孔坝段和厂房坝段相邻，由上游引航道、上闸首（包括挡水坝段和渡槽段）、船厢室段、下闸首和下游引航道（含辅助闸室与辅助闸首）等五部分组成。

上闸首事故闸门设置在上闸首航槽的上游侧，是升船机的上游挡水设施，用于升船机正常和事故检修以及水库水位超过上游最高通航水位时防洪挡水。闸门采用平面定轮形式，由布置在孔口上方混凝土排架上的2×1600kN台车式启闭机操作。

1.2.6 表孔金属结构

泄洪表孔共12孔，每个表孔设1扇弧形工作闸门，可局部开启运行。弧门全开位置能满足校核水位堰顶自由出流，闸门启闭设备为液压启闭机，容量为2×3200kN。因堰顶高程低于死水位，从安全角度考虑，每扇工作闸门前设置一道平面事故闸门槽，12 孔共设 3 扇事故闸门，闸门由泄水坝段坝顶 4000kN/1250kN 双向门机主钩通过自动抓梁进行操作。

1.2.7 中孔金属结构

在泄洪表孔的闸墩内设有 10 孔泄洪中孔，每个中孔出口处设工作闸门，工作闸门可局部开启运行，闸门启闭设备为液压启闭机，启闭机容量为 5500kN/1000kN（启门力/闭门力）。在每扇工作闸门前设置 1 道事故闸门槽，10 孔共设 2 扇事故闸门，事故闸门的启闭设备为泄水坝段 4000kN/1250kN 坝顶双向门机。在每孔中孔进口端部设置 1 道检修门槽，10 孔共用 1 扇检修闸门，检修闸门启闭设备为泄水坝段 4000kN/1250kN 坝顶双向门机。

1.2.8 地下厂房发电系统金属结构

地下厂房布置于右岸地下，共安装 4 台单机容量 800MW 水轮发电机组。引水系统进水口采用岸塔式，每台机组为单进口，每两条尾水管合并成 1 条尾水洞，共 2 条尾水洞，每条尾水洞出口处又由中间隔墩分成 2 个孔口。

地下厂房每台机组进口前沿由隔墩分成 6 个过水孔，4 台机组共 24 个过水孔，每孔设置 2 道拦污栅槽（第一道栅槽兼做清污导槽），配置 27 扇拦污栅（其中 3 扇备用栅）；拦污栅前的污物采用液压清污抓斗清除，清污抓斗沿清污导槽工作；拦污栅的启闭和清污均由坝前清污门机通过平衡梁或清污抓斗操作。在拦污栅下游设 1 道检修门槽，4 孔共用 1 扇检修闸门；闸门由地下厂房进水口塔顶 3200kN 双向门机操作。检修闸门下游，每条引水钢管进口段设 1 道快速闸门，共 4 扇；进水口快速闸门启闭机采用单缸单作用液压启闭机，每扇闸门配置 1 套液压启闭机，启闭容量为 8500kN/4000kN（持住力/启门力）。每条尾水管设置 1 道检修门槽，4 孔共用 2 扇检修闸门；闸门由尾水管廊道内 2×800kN 台车操作。每条尾水洞出口设有 1 道检修门槽，共 4 孔，每孔设置 1 扇检修闸门。每扇尾水洞出口检修闸门配置 1 台固定卷扬式启闭机，启闭机布置在门槽顶部混凝土排架平台上，启闭容量为 2×2500kN。

1.2.9 右岸排沙洞金属结构

右岸排沙洞进口段 2 个支洞对称布置于地下厂房进口下方，两个支洞在中部交汇为 1 个主洞形成出口段，其功能是对地下厂房进水塔前拉沙清淤。排沙洞出口段设有 1 道工作闸门；排沙洞设有 2 个进口，每个进口均设 1 道事故门槽，每槽设 1 扇事故闸门，当工作闸门及隧道发生事故时可启动水闭门挡水；在每扇排沙洞进口事故闸门前设 1 道检修门槽，每槽配置 1 扇检修闸门。

1.2.10 右岸灌溉取水孔金属结构

右岸灌溉取水口布置于地下厂房右侧，进水口段后接取水隧洞，取水隧洞后接倒虹吸跨过横江。灌溉取水系统进水口前端依次设有拦污栅、检修闸门、事故闸门，后设置1道工作闸门及启闭设备。

因灌溉孔进水口段闸门、拦污栅均布置在地下厂房塔顶清污门机和塔顶门机跨内，因此，拦污栅利用地下厂房进口塔顶1000kN清污门机操作，检修闸门和事故闸门利用地下厂房进口塔顶3200kN双向门机操作。

第2章 设计经验及总结

向家坝水电站金属结构设备工程庞大，项目繁多，技术难度大、难点多，一大批金属结构设备设计技术参数代表了国内最高水平，特别是泄洪系统、冲排沙系统及施工导流系统的水力学问题尤为突出。为此，结合工程的推进在不同的设计阶段进行了大量的方案比选、专题研究及论证工作，表现出了不少管理亮点和经验。

2.1 技施设计方面

2.1.1 导流系统闸门启闭机选型方案研究

向家坝水电站工程施工导流系统规模庞大，不仅在技术上有相当大的难度，还存在大流量、高流速工况下闸封堵时不可预见的意外所带来的工程风险。由于导流系统下闸封堵的成功与否决定着大坝能否按期蓄水和发电，其闸门、启闭机设计、布置及操作应以技术成熟、安全、可靠为第一原则。因此，针对导流系统闸门启闭机方案提出了"向家坝水电站导流底孔封堵闸门移动卷扬式启闭机方案可行性研究"专题报告。

固定卷扬式启闭机方案：

1～5号导流底孔封堵闸门门槽上方混凝土排架平台各布置1台2×10 000kN固定卷扬启闭机，共5台，每台启闭机动滑轮组与各自操作的闸门吊耳直接相连。

6号导流底孔进口事故挡水闸门门槽上方混凝土排架平台布置1台2×6500kN固定卷扬启闭机，启闭机动滑轮组与闸门吊耳直接相连。

6号导流底孔出口工作闸门门槽上方混凝土排架平台布置1台2×4500kN固定卷扬启闭机，启闭机动滑轮组与闸门吊耳直接相连。

移动卷扬式启闭机方案：

将1～5号导流底孔门槽上方混凝土排架顶平台高程升高，与6号导流底孔门槽上方混凝土排架顶平台等高。在平台铺设轨道，其上设置1台移动卷扬式（台车式）启闭机，用于对1号～5号导流底孔进口封堵闸门和6号导流底孔进口事故挡水闸门的依次启闭操作。台车式启闭机吊具通过液压自动抓梁与闸门连接，闸门顶部设置与液压自动抓梁相匹配的定位、限位装置。

由于台车式启闭机依次操作闸门，1~5 号导流底孔 5 扇闸门操作水位边界均不相同，按操作 1 扇闸门经历台车走行、自动抓梁与闸门定位、挂（脱）钩、起升机构，上下运行一个完整操作过程约历时 2h，操作 5 扇闸门共历时 10h，以第 5 扇闸门操作水头启闭容量作为控制容量计算，台车式启闭机启闭容量为 2×12 000kN。

6 号导流底孔出口工作门独立布置于 6 号导流底孔出口段，因此，其闸门和启闭机形式维持不变。

方案比较：

1. 启闭设备布置

目前国内水电工程已实际运行的最大固定卷扬式启闭机容量为 2×8 000kN，向家坝工程导流底孔固定卷扬式启闭机方案最大启闭机容量为 2×10 000kN。根据该设备投标商的投标设计方案，2×10 000kN 固定卷扬机可以满足 1~5 号导流底孔封堵闸门操作要求。

移动式启闭机方案，启闭容量增大到 2×12 000kN，无论是起升机构还是台车架的结构和重量都更加庞大，设计、制造、安装难度更大。

2. 启闭机排架结构

两个方案均采用混凝土排架形成启闭机平台，台车式启闭机方案混凝土排架需要加高，荷载更大，同时，为满足台车式启闭机吊具横向通行，排架顶部横梁需下移，对混凝土排架提出了更高的要求。

3. 闸门结构

两方案闸门结构形式基本相同。由于两方案启闭机与闸门连接方式不同，使得移动卷扬式启闭机方案闸门顶部需增设与自动抓梁相匹配的定位，限位，挂、脱装置，同时，需增加闸门配重。

4. 启闭机设备工程量

移动卷扬式启闭机方案采用 1 台 2×12 000kN 台车式启闭机，启闭机重量为750t；固定卷扬式启闭机方案共需 5 台 2×10 000kN 固定卷扬机，启闭机重量为1825t。

5. 安装及调试工期

两方案均于 2012 年 6 月形成导流底孔所有闸门安装平台和启闭机平台，2012年 8 月上旬完成导流底孔所有启闭机的安装与调试，固定卷扬式启闭机方案所有闸门利用各自的固定卷扬机同时安装和调试。

移动卷扬式启闭机方案 6 扇闸门需利用台车式启闭机逐扇安装和调试，延长了闸门安装工期。

6. 下闸封堵时间

固定卷扬式启闭机方案采用 1 门 1 机的布置方式，每台启闭机动滑轮组与各自操作的闸门吊耳始终直接相连，下闸蓄水时 5 孔闸门同时操作，做到了闸门启闭一步到位，正常情况下历时约 10min 即可完成 5 扇闸门的下闸封堵任务。

移动卷扬式启闭机方案，下闸蓄水时需通过台车式启闭机对 5 扇闸门依次操作，操作时要经过台车走行到位、自动抓梁与闸门定位、挂（脱）钩程序后方可进行闸门的启闭操作，正常情况下需历时约 10h 方可完成 5 扇闸门的下闸封堵任务。

7. 操作可靠度

固定卷扬式启闭机方案，启闭机与闸门直接连接，操作快捷，安全可靠。

移动卷扬式启闭机方案，台车式启闭机与闸门要通过自动抓梁定位、挂（脱）钩等环节，特别在水下环境将影响自动抓梁的可靠性。一旦在水下不能脱钩，需提出闸门进行设备检修或更换，势必延长下闸时间，造成闸门下闸水头进一步上升，启闭机严重超载，工程风险较大。

结论：

固定卷扬式启闭机方案，采用 1 机 1 门配置，虽然一次性投资较大，但机型成熟、工程经验丰富，闸门与启闭机直接连接，所有封堵闸门同时启闭一步到位的操作方式，使其运行的安全、可靠性能得到保证。

移动卷扬式启闭机方案，采用 1 机多门配置，虽然一次性投资较小，但自动抓梁操作闸门环节多，下闸封堵时间非常长，自动抓梁可靠性较差，使得工程风险难以预料。

鉴于向家坝工程导流系统的重要性及后果的严重性，下闸蓄水设备的设计布置应遵循安全第一的原则，因此，导流底孔封堵闸门应优先采用固定卷扬式启闭机方案。

在实际施工过程中，随着设计及研究的深入，由于向家坝导流工程庞大及超常规运行工况，导致 1 号～5 号导流底孔封堵闸门启闭设备容量达到 $2 \times 10\,000$kN，超出了当时固定卷扬机最大已使用容量 $2 \times 8\,000$kN。为此，根据向家坝导流工况条件，改变原有方案，组织各方进行深入研究，提出了一套新的解决方案：采用"钢绞线液压张紧提升系统"作为 1 号～5 号导流底孔封堵闸门启闭设备，6 号导流底孔闸门启闭设备维持原固定卷扬机的方案。这一方案成功应用于向家坝导流底孔封堵工程，并且形成了一套完整的科研成果，在后续的工程中得到了推广。

2.1.2 泄洪表孔超高弧形工作闸门设计研究

1. 概况

向家坝水电站泄水建筑物位于大坝中部略靠右侧，前缘总长 248m，共分为 13 个坝段，共设有 12 个表孔、10 个中孔，溢流表孔与泄水中孔采用间隔布置。泄洪表孔布置 2 道闸门，前面布置表孔事故检修门，事故检修门后面布置弧形工作门。弧形闸门孔口宽度为 8.0m，闸门高度为 27.215m，设计水头为 26.715m，闸门面板弧面半径为 30m，采用 2×3200kN 双吊点液压启闭机操作。该闸门特点是高度很大，宽度较小，其高宽比是目前国内已建和在建闸门中高宽比最大的露顶式弧形闸门，动水操作水头和面板弧面半径也是世界上已建和在建露顶式弧形闸门之最。

2. 主要研究内容

针对本工程布置和工作闸门构造特点，闸门整体刚度、稳定性及水动力学与流激振动问题比较复杂，需要通过流激振动试验和动力数值分析相结合的方法来完善闸门的水力结构设计，以确保工程的安全运行。主要研究内容如下：

（1）闸门结构设计研究。关键部件的设计和选型，使得设计的产品在现有的制造加工能力条件下，结构更合理，加工方便、安装便捷、精度更高。

（2）对闸门结构设计提出科学的优化分析计算方法。能在静水压力、动水压力、波浪压力、启闭荷载、温度荷载、基础变位等不同荷载组合作用下，对闸门结构的强度、刚度及稳定性进行空间静动力分析计算，并提出闸门结构优化的措施；计算闸门在无水、有水工况下的自由振动频率；进行弧形工作闸门结构流固耦合的模态特性分析，研究不同开度泄洪时作用于弧形工作闸门上的动水脉动荷载及弧形工作门结构在动水脉动荷载下的动力响应分析，为设计提供可靠的依据；由于坝体沉陷引起的左右支铰水平和垂直方向的错位，分析计算最大错位值对弧门结构的影响。

（3）研究、设计、制作合适的模型，进行弧形工作闸门全水弹性振动试验，研究在各种工况（结合启闭机）动水操作过程闸门受到的水流时均压力、脉动压力，分析荷载量级及其能谱特征，了解动荷载高能区频域能量分布情况；研究在有水、无水状态下闸门的振动特性，并对闸门的振动特性进行分析研究，提出优化措施；测定闸门在各种工况（结合启闭机）下运行时的动力响应，包括应力、位移、加速度，给出振动参数的数字特征及其功率谱密度，明确振动类型、性质及其量级等，分析振动危害性。

3. 闸门结构设计

1）门体结构设计

由于门叶高宽比高达 3.5 倍的特殊形状，加之超大的闸门高度和弧面半径，其闸门结构稳定性及闸门的整体刚度问题较为突出。弧门门叶主梁布置分主横梁和主纵梁两种形式，对于高、宽比大于 1 的潜孔弧门一般采用主纵梁结构。而针对向家坝溢洪道表孔弧门，因三角形的水压分布对主纵梁结构形式并不占优势，而且 27m 多高的门叶采用主纵梁对运输分节不利，同时常规主纵梁结构门叶两侧启闭机的吊点布置也不利，因此门叶结构采用主横梁布置形式。

对于这样高的门叶，如果仍然采用常规的二主横梁形式，若按等荷载布置时，在上主横梁以上门叶的悬臂端将很长，其刚度很难满足规范要求。向家坝表孔弧门是国内目前动水操作水头最高、弧门面板半径最大的表孔弧形闸门，故选用三主横梁方案，以减小上主横梁以上门叶部分悬臂长度。若支臂采用斜支臂与门叶连接将存在一个扭角问题，对于三支臂其空间关系更复杂，为有效化解三支臂与门叶间的空间复杂关系，降低制造及安装难度，可采用直支臂。支臂设计成箱形断面，保证了结构刚度，使得支臂弯矩作用平面内和弯矩作用平面外均有较好的受压稳定能力。向家坝水电站表孔弧门采用三主横梁直支臂按等荷载布置，其优点是闸门刚度较大，有利于抗震；其缺点是支臂"裤衩"部位结构较复杂，制造较困难。

向家坝表孔弧形闸门的门叶结构采用主横梁、小横梁、纵梁、边梁等同层布置的梁系和面板组成的焊接结构，三根主横梁的截面均为箱形梁。面板支承在小横梁和纵梁上。为满足运输要求，闸门分节制造、运输，在工地现场拼焊为整体。六根直支臂的截面均为箱形截面，设计时对支臂末端箱形梁交汇处的结构予以了充分重视，使该处结构尽量简单，焊缝布置做到施工方便。在满足支臂强度、刚度和稳定性要求的条件下，为简化结构，只在支臂平面中部设置了竖向支撑。为满足运输和安装要求，支臂在上支杆与中支杆"裤衩"处分段，在现场焊为一体。闸门门体结构与支臂之间、支臂与支铰之间、支铰与支铰埋件之间均采用工地现场螺栓连接，所有连接面均应机加工。

表孔弧形工作闸门总示意图见图 2-1。

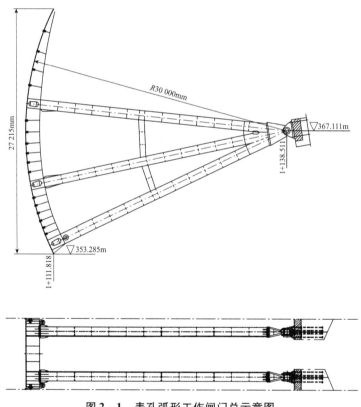

图 2-1　表孔弧形工作闸门总示意图

2）弧门支铰设计

弧形闸门支铰要求具有如下特性：

（1）要求支铰自调偏心的功能强，对安装时两支铰轴心同心度要求相对较低，便于安装。

（2）支铰的结构与理论上铰接点力学特性相似，制造和安装误差不致引起支臂过大的附加应力。

（3）支铰承载能力大而尺寸小，便于布置。

（4）支铰轴承转动灵活，摩擦阻力小。

（5）支铰轴承应具有自润滑免维护功能。

根据以上要求，合理的支铰形式为球铰。球铰与理论计算假定铰结点相似，它所具有的调心功能可适应制造、安装等多个环节累计误差造成的弧门支铰中心不同轴度，有效消除各种误差对弧门结构产生的附加荷载，大大降低了弧门安装难度，同时，还对今后坝体的变位有一定适应能力。

通过调研分析国外先进产品，发现 SKF、DEVA、INNA 等公司均有大荷载球面轴承的定型产品，其产品不仅有球面自润滑轴承固有优点，而且承载能力大，使固定支铰和活动支铰的尺寸和重量比常规圆柱轴套的圆柱铰减少约 30% ~ 35%，相应地使支臂接合端和支铰埋件的重量减轻。尽管球面自润滑轴承本身的价格较高，但整个闸门的制造成本增加并不多。

考虑到向家坝表孔弧门承担重要的泄洪任务，使用非常频繁，经综合经济技术比较后，最终选用 DEVA 公司型号为 dg.03Φ560 的球面滑动轴承，该轴承具有自润滑免维护功能，承载能力为径向荷载 20 000kN，轴承内径 560mm。

向家坝表孔弧门支铰采用球面自润滑轴承实践表明，球面自润滑轴承具有自动调心功能、能够有效克服圆柱轴套的缺陷以及降低弧门支铰的安装难度等许多优点。随着近年来国内制造厂研制大荷载球面轴承定型产品的成功，使得其本身的价格降低，高水头弧门支铰采用球面自润滑轴承是一种较理想的选择。

针对弧门支铰的支承基础，原设计方案采用横跨孔口的钢梁，但由于泄洪坝体横向分缝在每孔表孔的跨中，使得横跨孔口的钢梁适应坝体横向变形位移的问题难以解决，因此，经过分析计算，最终采用混凝土牛腿支承，只是牛腿悬出长度比斜支臂的稍长，通过水工对牛腿的布筋调整，可满足支承荷载要求，这样既简单又有效，而且还节省了工程投资。

3）弧门侧止水设计

为改善弧门水封安装、维护条件，对弧门止水装置进行了优化设计，不同于常规的侧止水在面板两侧与面板外沿平齐，而是在面板前设置止水座，止水紧固件的操作可在面板外侧进行，便于止水橡皮的安装、调整以及今后更换维护，此止水结构形式尚属首次采用。由于门叶高度较大，侧止水结构形式同样成为研究重点，设计中结合潜孔弧门"P"形方头预压止水形式和表孔弧门"L"形止水形式，设计成"P"形方头带"L"唇边的断面形式，既具有一定预压能力，起到了对门体运行时的缓冲减振作用，又具备较大变位适应能力，提高了橡皮的封水效果。侧水封装置示意图如图 2-2 所示。

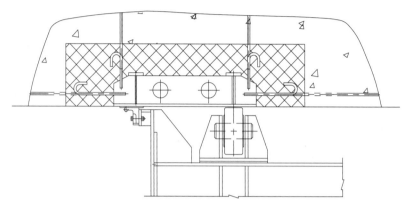

图 2-2 侧水封装置示意图

4）弧门锁定装置设计

向家坝水电站表孔弧门的锁定装置首次采用手动/电动两用的穿轴式锁定装置，提高了闸门及启闭机操作的自动化程度。锁定装置的轴承采用具有自润滑、免维护功能的轴承。每个锁定装置配有一套电动推杆装置，该装置主要特点是操作人员可在启闭机操作室对其进行远程操作，免去操作人员远赴现场进行人工操作的劳累；在装置本身的安全监控方面，设有开闭到位信号和系统超载保护，在操作到位和操作过程中系统超载时，启闭机室内均会有声光信号。

表孔弧门门叶结构中的锁定板，由常用的梨形孔改为了半圆孔，这样能够适当降低安装精度要求。锁定装置示意图如图 2-3 所示。

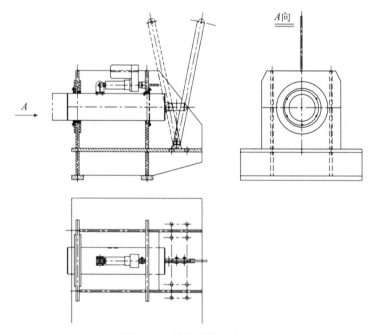

图 2-3 锁定装置示意图

4. 表孔弧形闸门静动力分析及流激振动模型试验研究

1）模型建立

模型范围是根据试验目的要求和试验内容确定的。

整个试验模型除模型工作段外，上游布置了进水口、量水堰、整流段等，下游布置了出水口、尾门等，以保证两侧进流、出流情况下水流边界条件相似。

模型按重力相似准则设计，取几何尺度比尺 $L_r = 32$，空间三向尺度比尺相同，为正态整体模型。各模型水流参数间存在以下关系：几何比尺采用 L_r；流量比尺 $Q_r = L_r 2.5$；压强比尺 $P_r = L_r$；流速比尺 V_r 和时间比尺 T_r：$V_r = T_r = L_r 0.5$；糙率比尺 $n_r = L_r 1/6$，由此推算其他各项参数比尺（见表2-1）。

表2-1　参数比尺

参数名称	模型比尺
流量比尺	5792.62
流速比尺	5.66
时间比尺	5.66
糙率比尺	1.7818
压强比尺	32.00
几何比尺	32.00

（1）闸门动水压力荷载模型。

该模型采用有机玻璃制造而成，模型比尺 $L_r = 32$，主要用于测量作用于闸门结构的时均压力和脉动压力。

工作闸门全水弹性材料模型：

从本质上讲，闸门流激振动属于水弹性振动范畴，考虑到振动试验在水介质中进行，因此闸门的水弹性模型应当同时满足几何尺寸、质量密度、阻尼、弹性模量、水流动力等参数的相似性。根据相似原理，经推导可得如下闸门结构各参数的比尺要求。

几何比尺：L_r

质量密度比尺：$\rho_r = 1$

弹性模量比尺：$E_r = L_r$

泊松比比尺：$\mu_r = 1$

阻尼比尺：$C_r = L_r 2.5$ 或 $\zeta_r = 1$

因市场上没有满足上述相似要求的现成材料可供制作模型使用，需要专门制作模具进行研制，本次试验采用重金属粉、高分子材料等进行多组分特种材料研制，并对研制材料进行测试。测试结果表明，选用的水弹性材料的特性基本达到材料密度 $\rho_m = \rho_p$、结构弹模比尺 $E_r = L_r$ 的要求，此时可以满足弹性模量和密度需要满足的条件：$C_E / C_g C_\rho = C_1$（其中 C_E 为弹性模量相似常数，C_g 为重力相似常数，C_ρ 为密度相似常数，C_l 为几何形状相似常数，其中 $C_g = 1$）。

全水弹性模型既满足水动力学相似，同时满足结构动力学相似及其流固耦合振动相似，能够较好地预报闸门结构的流激振动特性。闸门结构的制作和运行控制具有如下特点：

① 闸门门体及支臂结构采用完全水弹性模型进行制作，按照几何相似进行制作。

② 闸门支铰采用机械加工的支铰结合关节轴承模拟，同心度好，转动灵活。

③ 侧壁安装侧滚轮，保证侧壁与闸室边壁不会出现大面积接触，并通过调整使之与闸室边壁处于似接触非接触的状态，能够满足闸门侧边水力学相似且不会产生过大的摩擦力导致闸门变形。

④ 底止水采用硬止水，在运行过程中底止水仅为几何相似起到约束水流的作用。

⑤ 启闭系统采用步进电机 + 升降器 + 定向转动点 + 钢丝绳来模拟。整个闸门在开启过程中转动灵活、平稳。

（2）测试仪器和控制设备。

水位采用测针、压力传感器来测量。

时均压力采用测压管测量。

流量采用矩形量水堰测量，量水堰水位采用测针测量。

动水压力采用脉动压力传感器测量，信号适配器采用配套放大器等。

闸门启闭作用力采用拉压力传感器配套二次仪表测量。

闸门振动加速度采用振动加速度传感器（压电式）、电荷放大器（具有滤波和积分功能）和动态数据采集分析系统进行数据采集与测量。

闸门振动位移将通过激光位移传感器和动态数据采集分析系统进行数据采集与测量得到。

数据分析软件采用通用程序与自编程序相结合。

闸门运行主要模拟启门、闭门过程，采用钢丝绳模拟启闭杆、定滑轮模拟转点。

上下游水位采用两个测针以及压力传感器测量，1 个矩形量水堰接在模型上游进水口，用于下泄流量测量。

2）模型试验

（1）流态观测。

按照试验工况，开度按照闸门底缘最底位置与闸门底坎顶部之间距离进行控制，现阶段重点关注闸门前后、闸室段的典型工况下的流态。

按照本工程溢流坝闸门布置特点，闸后出流均为自由出流。在自由出流条件下，闸门结构相对来说受到比较稳定的水动力荷载，但存在水位、闸墩体型等组合因素的影响而使得闸前流态复杂，表现为检修门槽内和闸前出现漩涡、水位波动加剧等，对闸门结构的动力作用十分突出，往往可能使闸门处于不稳定的振动状态。如果长时间运行在这种不稳定的工况下，闸门结构将会面临疲劳损伤和结构性破坏。

本次流态观察在固定开度情况下进行了正常蓄水位下的观察。总体上看，在较小开度时闸前来流较平稳，随着流量的逐渐加大，水体表面有一定波动，闸墩处有一定收缩现象，并伴随吸气漩涡发生的情况。闸门后处于自由出流条件下时，对于闸门的动水作用力主要来自上游动水对面板的动力作用。当闸下流态从孔流逐渐向堰流转换的过程中，闸前自由水面水位波动加剧，水流对闸门作用出现不稳定的类似于冲击荷载的作用。

流态试验观测表明，当闸门开度大于 14m 以上时，闸门上游出现不稳定流态，引起门前水流的振荡，且随着闸门开度的进一步加大，水流振荡现象加剧，至闸门底缘脱离主流时水流平稳下泄。这种不稳定振荡的水流运动是诱发闸门结构振动的基本振源之一。

在设计水位的堰流情况下，此时水流对闸后无水动力作用，下泄水流进入消力池后，水跃位置向下游移动，消力池内水面波动较大，水流翻滚剧烈。

从流态看，应当避免或者迅速避开孔流—堰流的过渡流态，并联合下游消力池消能、闸门振动等指标来考虑闸门的运行。

（2）闸门时均压力荷载。

为测定闸门体和溢流坝表面时均压力，在门体中心线及一侧 1/4 位置处各布置 7 个测压管。

水力模型试验针对正常蓄水位工况进行，通过调整不同的闸门开度，实测和记录不同开度下门体和溢流面相应测点的时均压力。由于溢流坝面下游水流流态对门体影响很小，在时均压力测量过程中仅就溢流面通气孔以上测点进行了实测和记录不同开度下门体和溢流面净水头分布。

从门体测点数据分析以及门体测点测压管水头线图可以看出，不同开度下测压管水头线变化趋势基本一致：随着弧门测点位置的升高，测压管水头逐渐增加并越接近弧门前水位；对于各不同测点，随着开度的变化，测压管水头线变化趋势基本相同。这两种变化趋势是符合实际情况的：孔口出流时，由于流速水头的作用，弧门门前水流流速分布状况为从底缘沿弧门向上流速减小，因而弧门底部测点流速大，流速水头在总能量中占有重要部分，在总能量不变的情况下由能量方程可知底部测点测压管水头较上部测点为小。而对于同一测点，随着闸门开度的增加，闸门底缘对水流的作用逐渐减小，垂直收缩系数增大，流速相应减小，同样由能量方程可知测压管水头增加。

闸门结构脉动压力分布特性：

通过闸门体水流脉动压力测量，旨在考察闸门在不同运行工况下诸部位压力脉动荷载的作用情况。对于本闸门而言，重点关注上游面板，本阶段重点测试了正常蓄水位下的作用于门体的水流脉动压力。

为准确把握分析荷载量级及其能谱特征，将实际测量的信号进行了小波分解，取低频信号（0~2.76Hz）段、多层高频信号（2.76~22.1Hz）段进行分析。经与实际测量的背景信号对比后，认为22.1Hz的信号多为噪声信号，考虑删去该频段的信号。将实测信号分为低频信号、高频信号、整体信号三个方面进行描述。

正常蓄水位时，动水压力直接反映所处部位受到的水动力荷载作用，与流态直接相关，尤其是在孔流向堰流出现流态转换过程中，门前流态出现较大波动时，动水压力一般较大，从分解出来的低频段和高频段信号过程来看，低频段的信号一般随开度的增大而增大，高频段的信号随开度的变化相对随机性更强一些。

开度较小时，闸门面板上位于底缘附近点的脉动压力方均根值较上部测点要大一些，尤其是接近底缘下部的测点，较大值多数在1.2kPa以内的范围。但从目前测量的资料来看，在微小开度时出现较大的脉动量值（2.5~3.6kPa）占总水头的1%~1.4%，可能是由于开度过小，导致出流不稳定所致。

闸门不同开度范围内实测作用于门体上游面的水流脉动压力荷载的较大值在8.8~9.9kPa的范围，出现在大开度占总水头的3.5%~3.9%，脉动压力的主能量集中在低频范围。

总体上看，各部位测点的能量主要集中在0~1Hz的低频段内，但当流态出现转换时，门前涌浪加大，出现冲击型的作用特征，此时的频谱能量分布较宽，闸门全开后面板测点功率谱基本反映白噪声特征。

对于水流流体与闸门结构弹性耦合作用影响，需要联合闸门静动力特性后综合考虑判断动水荷载与闸门之间的共振效应。

表孔弧形闸门流激振动特性：

为了获取闸门运行过程中的振动特性，结合有限元计算分析内容，在工作闸门上重点部位共布置了21个振动加速度传感器、16片应变片。

闸门局部开启状态时振动加速度特征：

由测试数据可知，各点对应测量方向中，ρ向（径向）振动加速度方均根值的规律性较好，其随开度的增大逐渐增大；θ向（切向）和z向（侧向）的规律性相对较差。门体ρ向振动加速度方均根值的范围为0.05~0.33m/s²，θ向振动加速度方均根值的范围为0.05~0.34m/s²，z向振动加速度方均根值的范围为0.05~0.36m/s²。

支臂上ρ向振动加速度均方根值的范围为0.05~0.24m/s²，θ向振动加速度均方根值的范围为0.11~0.40m/s²，z向振动加速度方均根值的范围为0.06~0.37m/s²。

闸门局部开启状态时振动应力特征：

上游正常蓄水位、工作门振动应力方均根值各点对应方向上的测量范围内的振动应力方均根值的量级多在1MPa以内，量级较小。

表孔弧形闸门静动力特性的有限元分析：

　　按照 NB 35055—2015《水电工程钢闸门设计规范》规定，闸门采用平面体系假定和允许应力方法进行结构计算和设计。这种计算方法对于实际是空间结构整体受力的弧形闸门而言过于简化，不能真正反映闸门应力和应变情况。为了全面了解在各种工况下底孔弧门闸门应力和应变情况，对底孔弧门进行三维空间有限元静动力分析。

　　① 弧形闸门计算工况和荷载。计算工况为闸门正常挡水位，动水操作水头26.715m，并有局部开启工况。闸门计算荷载为面板水压力、闸门自重、门叶梁格配重、止水摩擦力与支铰摩擦力、启闭力的组合。

　　② 弧形闸门有限元计算模型。弧形闸门有限元模型示意图见图 2-4。

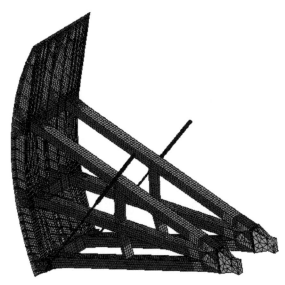

图 2-4　弧形闸门有限元模型示意图

　　所建有限元模型共包括 6508 个面、42 033 个节点，共有 252 198 个自由度。根据计算测得模型重量为 335 895.1kg。现有图纸提供的数据为 336 500kg，计算模型与图纸数据质量之间的误差为 1.8%，误差较小，模型建模较好。

　　对该结构进行不同边界条件下的模态分析和静力特性分析，可获得在不同工作状态下结构的振动频率和振动形态以及闸门的应力和位移分布状况。

　　③ 弧形闸门结构的静力分析。闸门结构的静力特性分析重点考察在上游水压力作用下，闸门结构在不同边界条件下的变形和应力分布特征。计算荷载考虑在闸门上游面施加静水压力荷载，施力方向垂直于面板，并考虑闸门自重影响。

　　计算边界条件如下：

　　a. 闸门处于全关位，保留支铰切向旋转自由度外，约束支铰三个线位移自由度和其他两个旋转自由度。

　　b. 约束启闭杆油缸端点线位移自由度。

　　c. 释放闸门底缘自由度。

由计算得知，闸门最大位移发生在闸门底端中部位置，即中横梁下部至底缘的区域，最大值为51.8mm，是闸门各部位变形与位移量总和的最大值，包括了支臂部分压缩量和面板局部变形量之和。

最大应力发生在闸门支臂与支铰连接处的加劲板角点上，应力为319MPa，是单元奇异产生的局部应力集中现象；次高应力位于中下部两道主横梁之间面板与小横梁腹板交接处的接触线上，为202MPa；主横梁应力不大，一般小于150MPa。

在正常设计水位作用下，闸门支臂的应力分布具有如下特征：上支臂距面板10.023m处横断面处应力为36.3~41.2MPa；闸门中支臂距面板10.023m处横断面处应力为42.9~58.1MPa；闸门下支臂距面板10.023m处横断面处应力为43.3~52.1MPa。从总体上看，上、中、下三个支臂的应力分布除上支臂略小外，中、下两个支臂基本接近。

④ 弧形闸门结构的动力特性分析。

a. 闸门自由状态模态特性。该工况模型不加任何约束条件，目的为计算结构自由状态下的固有频率和固有振型。表2-2为前20阶闸门自由状态振动模态频率。数据显示，前6阶为刚体模态。

表2-2　闸门自由状态下固有频率

阶次	频率（Hz）	阶次	频率（Hz）	阶次	频率（Hz）	阶次	频率（Hz）
1~6	0	10	0.1139	14	1.21	18	4.936
7	0.1005	11	1.027	15	1.211	19	4.941
8	0.1029	12	1.149	16	3.056	20	5.359
9	0.1129	13	1.156	17	4.059		

b. 考虑闸门支铰部位约束状态模态特性。该工况考虑闸门支铰部位约束，目的为计算闸门支铰部位约束状态下的固有频率和固有振型。表2-3为前20阶闸门支铰部位约束状态振动模态频率。

表2-3　闸门支铰约束状态下固有频率

阶次	频率（Hz）	阶次	频率（Hz）	阶次	频率（Hz）	阶次	频率（Hz）
1	1.0054	6	2.3265	11	5.4506	16	10.401
2	2.1978	7	3.0296	12	6.4941	17	10.732
3	2.2432	8	5.026	13	6.8559	18	11.536
4	2.2694	9	5.0354	14	7.3393	19	11.562
5	2.3062	10	5.4306	15	7.6505	20	12.214

c. 同时考虑闸门支铰部位和面板两侧约束作用的模态特性。该工况考虑闸门支铰部位和面板两侧同时约束状态下的固有频率和固有振型。表2-4为前20阶支铰部位和面板两侧同时约束状态振动模态固有频率。

表 2 - 4　支铰部位和面板两侧模型的固有频率

阶次	频率（Hz）	阶次	频率（Hz）	阶次	频率（Hz）	阶次	频率（Hz）
1	2.2404	6	5.0239	11	6.858	16	11.558
2	2.2464	7	5.0326	12	7.02	17	11.825
3	2.3029	8	5.4275	13	7.3758	18	12.259
4	2.3117	9	5.4475	14	10.474	19	12.443
5	3.0358	10	6.5231	15	11.531	20	12.494

⑤ 地基沉陷闸门支铰错位时结构静力特性分析。

由于坝体沉陷引起的左右支铰水平和垂直方向的错位，导致闸门结构受迫变形，并产生附加沉降变形应力。本节通过三种不同的沉降位移得到闸门由于沉降引起的不同承受程度。

分析计算时综合考虑设计库水位条件下，闸门结构同时受到水压力和沉降变形作用影响。计算结果显示，当闸门仅约束支铰工况下，闸门所承受的应力随着沉降量的增大而增大；若同时考虑闸门支铰和面板两侧约束的工况下，闸门结构应力同样是随着沉降量的增大而增大，且后者闸门应力比前者大。约束条件越多，支铰沉降引起的结构应力就越大。

计算工况一：闸门支铰处沉降位移，同时考虑水平和垂直位移均为 10mm，仅约束支铰。

该工况闸门最大位移出现在闸门门叶顶部，位移为 96mm。最大应力为 315MPa，出现在支臂末端的加劲板上，该点应力为单元奇异产生的局部应力集中点；次高应力区出现在面板与小横梁腹板的交接处，应力为 202MPa。

计算工况二：闸门支铰处沉降位移，同时考虑水平和垂直位移均为 20mm，仅约束支铰。

计算结果显示，该计算工况闸门最大位移为 160mm，仍然位于闸门面板上部悬臂端顶端。最大应力为 332MPa，位于支臂末端；次高应力为 232.0MPa，位于支臂与面板横梁相交处的加劲板上，属于应力集中现象。

计算工况三：闸门沉降位移，同时考虑水平和垂直位移均为 30mm，仅约束支铰。

该工况的计算结果显示，闸门最大位移为 226mm，仍然位于闸门面板上部悬臂端顶端。最大应力为 383MPa，位于支铰部位的加劲板上；去除支铰，次高应力为 218.0MPa，位于支臂与面板横梁相交处的加劲板上，属于应力集中现象。

计算工况四：闸门沉降位移，垂直横向位移为 10mm，约束支铰和面板两侧。

该工况的计算结果显示，闸门最大位移为 60mm，仍然位于闸门面板下部角点处。最大应力值为 391MPa，位于支铰部位的加劲板上；去除支铰，次高应力为 217.0MPa，位于支臂与面板横梁相交处的加劲板上，属于应力集中现象。

计算工况五：闸门沉降位移，垂直横向位移为 20mm，约束支铰和两侧。

该工况的计算结果显示，闸门最大位移为 78.5mm，仍然位于闸门面板上部悬臂端顶端。最大应力值为 462MPa，位于支铰部位的加劲板上；去除支铰，次高应力为 256.0MPa，位于支臂与面板横梁相交处的加劲板上，属于应力集中现象。

计算工况六：闸门沉降位移，垂直横向位移为 30mm，约束支铰和两侧。

该工况的计算结果显示，闸门最大位移为 97.5mm，仍然位于闸门面板下部左下角。最大应力值为 534MPa，位于支铰与支臂末端接合部的加劲板部位；次高应力为 256.0MPa，位于支臂与面板横梁相交处的加劲板上，属于应力集中现象。

⑥ 闸门支臂结构动力稳定分析。

实际运行过程中，弧形闸门在某些运行工况下会进入动力不稳定区，导致产生闸门的强烈振动乃至动力失稳而破坏。产生强烈振动的主要原因有如下几种情况：闸门底缘处产生卡门涡，在该动水力荷载作用下闸门产生周期性振动。当下游出现淹没出流时，临门水跃或淹没水跃对闸门门叶下部结构做周期性冲击激励。水流脉动压力荷载高能区与结构固有频率接近或重合，导致结构产生共振。此外，闸门上游面的水封自激振动，特殊水动力作用荷载（如空穴流、气囊运动等）也是引发支臂动力失稳的振源。

在上述荷载作用下，闸门结构常常表现为参数振动，其支臂的动力稳定性也由这种参数振动控制。向家坝水电站溢流坝表孔弧形工作闸门支臂长达 30m，结构的动力稳定需要加以关注。

从受力状态分析，弧形闸门的支臂同时受到上游面板传来的时均动水压力和水流脉动压力的作用，因此支臂结构始终处于受压状态，存在动力稳定问题。闸门支臂在静、动力荷载作用下的运行可用如下参数方程表示：

$$EI \frac{\partial^4 v}{\partial x^2} + (p_0 + p_t \cos\theta t) \frac{\partial^2 v}{\partial x^2} + m \frac{\partial^2 v}{\partial x^2} = 0 \qquad (2-1)$$

式中：EI 为启闭杆抗弯刚度；v 为挠度函数；p_0 为径向静荷载；p_t 为径向随机荷载；m 为杆件单位长质量；θ 为外荷载激励频率。

$$v(x,t) = f_x(t) \sin\frac{k\pi x}{l} \quad (k = 1,2,\cdots) \qquad (2-2)$$

则式（2-2）可表示为：

$$\frac{d^2 f_k}{dt^2} + \omega_k^2 \left[1 - \frac{p_0 + p_t \cos\theta t}{p_{E(k)}} \right] f_k = 0 \quad (k = 1,2,\cdots) \qquad (2-3)$$

通过一定运算可得出如下 Mathiem 方程：

$$\frac{d^2 f}{dt^2} + \Omega^2 (1 - 2\mu\cos\theta t) f = 0 \qquad (2-4)$$

式中：Ω_k 为支臂在上游轴向时均动水压力 p_0 作用下的结构频率，$\Omega_k = \omega_k \sqrt{1 - \dfrac{p_0}{p_{E(k)}}}$，

$$\omega_k = \frac{k^2 \pi^2}{l^2} \sqrt{\frac{EI}{m}}, \quad p_{E(k)} = \frac{k^2 \pi^2 EJ}{l^2} = k^2 p_E, \quad p_E = \frac{\pi^2 EJ}{l^2}; \quad \overline{\text{而}} \ \mu_k = \frac{p_t}{2(p_{E(k)} - p_0)} \text{为动力激发}$$

系数。

式（2-4）包含了水流作用荷载激励频率 θ、结构动力特性及闸门支臂轴向作用力大小等信息。求解上述方程可取得结构三个动力不稳定区域的数学表达式。

第一不稳定区域：

$$\theta_1 = 2\Omega \sqrt{1 - \mu + \frac{\mu^2}{8 + 9\mu}}, \quad \theta_1 = 2\Omega \sqrt{1 - \mu - \frac{\mu^2}{8 - 9\mu}} \tag{2-5}$$

第二不稳定区域：

$$\theta_2 = \Omega \sqrt{1 + \frac{1}{3}\mu^2}, \quad \theta_2 = \Omega \sqrt{1 - 2\mu^2} \tag{2-6}$$

第三不稳定区域：

$$\theta_3 = \frac{2}{3}\Omega \sqrt{1 - \frac{9\mu^2}{6 + 9\mu}}, \quad \theta_3 = \frac{2}{3}\Omega \sqrt{1 - \frac{9\mu^2}{8 - 9\mu}} \tag{2-7}$$

显然，闸门的自振频率 ω_k、上游水压力产生的支臂轴向作用力 P、水流脉动压力荷载 $p(t)$、相应的动荷载作用频率 θ，以及轴向力作用引起的支臂刚度变化的固有振动频率 Ω_k 等因素是闸门支臂产生动力不稳定的主要因素。通过对水流脉动压力、时均总压力、闸门结构动力特性成果的综合分析，可以评价闸门支臂结构的动力稳定安全性。

⑦ 闸门结构水动力荷载特征。表孔弧形闸门做局部开启运行时，上游水动力荷载对门体的作用与水流流态、闸门开度等密切相关，尤其当闸门大开度、孔流向堰流出现流态转换时，门前流态出现较大的水流波动现象，动水压力一般较大，并伴有冲击荷载作用特征。正常蓄水位、小开度时，位于闸门面板底缘部位的较大脉动压力方均根值为 1.2kPa。在微小开度时出现较大量值，为 2.5~3.6kPa，占总水头的 1%~1.4%，可能是由开度过小导致出流不稳定所致。

闸门大开度时，水流脉动压力方均根值在 8.8~9.9kPa 范围内变化，占总水头的 3.5%~3.9%，频率范围以低频为主。

各部位脉动压力能量主要集中在 1Hz 左右的低频区内，当流态出现转换时，存在冲击型作用特征，此时的频谱能量分布较宽。

对于水流流体与闸门结构弹性耦合作用影响，需要联合闸门静动力特性后综合考虑判断动水荷载与闸门之间的共振效应。

⑧ 闸门支臂结构的动力特征。闸门支臂横向 1 阶弯曲振型，相应振动频率 $f = 6.49Hz$；支臂切向 1 阶弯曲变形振动频率 $f = 6.56Hz$；支臂 1 阶鼓胀振型相应振动频率 $f = 7.34Hz$；闸门整体切向 1 阶弯曲频率 $f = 3.03Hz$；闸门面板上部 1 阶弯曲变形振动频率 $f = 1.05Hz$。

若考虑流体耦合作用，闸门支臂振动基频将下降至 3.24~4.5Hz，横向整体一阶固有频率将下降至 1.5Hz。

⑨ 闸门结构的流激振动特征。流激振动试验结果显示，在上游库水位、工作门不同开度条件下，闸门结构的振动加速度方均根值随开度的增大逐渐增大，门体径向（ρ 向）振动加速度方均根值为 0.05 ~ 0.33 m/s²，切向（θ 向）振动加速度方均根值为 0.05 ~ 0.34m/s²，侧向（z 向）振动加速度方均根值为 0.05 ~ 0.36m/s²。

支臂部位径向（ρ 向）振动加速度方均根值为 0.05 ~ 0.24m/s²，切向（θ 向）振动加速度方均根值为 0.11 ~ 0.40m/s²，侧向（z 向）振动加速度方均根值为 0.06 ~ 0.37m/s²。相对而言，支臂结构的振动量较门叶面板略大。

振动响应的频率范围较宽，至 22Hz 还有振动能量，说明闸门大开度时，尤其是上游来流的不稳定运动产生的冲击作用力引起了闸门结构宽频随机振动。

⑩ 闸门支臂的动力稳定分析成果。通过对闸门水动力荷载数据、结构动力特性等的综合分析表明，闸门支臂动力不稳定系数 $\frac{\theta}{2\Omega}$ 约为 0.08 ~ 0.09；若考虑流固耦合作用，动力不稳定系数 $\frac{\theta}{2\Omega}$ 约为 0.13 ~ 0.18。闸门支臂的动力激发系数 $\mu = 0.00568$。从总体上看，闸门支臂结构未进入不稳定区，动力稳定。

通过模型试验和分析，虽然闸门支臂结构是动力稳定的，但尚存在如下问题：根据闸门流激振动随开度的变化规律，闸门局部开启运行时振动量出现两头大、中间小的特征，其中小开度（$n = 3 ~ 5m$）和大开度（$n = 17 ~ 20m$）范围出现振动较大值，中等开度（$n = 12 ~ 15m$）振动量最小。此外，$n = 0.5m$ 以内的微小开度属于水流不稳定范围，亦需避开运行。闸门运行操作时，要尽量避开振动量较大的开度，以确保闸门结构的长期安全。

3）结论

（1）向家坝水电站溢流表孔工作弧形闸门的流激振动试验采用模型试验和数值计算相结合的方法进行，研制开发了闸门水动力模型、结构水弹性模型，比较全面地取得了闸门结构不同运行条件下的水动力荷载作用情况、闸门结构的静动力特性、流激振动响应等，为闸门结构的运行安全性评价提供了科学依据。

（2）流态观测表明，表孔泄流为自由出流流态，作用于闸门的水动力荷载主要来自上游来流对门体的动力作用。弧门小开度泄流时流态基本平稳；随着流量的加大，闸墩处水流收缩，检修门槽内和闸前出现吸气漩涡，水位波动加剧。当闸门开度大于 14m 以上时，闸门上游出现不稳定流态，引起闸前水流的振荡，且随着闸门开度的进一步加大，水流振荡现象加剧，对闸门的动力作用表现出不稳定的类似冲击荷载的作用，直至闸门底缘脱离主流时水流平稳下泄。这种不稳定振荡的水流运动对闸门结构的动力作用十分突出，往往导致闸门处于不稳定的振动状态。如果长时间运行在这种不稳定的工况下，闸门结构将会面临疲劳损伤和结构性损坏，也是诱发闸门结构振动的基本振源之一。

在设计水位的堰流情况下，此时水流对闸后无水力作用，消力池内水流翻滚剧烈，水跃位置向下游移动，消力池内水面波动较大。

（3）闸门及堰面时均压力测试结果显示，在正常蓄水位工况下，由于流速水头的影响，闸门底缘部位的时均压力最小，随着高程的提高，压力分布逐渐增加随后减小，这种压力分布有别于一般静压分布。此外，随着闸门开度的增加，时均压力逐渐减小，符合一般规律。闸门部分开启过程中，溢流坝面局部区域出现负压，实测最大负压值为 $2.80\text{mmH}_2\text{O}$。

（4）表孔弧形闸门做局部开启运行时，上游水动力荷载对门体的作用与水流流态、闸门开度等密切相关，尤其当闸门大开度、孔流向堰流出现流态转换时，门前流态出现较大的水流波动现象，动水压力较大，并伴有冲击荷载作用特征。水流脉动压力测量结果显示，闸门小开度时位于底缘附近部位的脉动压力方均根值比上部测点要大，较大值为 1.2kPa。在微小开度时，脉动量值有所增加（$2.5 \sim 3.6\text{kPa}$），占总水头的 $1\% \sim 1.4\%$，这是由开度过小导致出流不稳定所致。作用于门体上游面的水流脉动压力荷载较大值出现在大开度（$8.8 \sim 9.9\text{kPa}$），占总水头的 $3.5\% \sim 3.9\%$，脉动压力的主能量集中在 $0 \sim 1\text{Hz}$ 低频范围。当流态出现转换时，门前涌浪加大，出现冲击型的作用特征，此时的频谱能量分布较宽。

对于水流流体与闸门结构弹性耦合作用影响，需要联合闸门静动力特性后综合考虑判断动水荷载与闸门之间的共振效应。

（5）闸门局部开启状态时振动加速度特征测试结果显示，上游正常蓄水位时，门体径向（ρ 向）振动加速度方均根值的范围为 $0.05 \sim 0.33\ \text{m/s}^2$，切向（$\theta$ 向）和侧向（z 向）分别为 $0.05 \sim 0.34\text{m/s}^2$ 和 $0.05 \sim 0.36\ \text{m/s}^2$。支臂上 ρ 向振动加速度方均根值的范围为 $0.05 \sim 0.24\text{m/s}^2$，$\theta$ 向和 z 向分别为 $0.11 \sim 0.40\text{m/s}^2$ 和 $0.06 \sim 0.37\text{m/s}^2$。振动响应的频率范围较宽，至 22Hz 还有振动能量，说明闸门大开度时，尤其是上游来流的不稳定运动产生的冲击作用力引起了闸门结构宽频随机振动。闸门振动应力方均根值量级较小，在 1MPa 以内，因此闸门结构的动强度不是控制因素。

（6）闸门结构的动力特性分析表明，闸门整体切向 1 阶弯曲频率 $f = 3.03\text{Hz}$，闸门面板上部 1 阶弯曲变形振动频率为 1.05Hz。闸门支臂横向 1 阶弯曲振型相应振动频率 $f = 6.49\text{Hz}$，支臂切向 1 阶弯曲变形振动频率为 $f = 6.56\text{Hz}$，支臂 1 阶鼓胀振型相应振动频率 $f = 7.34\text{Hz}$。若考虑流体耦合作用，闸门支臂振动基频将下降至 $3.24 \sim 4.5\text{Hz}$，横向整体 1 阶固有频率将下降至 1.5Hz。

（7）通过对闸门结构水动力荷载数据、结构动力特性等的综合分析表明，闸门支臂动力不稳定系数 $\dfrac{\theta}{2\Omega}$ 约为 $0.08 \sim 0.09$；若考虑流固耦合作用，动力不稳定系数 $\dfrac{\theta}{2\Omega}$ 约为 $0.13 \sim 0.18$。闸门支臂的动力激发系数 $\mu = 0.00568$。从总体上看，闸门支臂结构未进入不稳定区，是动力稳定的。

（8）闸门结构静力分析结果表明，在正常设计水位作用下，闸门最大位移发生在闸门底端中部位置，最大值为51.8mm，是闸门各部位变形与位移量总和的最大值，是支臂部分压缩量和面板局部变形量之和。较大应力出现在面板中下部两道主横梁之间面板与小横梁腹板交接处的接触线上，为202MPa。

闸门支臂的应力分布具有如下特征：①上支臂距面板10.023m处横断面处应力为36.3~41.2MPa；②中支臂距面板10.023m处横断面处应力为42.9~58.1MPa；③闸门下支臂距面板10.023m处横断面处应力为43.3~52.1MPa。从总体上看，上、中、下三个支臂的应力分布除上支臂略小外，中、下两个支臂应力基本接近。

（9）不同闸门支铰处沉降位移分析结果显示：①若考虑上游库水位、同时水平和垂直位移均为10mm，仅约束支铰时，该工况闸门最大位移出现在闸门门叶顶部，位移值为96mm；除去局部应力集中点外的较大应力区出现在面板与小横梁腹板的交接处，应力值为202.0MPa。②若同时考虑闸门支铰水平和垂直位移均为20mm，仅约束支铰时，闸门最大位移为160mm，仍然位于闸门面板上部悬臂端顶端；除去局部应力集中点外的较大应力为232.0MPa，位于支臂与面板横梁相交处的加劲板上，属于应力集中现象。③若同时考虑水平和垂直位移均为30mm，仅约束支铰时，该工况的计算结果显示，闸门最大位移为226mm，仍然位于闸门面板上部悬臂端顶端；除去局部应力集中点外的较大应力为218.0MPa，位于支臂与面板横梁相交处的加劲板上，属于应力集中现象。④若只考虑垂直横向位移10mm，约束支铰和面板两侧时，闸门最大位移为60mm，位于闸门面板下部角点处；除去局部应力集中点外的较大应力为217.0MPa，位于支臂与面板横梁相交处的加劲板上，属于应力集中现象。⑤若只考虑垂直横向沉降位移20mm，约束支铰和面板两侧时，闸门最大位移为78.5mm，位于闸门面板上部悬臂端顶端；除去局部应力集中点外的较大应力为256.0MPa，位于支臂与面板横梁相交处的加劲板上，属于应力集中现象。

由以上不同支铰的沉降量计算表明，闸门最大位移出现于门叶顶部，较大应力出现于支臂与面板横梁相交处的加劲板上，属于局部应力集中现象。主横梁和支臂主体结构的应力不大。

5. 结语

2013年底，12个溢洪道表孔工作弧门全部投入运行，与中孔弧门联合调度，实现了下游河道水位变幅、变率的平稳控制，为机组运行发电提供了保障。到目前为止，溢洪道表孔工作弧门经受了各种局部开启工况频繁的动水操作运行考验，运行平稳，控制准确，操作可靠。

2.1.3 泄洪系统超大跨度双向门机设计关键技术研究

1. 概述

向家坝水电站泄洪坝段坝顶设1台双向门机，是该电站泄洪系统的关键启闭设备。为使泄洪坝段主要金结设备覆盖在门机工作范围内，门机采用悬臂门架结构，其中门架跨内轨距 31.0m，门架上游悬臂长 10m，是目前国内水电站已投入使用的跨度最大的超大型门式启闭机。

门架跨内设有 1 台主小车，通过自动抓梁用于对中孔事故闸门和表孔事故检修闸门的启闭操作，以及溢洪道表孔工作弧门和泄洪中孔工作弧门及其液压启闭机的安装、检修吊运，其容量为 4000kN，轨上扬程为 18.0m，总扬程为 90m；门架上游悬臂段设有 1 台副小车，通过自动抓梁用于对中孔检修门的启闭操作，其容量为 1250kN，轨上扬程为 18.0m，总扬程为 102.0m。考虑中孔检修门的吊运需要，副小车可以从悬臂段行走至门机跨内。

根据门机的布置和结构特点，超大门机跨度、大起升载荷及高工作扬程都是该门机的设计技术难题，特别是如何解决超大跨度门机顺利平稳行走运行，成为了门架结构设计的关键技术，因此重点对门架结构和起升机构的关键技术措施进行研究。

2. 门架结构

该门机的最大特点是跨度很大，达到 31m，主小车启闭载荷 4000kN，还有副小车跨外悬臂工作工况，为目前国内已建及在建水电站项目中的最大跨度门机。传统大跨度门机设计因受载挠曲变形、温度变化、制造安装误差等诸多累积因素将产生较大横向水平力，从而导致行走机构啃轨的问题变得相当突出。

为解决大跨度门机啃轨问题，门架采用一侧刚性门腿，一侧柔性门腿（简称"一刚一柔腿"），该结构形式是一个比较有效的技术措施，如铁路起重机、造船用门式起重机、高速铁路施工提梁机等许多领域使用的大跨度门机，多采用这种门架结构形式。所谓刚性腿即为门架门腿与顶横梁采用螺栓或焊接方式的刚性连接，节点处位移和转动全部约束；柔性腿即为门架门腿与顶横梁采用铰轴连接方式，节点处位移约束，转动自由。

根据调研和资料检索情况来看，目前国内水电站门机还没有采用"一刚一柔腿"门架结构的门机。因此，根据水电工程实例并参照相关行业的经验，该门机按"全刚性腿"和"一刚一柔腿"两种方案分别设计并进行比选确定。

设计过程采用专业结构软件，对两种门架结构在门机各种工作工况、非工作工况、地震工况下的强度及刚度进行计算比较，同时考虑环境温度变化对门架结构的影响，以及两种结构门机对地基的影响等。

计算载荷按照设计规范执行，按各工况考虑自重载荷、工作风载荷、各起升机构静止主起升起吊额定静载荷、各起升机构起吊额定动载荷和Ⅲ类载荷。

在载荷和工况确定后，对门架方案进行三维有限元建模，单元采用板壳单元，模型的主要构件和实际构造一致。对可能的高应力区域和应力集中区域的单元网格划分更为细致和规整，按工况施加载荷和边界条件分析计算，分析类型选择静态线性。通过查看结果，获得整个门架的应力分布和变形状况，有针对性地对模型进行截面调整和局部加强，重复计算，直到得到各方面都比较满意的结果。通过三维有限元分析，比较准确地掌握了门架的应力分布和变形状况，还准确地获得门架的重量和重心,为其他机构设计提供条件。设计中还对门架进行了模态分析,通过模态分析获得门架各低阶振型和特征频率,通过分析反映出门架水平动刚度的值。通过限制小车行走启、制动加速度等措施,减少了水平动刚度低对操作性能的影响。

1)方案比较结果分析

(1)强度计算结果分析(见表2-5)。

表2-5　各种工况时的最大复合应力　　单位:MPa

	正常工况	地震工况	Ⅲ类风工况	误操作工况
全刚性腿门架	203.8	181.17	148.75	123.25
一刚一柔腿门架	155.5	165.75	105.79	174.20

两种门架在各种工况时的最大复合应力均在 DL/T 5167—2002《水电水利工程启闭机设计规范》的许用范围内,其中全刚性腿门架在正常工作工况下的最大应力值出现在门机上游侧主梁与全刚性腿连接的圆弧过渡段;一刚一柔腿门架在正常工作工况下的最大应力值出现在门机上游侧主梁与刚性腿连接的圆弧过渡段。另外,全刚性腿门架在正常工作工况、地震工况和Ⅲ类风工况下的最大复合应力比一刚一柔腿门架大,整体而言全刚性腿门架的应力值比一刚一柔腿门架的大些。

(2)变位计算结果分析(见表2-6)。

表2-6　各种正常工况时主梁跨中及主梁悬臂垂直静挠度　　单位:mm

	主梁跨中垂直静挠度	主梁悬臂垂直静挠度
全刚性腿门架	−29.58	−5.6
一刚一柔腿门架	−37.39	−9.87

两种门架在各种正常工作工况时主梁的最大垂直挠度均在 DL/T 5167—2002《水电水利工程启闭机设计规范》的许用范围内,只是一刚一柔腿门架的挠度值比刚性腿门架要大些。

(3)水平方向变位计算结果分析(见表2-7)。

表2-7　最不利的荷载组合时门架两个方向的水平变位值　　单位:mm

	门架 x 方向最大变位	门架 y 方向最大变位
全刚性腿门架	−35.56	10.05
一刚一柔腿门架	70.68	8.40

全刚性腿门架正常工作工况时,门架两个方向的最大水平变位值都在规范的允许范围之内,一刚一柔腿门架在多个最不利的荷载组合时最大变位值超过了规范的允许范围。

(4)温度变化对门机的影响分析。

由于门机跨度较大,达 31m,考虑环境温度最大变化为 50℃,造成的门机主梁长度变化很大,对全刚性腿门架,会引起门机的实际跨度(轨距)在冬季和夏季有较大的差异,变化约 18.6mm;对一刚一柔腿门架,其变化通过柔性腿的微小转动而空间补偿，不会引起门机的大车轨距变化。对于电站坝体在不同季节的温度变化不大，仅仅只是坝面温差变化大，对门机的大车轨道安装位置不会有多少影响。因此，采用全刚性腿门架的门机，在门机轨距变化后，与坝上的轨道间距不再匹配，加大了大车车轮啃轨的可能。

（5）横推力分析。

门机起吊工作时，全刚性腿门架每条腿下会产生横推力，横推力最终由下横梁传给门机大车车轮，由车轮的轮缘侧面直接压在轨道侧面，从而对轨道造成侧向压力。由于跨度较大，门机每条腿下对轨道的侧向压力最大值为170kN（该压力不含门机因偏斜运行而造成的对轨道的水平侧向力）。对一刚一柔腿门架，由于柔性门腿转动位移对门架结构变形附加荷载的释放作用，门机起吊工作时大车车轮对门机轨道不产生侧向压力。

2）综合分析

（1）受载后两种门架结构的最大应力均低于规范允许值，其中一刚一柔腿门机受力明确，应力更小，使用安全系数更高。

（2）受载后两种门架结构的垂直静挠度相当，水平变位一刚一柔腿门机偏大，约为70mm，但GB/T 3811—2008《起重机设计规范》没有要求，DL/T 5167—2002《水电水利工程启闭机设计规范》中要求"宜小于1.5%OH"，非强制要求，根据本门机具体工况分析，对使用没有影响。

（3）全刚性腿方案门架因受载产生的变形和温度变化产生的变形对大车运行机构影响较大，导致大车车轮对门机轨道可能产生较大的侧向压力，从而增加了门机大车车轮发生啃轨的可能；对一刚一柔腿门架，因上述原因产生的门架变形位置不在门腿下方，对大车运行机构几乎没有影响，消除了啃轨的可能。

（4）采用柔性腿结构的技术措施为：柔性腿与主梁连接端的两主梁间设置连接端梁，两柔性腿间设连接横梁，两柔性腿中间设置中横梁，以增强门架结构的整体稳定性；主梁端部的板厚及结构均采用局部加强措施，以减少连接部的局部应力及增强其局部稳定性；柔性腿采用较大的截面，以确保具有比通用门式起重机许用值更高的强度及刚度安全系数；柔性腿与主梁连接部设置转角限位装置，以防止门机在地震及其他意外工况下出现门架因柔性腿过度转动而失稳；主小车运行机构设置减速限位开关、极限位置限位开关、极限位置撞架，以防止主小车超出工作范围导致吊物碰撞柔性腿。

（5）对于通用门式起重机，一般跨度大于30m的，门架宜采用一刚一柔门腿结构，它具有以下几个优点：①可消除主梁因受载挠曲变形或温度变化变形导致的门机大车啃轨现象；②可改善主梁在制造和使用过程中产生的变形对起重机的影响；③可补偿大车行走中不同步而引起的车轮啃轨现象；④可补偿起重机大车运行机构的各种制造、安装机械误差。

3）方案选择

向家坝水电站泄洪坝段4000kN/1250kN坝顶双向门机的门架采用"一刚性腿一

柔性腿"的结构形式（见图2-5）。该方案在国内水电工程中属首次采用，填补了行业空白。

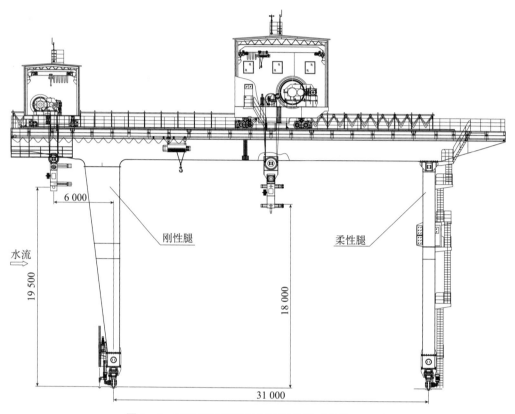

图2-5 泄洪坝段坝顶双向门机总图（单位：mm）

3. 起升机构

起升机构是门机关键机构之一，起升机构方案设计的优劣直接体现了门机设计的优劣。起升机构由两套卷扬系统组成，每套卷扬系统由电动机、制动器、减速器、卷筒装置、钢丝绳、定滑轮装置以及平衡滑轮装置等组成，采用闭式传动。分别由一台电动机驱动一台硬齿面减速器，带动装在减速器低速轴的一个单联卷筒转动，并通过动滑轮组、定滑轮组、平衡滑轮和钢丝绳实现闸门的启闭。出于提高安全性能的需要，在卷筒上靠近减速器的端部设置制动盘和安全制动器（见图2-6）。

研究近几年的技术发展趋势和工程实际，起升机构采用折线卷筒多层缠绕方式是解决大启闭力、高扬程启闭设备的最有效方法，比双双联卷扬系统有较大的优势。本门机的主起升机构容量大，且要求采用闭式传动，若采用一套卷扬系统，将无法选出满足性能要求的标准减速箱；若采用非标减速箱则还需额外做负荷试验，且减速器外形过于庞大，不利于制造、运输、安装和维护。分析以往的经验及成果，选择双电机分别驱动一个单联卷筒的方案，两套卷扬系统共设一套动滑轮装置和一根钢丝绳通过特殊的缠绕方式连接，同时在电机的非输出端增设同步轴，以确保两套卷扬系统的同步工作。

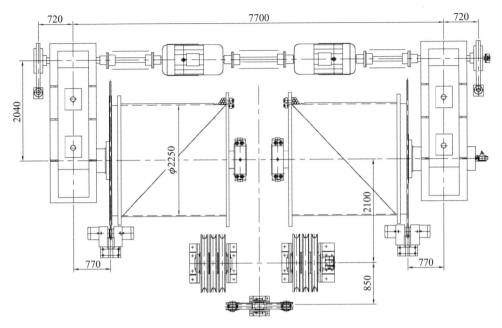

图 2-6 主起升机构总图（单位：mm）

1250kN 副小车上的副起升机构为一套独立的卷扬系统，由一台电动机驱动一台减速器，带动装在减速器低速轴的一个双联卷筒转动，并通过动滑轮组、定滑轮组、平衡滑轮和钢丝绳实现闸门的启闭。

门机的主起升机构工作扬程为90m，副起升机构工作扬程为102m，均为超高扬程。钢丝绳在卷筒上均采用3层折线缠绕设计。多层缠绕层间返回偏角的设计是实现钢丝绳缠绕能否整齐、层间过渡能否平稳的关键参数。折线卷筒的返回偏角是指钢丝绳从下一层到上一层过渡时从卷筒上绕出后其轴线相对于铅垂线的夹角。返回偏角过小会造成钢丝绳在过渡环处返回困难，产生绳圈堆积现象，而过大又会导致钢丝绳不能连续排列，出现跳槽现象。通过对众多折线卷筒的成功设计经验总结，以及参考一些国外厂商资料，确定钢丝绳在卷筒的层间返回偏角控制在大于 0.5°且小于 1.5°之间，吊具上极限时钢丝绳在卷筒上的入绳角小于 2°。

门机的主、副起升机构均采用交流变频调速系统，重载工况调速范围1:10，为提高工作效率，空载时采用 50~100Hz 范围内的超频高速方式，总调速范围1:20。对多卷筒双电机驱动进行闭环控制，并在电机中加设超速开关以监测电机的运转情况，增加了使用的安全性。同时根据其重要性和可靠性要求高的特点，采用闭环变频调速系统，并设计为恒转矩和恒功率调速控制方式，即满载时采用 5~50Hz 范围内的恒转矩低速方式，空载时采用 50~100Hz 范围内的恒功率高速方式。

4. 行走机构

主、副小车行走机构及大车行走机构均摒弃结构复杂的传统集中驱动方式，而采用外形结构简单、功能可靠的分别驱动方式。电气控制系统采用先进的变频调速方式，调速范围1:10。驱动装置均为电机、制动器、行星减速器"三合一"的集成驱动装置，台车的车轮组均采用新型便于拆卸、维护的剖分式车轮组。

主小车行走机构设置4组台车，每侧2组对称布置，共有8个车轮组，其中4个主动车轮组。

副小车行走机构设置4组车轮，每侧2组对称布置，其中2个主动车轮组。

大车行走机构共设置8组台车，每侧4组对称布置，共有16个车轮组，其中8个主动车轮组（见图2-7）。

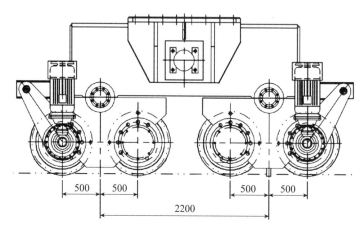

图2-7 大车行走机构总图（单位：mm）

针对主、副小车行走机构和大车行走机构的轨距都比较大的特点，在每套行走机构的每侧轨道上均设置一套测速装置，用于检测行走机构的同步状况，并随时将信号反馈给电气控制系统，必要时启动纠偏控制程序，以确保各行走机构的同步运行。

5. 运行情况

向家坝水电站泄洪坝段一刚一柔腿超大跨度双向门机于2013年1月正式投入运行，正值泄洪表孔临时挡水闸门的操作和弧门分批安装的高峰，因此门机立即投入到繁重的操作和安装工作中。截至目前，门机一直操作顺畅、运行平稳，经受了时间的考验，证实了这一超大跨度门机在向家坝水电站工程中的成功应用。

2.2 专题设计研究

2.2.1 导流系统金属结构及新型启闭设备设计研究

1. 概述

1）施工导流系统总体布置

向家坝水电站采用分期导流，第一期先围左岸，在左岸滩地上修筑一期土石围堰,在基坑中进行左岸非溢流坝段及冲沙孔坝段的施工,在左岸非溢流坝段及冲沙孔坝段连续布置 6 条宽高均大于 10m 的导流底孔,从左至右依次编号为 1 ~ 6 号。其中 1 ~ 5 号导流底孔上方预留坝体导流缺口;与 6 号导流底孔轴线重合位置布置一条冲沙孔,其进口段底板在 6 号导流底孔上方,出口段待施工导流洞完成封堵任务后回填形成。

导流底孔体型为进口端两侧及顶部喇叭口向后收缩成方孔,通过方变圆渐变段过渡成城门洞洞身,底孔出口段洞顶压坡至合适尺寸。

导流底孔具备运行条件后,于 2008 年 11 月进行二期主河床截流,围泄水坝、左岸坝后厂房及升船机等坝段,由一期左岸 6 个导流底孔及坝体缺口同时泄流,须经历 3 年导流期,汛期上游水位 303.56m（$P = 1\%$）。

泄水坝段、右岸非溢流坝段及左岸坝后厂房等自身具备挡水度汛条件后,于 2011 年 11 月开始加高左岸非溢流坝段缺口,由 6 个导流底孔和 10 个永久中孔泄流,须经历 1 年导流期,汛期上游水位 338.57m（$P = 1\%$）。

2）下闸蓄水方案

由于导流系统具有要求一次性下闸封堵成功的特殊性和重要性,通常水电工程制定导流系统下闸蓄水方案遵循下闸时间安排在枯水期,以尽量降低下闸水头,且采用同时操作封堵闸门快速、连续一步到位的操作方式,以降低工程风险。

可行性研究阶段,导流系统布置方案为 6 条导流底孔,每条底孔进口处设置 1 扇封堵闸门,每扇闸门配置 1 台固定卷扬式启闭机操作设备。推荐的导流底孔下闸时间安排于 2012 年 11 月中旬,并非枯水时段,是为缩短蓄水时间,实现提前发电的目的;下闸程序安排为 6 孔封堵闸门同时下闸封堵,此时,闸门下闸水头25.54m,启闭机容量 2×4000kN。尽管下闸水头偏高,但启闭容量量级尚处常规量级,下闸蓄水程序单一,没有多余控制环节,采用常规的闸门结构及启闭机形式能够满足下闸蓄水运行要求。

招标设计阶段,为了减少向家坝水电站初期蓄水对下游生态环境、供水、航运等影响,提出了导流底孔下闸蓄水期下游不断流和不影响下游河道航运的要求,要求不间断下泄流量不小于 2000m³/s、下游水位小时变幅不大于 1m/h,同时为实现进一步提前发电的目标,还提出了将可研报告推荐的下闸时间（2012 年 11 月上旬）尽可能往前提的目标。为满足这些苛刻条件,导流系统闸门及启闭设备的布置形式、下闸程序、操作方式、运行工况等均发生了根本性改变,其导流系统闸门启闭机既要满足单一的下闸封堵功能,又要承担缺口加底孔双层过流、底孔和中孔高水位联合泄流、预留孔高水位单独控泄等多种复杂工况,不仅在技术上有相当大的难度,而且在大流量、高流速、局部开启工况下闸门封堵时有不可预见的工程风险。在攻克了上述技术难关的前提下,还需解决突显出来的闸门局部开启运行、闸门流激振动、门槽水力学等诸多技术难题。这是对国内水电站导流工程技术前所未有的挑战。

招标采购阶段确定的导流底孔下闸封堵方案为:导流底孔下闸封堵时间提前到

2012 年 10 月上旬，导流底孔须分两批下闸封堵：5 个导流底孔先在同一时间段按一定的时间间隔分梯次下闸封堵，预留 1 个导流底孔继续向下游控制流量供水，待上游水位上升到泄洪中孔可过流并达到供水流量时再下闸封堵预留导流底孔。

　　3）导流系统金属结构设备布置

　　由于向家坝水电站导流系统下闸蓄水时间提前至临近汛期，导致 5 孔导流底孔闸门动水操作水头为 39.14m，预留孔闸门动水操作水头达到 69.57m，同时较大的孔口尺寸和高水头将导致超大的启闭容量。其控制导流系统的参数值，特别是操作水头和启闭容量将远远超出目前国内水平，因此，针对向家坝水电站导流工程超常规运行工况，遵循安全可靠的原则，需进行全面系统的技术研究和科研试验工作。

　　根据导流底孔的功能要求，预留孔的操作难度最大，从导流系统的布置形式分析，初期 1～5 号导流底孔上部存在缺口，使闸门和启闭机的选型布置受到限制，因此，选择 1～5 号导流底孔为第一批下闸导流底孔，而在冲沙孔坝段内的 6 号导流底孔作为最后一孔预留孔。

　　由于导流系统孔口尺寸大、操作水头高，总水压力上万吨。为了降低 6 号导流底孔的下闸难度，保证导流封堵的可靠性，经研究考虑采用两道闸门联合完成封堵及挡水任务的方案：在 6 号导流底孔进口和出口部位各设置一道闸门，出口闸门按工作闸门工况设计，承担封堵水头下的动水闭门工作。进口闸门按事故挡水闸门工况设计，承担最大挡水水头。

　　封堵时，先操作出口工作闸门动水闭门，完成后紧接着操作进口事故挡水闸门下闸封堵孔口，接替出口工作闸门挡水。当出口工作闸门一次下闸成功，进口事故挡水闸门即静水下闸；如遇意外情况工作闸门没有顺利封闭孔口，进口事故挡水闸门则按事故工况动水下闸。

　　导流系统平面布置见图 2-8。

　　2. 导流系统闸门及门槽研究

　　1）1～5 号导流底孔闸门

　　由于 1～5 号导流底孔顶部导流缺口高程较低，导流初期底孔和缺口双层过流，不具备设置弧形闸门的条件，封堵闸门只能采用平板门。1～5 号导流底孔每孔进口处各设置 1 扇封堵闸门，为尽量减小闸门孔口尺寸，初期方案将门槽布置在进口喇叭口收缩段后的方孔处，其闸门动水操作水头为 39.14m，最高挡水水位为 380.0m，最高挡水水头大于 120.0m。

　　1～5 号导流底孔进口体型初期方案布置见图 2-9。

　　在方案设计的同时，进行了门槽水力学模型试验，从试验结果得出：由于存在门槽门井的串流，在初期上游水位 303.560m 时已导致门槽下游胸墙后部孔顶发生初始空化，而后期汛期和下闸封堵期上游水位将达到 338.570m 和 329.570m，其空化发展将不可避免。

　　为解决门槽井串流带来的门槽空化问题，经过充分论证分析，对进口段结构形

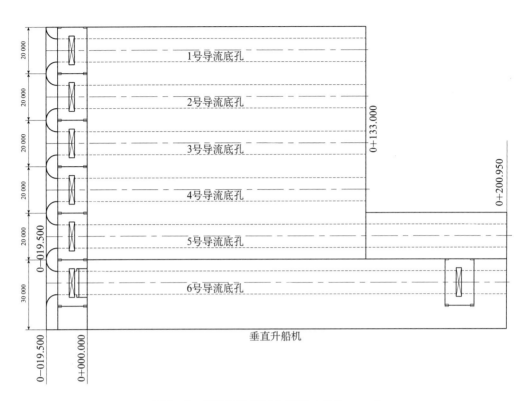

图 2-8　导流系统平面布置图（单位：mm）

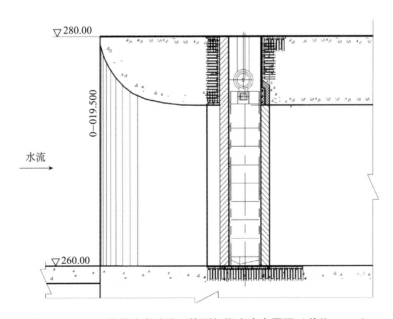

图 2-9　1~5 号导流底孔进口体型初期方案布置图（单位：mm）

式和门槽布置做了较大的调整和优化：进口桩号不变，形成明段导墙，边墙圆弧过渡；取消门槽上游的胸墙，门槽处在明流段，顶曲线移至门槽下游，这样布置有利于底孔的泄流能力提高及泄流条件改善，不会出现空蚀、负压现象，又可解决门槽串流问题。针对优化后方案的试验结果也表明，结构形式和门槽布置是合适的，在各种运行工况下，水流流态较好，没有空化发生。

通过优化设计，虽然较好地解决了门槽水力学问题，但使得闸门孔口尺寸加大到 10.0m×21.4m（宽×高），闸门启闭容量更是增加到了 2×10 000kN。

1~5 号导流底孔进口体型优化方案布置见图 2-10。

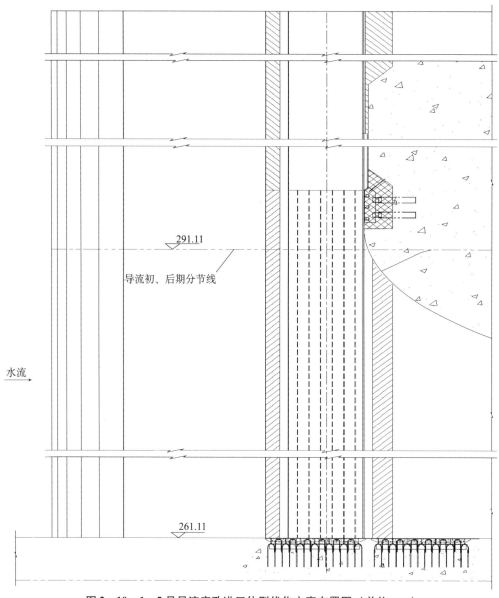

图 2-10　1~5 号导流底孔进口体型优化方案布置图（单位：m）

闸门采用平面滑动闸门，上游面板、上游底止水、下游顶侧止水，利用水柱下门。由于下闸水头与最高挡水水头相差较大，需要找到一种闸门的支承材料及形式，既有较小的摩擦系数以降低闸门下闸时的启闭容量，又有较高的承压能力以满足最高挡水水头时的支承。为此，经过多方比较考虑采用高强度钢基铜塑复合材料滑道，其最大摩擦系数不大于 0.1，许用线荷载达 80kN/cm。

因受到建筑物的限制，闸门安装平台狭小，为尽量减少闸门现场的拼装工作量，特别是避免现场焊接工作，以保证闸门整体拼装后的质量，闸门采用各节门叶通过销轴串成整体的连接方式，使闸门的拼装变得简单易操作，既能有效保证闸门整体拼装质量，又可大大缩短安装工期。

1~5 号导流底孔封堵闸门见图 2-11。

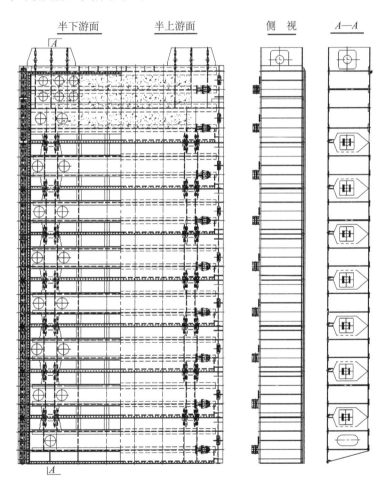

图 2-11　1~5 号导流底孔封堵闸门

由于导流底孔导流期长达 4 年，导流初期门槽顶部以上还要过流，后期汛期最大水头高达 78.57m（$P=1\%$），因此，为防止导流期间水流对封堵门槽的影响，需采取有效的措施。设计可考虑采用Ⅰ型门槽设置槽塞保护，这一方式在许多水电工程中已应用，实际效果不错。但针对向家坝工程情况，考虑到2012年汛期封堵闸门拼装前槽塞将提出，要经历一段汛期，门槽得不到保护，而对于Ⅰ型门槽体型其门槽处水流条件又相对较差，因此，决定采用水流条件较好的Ⅱ型门槽加槽塞。

为更有效地对门槽区域进行保护，避免高速流体及推移质的冲刷、磨蚀，门槽采取了在下游方向底板延伸一定范围钢衬的措施。

封堵闸门启闭设备拟定固定卷扬式启闭机，每孔设置一台，布置在闸门安装平台上部混凝土排架上。由于孔口尺寸较大，闸门动水操作水头又较高，启闭机容量须考虑下闸时可能遇到的意外情况，封堵闸门在下闸水头可动水启门，使得启闭容量达到 $2 \times 10\,000$kN，启闭扬程为68.0m。

2）6号导流底孔闸门

在1～5号导流底孔下闸封堵后，6号导流底孔继续向下游控制流量供水，在水库水位达到329.570m时，下闸封堵6号导流底孔。

（1）出口工作闸门。

由于弧形闸门无门槽，水流条件好，工作闸门一般优先考虑弧形闸门。但导流底孔高程非常低，下游水位非常高，弧门支铰和支臂经常淹没于下游水位，高速水流的冲击将对弧门支铰和支臂产生很大危害。为了避免高速水流影响，弧门支铰须设置在距离底板较低的位置上，面板半径超过35m，总水压力接近1.4万t，为保证支臂结构的强度和稳定性，其结构势必庞大，闸门的制造和安装有相当难度，支铰支承梁和闸墩的受力也相当大。从安装工期方面看，弧门及启闭机和埋件在导流前要求全部安装完毕，这也将受到施工工期的限制，因此出口工作闸门不宜采用弧门。而平面闸门方案，门体不受下游水位的影响，安装平面闸门工期比较灵活，尽管门槽水流条件不好，但可以采取一些措施，如优化门槽体型、加强门槽保护等，因此出口工作闸门采用平面闸门。

初期方案，闸门设置在出口末端，在同步进行的门槽水力学减压模型试验中显示门槽及门槽后部明显可见片状空化云随水流从门槽锐缘及闸门底缘处分离出来，噪声压强有明显脉冲出现。随着下游水位进一步降低，门槽及其后部空化加剧，表明已进入空化发展及破坏阶段，易造成门槽锐缘及闸门底缘空蚀破坏。

6号导流底孔出口初期方案布置见图2-12。

因此，首先对出口工作闸门门槽的布置位置进行了调整，即将门槽前移至出口顶压坡段起始点，并设置通气孔和门后锐角修圆。这样门槽在全开运行时处于有压状态，门槽处流速减低和动水压力增高，水流空化数增大，提高了抗空化空蚀性能。局部开启运行时提高了门后气囊内压力，水流空化噪声功率降低，对减小闸门振动和门槽的空化空蚀影响都是有效的。

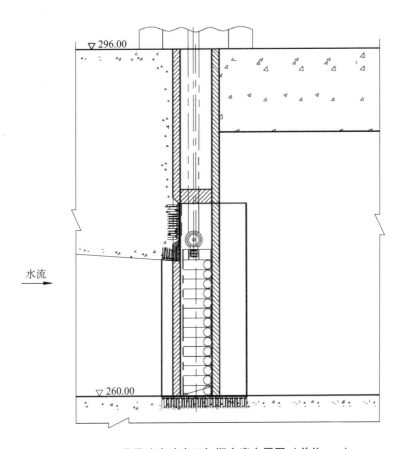

图 2 - 12　6 号导流底孔出口初期方案布置图（单位：m）

6 号导流底孔出口优化方案布置如图 2 - 13 所示。

为使闸门可靠、稳定运行，闸门采用了上游止水布置形式，仅依靠门体自重或加少量配重满足下门工作，这样势必要寻求一种具有尽可能小的摩擦阻力同时有较大承载能力的支承装置。

一般平面闸门支承可考虑滑动支承、定轮支承和链轮支承三种形式。①滑动支承：选用目前较理想的材料，其最大摩擦系数也接近 0.1，由于闸门无法利用水柱压力，闸门至少需加配重约 1200t 才能下门，致使闸门动水启闭容量高达 2 × 15 000kN。②定轮支承：又分滑动轴承定轮和滚动轴承定轮，两者都受闸门底缘结构要求的限制，其底缘的定轮受力在不考虑不均匀系数的情况下已接近 4000kN；滑动轴承定轮闸门自重不能下门，需加配重约 400t，闸门动水启闭容量约 2 × 8000kN；而滚动轴承定轮闸门仅利用自重加少量配重即可下门，闸门动水启闭容量约 2 × 4500kN。③链轮支承：由于采用链轮装置，布置均匀，轮压减小，启闭机容量减小，闸门利用自重就可下门。但链轮闸门结构非常复杂，制造和安装难度也很大。以往的工程实例表明，链轮闸门的可靠性还有待进一步提高。

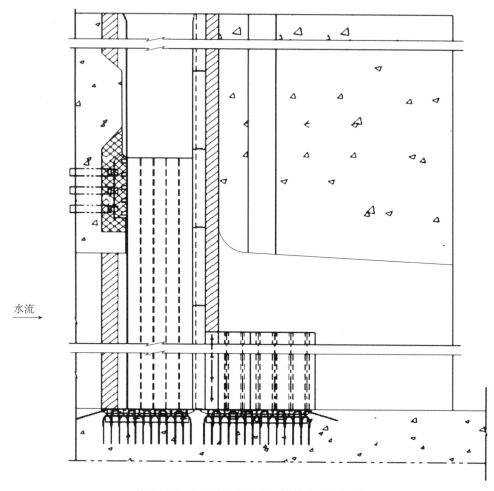

水流

图 2-13 6 号导流底孔出口优化方案布置图

以上综合分析表明滚动轴承定轮支承比较理想,只是轮压偏大,但通过闸门底缘结构形式优化以及采用定轮轴偏心调整装置等措施可改善定轮的不均匀受力,因此,采用滚动轴承定轮支承能够满足工作需要。

为减小闸门现场安装工作量和保证闸门现场整体拼装质量,闸门按运输单元分节,并采用各节门叶通过螺栓连接成整体的连接方式,且两侧边柱处不连接,以达到释放门体两侧一定刚度而改善支承定轮受力均匀性的目的。

为防止下门时闸门面板与门槽门楣埋件间隙射水,将门楣止水面板加宽,并在面板上游侧按小于门楣止水面板宽度尺寸的间距设置数道防射顶水封,保证下门全行程至少有一道顶水封与门楣止水板接触。

闸门门槽同样按 II 型门槽设计并设置槽塞;考虑门槽冲刷、磨蚀影响,特别是局部开启时门槽段可能发生的空化影响,门槽采取了在下游方向底板和两侧壁均延伸一定范围钢衬的措施。

工作闸门启闭设备采用固定卷扬式启闭机，布置在闸门孔口上部混凝土排架上。启闭机容量按动水操作要求设计为 $2 \times 4500kN$，启闭扬程为 45.0m。

6 号导流底孔出口工作闸门见图 2 – 14。

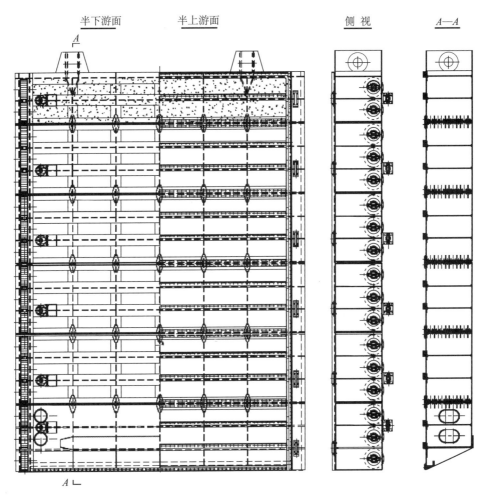

半下游面　　半上游面　　　　　侧视　　　A—A

图 2 – 14　6 号导流底孔出口工作闸门

该设计方案结合模型试验研究成果得到了很好的支持。

门槽水力学模型试验结果表明，工作闸门门槽处于顶压坡上游使得平均流速降低，时均动水压力增大，抗空化性能提高和噪声谱降低；门槽采用Ⅱ型门槽，敞泄时对门槽下游流态影响小，但闸门局部开启且淹没出流，门槽段有漩涡发生，顶面压坡在淹没漩滚区内，顶部水中残存不稳定的气囊，流态较差；在给定的水位工况下，噪声谱较小，除 $n = 0.4 \sim 0.6$ 等少数开度外，基本上听不到水流空化噪声并未见空化云出现。试验结果表明，门槽布置在顶压坡上游是合理的，在此基础上将门槽下游拱顶锐缘修圆，同时考虑局部开启泄流时门槽段空化噪声加大，在门槽下游方向底板及两侧墙壁延伸一定范围的钢衬是有效的。

　　闸门结构的流激振动试验比较全面地研究了不同运行工况下的闸门振动响应特征，包括作用于门体的水流脉动压力、闸门结构的振动加速度、动位移和动应力等动力响应参数。在目前导流洞水力学体型优化布置方案下，闸门结构的振动响应基本控制在容许范围内，作用于工作闸门门体上的脉动压力具有随开度减小而增加的变化规律。鉴于出口工作闸门下游水位变幅较大，将经历自由出流、临界出流和淹没出流等流态，闸门的振动问题将有不同的特征：在闸下自由出流状态下，闸门振动量随开度的增大而减小，但顺水流方向最大振动量发生在大开度；当调高下游河道水位使闸下产生临门水跃时，闸门振动量随开度的增大而减小，但顺水流方向最大振动量仍然发生在大开度；当进一步调高下游河道水位时，闸下形成淹没出流状态，闸门振动量随开度的增大而减小，而顺水流方向最大振动量仍然发生在大开度。闸门结构模态分析研究显示，与水动力作用荷载主频相比，较好地避开了结构共振区，正常情况下闸门结构不会产生共振现象。试验过程中，闸门结构流激振动响应虽然未见特殊强烈现象，但由于门后出现临门水跃的流态条件比较复杂，有些不利工况也会在工程运行时出现，所以实际局部开启运行时将密切观察闸门振动情况，必要时对闸门开度进行调整。

　　（2）进口事故挡水闸门。

　　事故挡水闸门按下闸水头动水闭门和最高水头挡水功能设计，其布置形式与1～5号导流底孔封堵闸门门槽一样经历了优化后设置在进口端部。考虑出口工作门下闸后4小时内的上游水位上升，其动水闭门水头约为72.93m。

　　闸门门叶结构与1～5号导流底孔封堵闸门门叶结构基本一致。

　　为防止导流期间水流对门槽的影响，采用与1～5号导流底孔封堵闸门门槽同样的方案，门槽形式为Ⅱ型门槽并配置槽塞，门槽下游方向底板延伸一定范围的钢衬。

　　事故挡水闸门启闭设备采用固定卷扬式启闭机，布置在闸门孔口上部混凝土排架上。启闭机容量按下闸水头闭门最大持住力设计为2×6500kN，启闭扬程为76.0m。

　　3）导流底孔流道检查

　　鉴于向家坝导流系统导流期长且导流汛期水头高、流量大，因此，为检验经过两年导流期导流底孔的实际工作情况，很有必要对导流底孔流道，特别是门槽区域进行检查，以期获得第一手资料。因此，特安排于2010年进行一次导流底孔抽干检查，通过在导流底孔进、出口设置临时挡水门挡水，抽干底孔中水体后对导流底孔进行逐孔检查。检查结果令人满意，所有门槽区域埋件表面情况良好，混凝土孔壁微量磨蚀，且磨蚀均匀，验证了导流底孔体型设计以及门槽区域采取的防冲抗磨措施是合理、有效的。

　　3. 1～5号导流底孔封堵闸门新型启闭设备研究

　　1）课题提出

　　由于向家坝导流系统庞大及超常规运行工况，导致1～5号导流底孔封堵闸门启

闭设备容量达到 $2 \times 10\ 000$ kN，超出了当时固定卷扬机最大已使用容量 2×8000 kN，同时，受到土建结构、缆机资源占用及施工进度等方面的制约，采用卷扬启闭机工期较紧张，因此，研究新的封堵闸门启闭设备是保证向家坝导流系统下闸蓄水工期的关键。

新型启闭设备需具备的基本条件：

（1）结构紧凑，布置灵活，满足土建结构尺寸限制要求。

（2）安装方便、快捷，能有效缩短施工工期。

（3）操作行程满足 70m 高扬程要求。

（4）满足闸门动水启闭全程启闭荷载较大的变幅要求。

为此，根据向家坝导流系统工况条件，提出了采用在其他领域已成功运用的"钢绞线液压张紧提升系统"作为 1～5 号导流底孔封堵闸门启闭设备，6 号导流底孔闸门启闭设备维持原固定卷扬机方案。

2）设备特性

钢绞线液压张紧提升系统是一种采用柔性钢绞线承重、提升油缸集群、计算机控制、液压同步提升的系统。穿芯式提升油缸与钢绞线组合成提升机构，为整个系统的核心机构，其提升力依靠锥形锚片与锚座自锁使锥形锚片内圈握紧面的牙齿与钢绞线咬合和摩擦力传递，提升主油缸两端装有可控的上下锚具油缸，以配合主油缸对提升过程进行控制。启门时，上锚利用锚片的机械自锁紧紧夹住钢绞线，主油缸伸缸，张拉钢绞线一次，使闸门提升一个行程；主油缸满行程后缩缸，使载荷转换到下锚上，而上锚松开，如此反复，闸门步进式上升。闭门时，将有一个上锚或下锚的自锁解脱过程，如此反复，闸门步进式下降。

该系统已广泛运用于建筑、桥梁、门机等大型设备的安装提升工作。

液压提升油缸结构见图 2-15。

3）方案研究

作为一种接力间歇式提升机构，它固有的结构特性适用于少次操作、荷载恒定以及运行时间要求不高的场合。

鉴于钢绞线液压张紧提升系统首次在大型水电工程导流封堵闸门的动水启闭操作中实际应用，针对向家坝水电站导流系统特殊的工况，必须进行系统深入的分析论证和科研试验工作，为该装置安全、可靠运行提供支持。

（1）可行性分析。

①研究延长下闸时间对闸门下闸安全的影响。由于钢绞线液压张紧提升系统的工作特性，导致运行速度比较缓慢，下闸时间较长，与导流封堵闸门要求快速、连续一步到位的操作方式有些背离。平均运行速度为 4m/h，即使将导流封堵闸门预先下放至孔顶位置，闭门时间也需 5 个多小时，这将带来一些不利影响：a. 由于闭门时间缓慢，闭门过程推移质堵卡闸门的概率增加；b. 由于闭门速度缓慢，闸门在孔口内相当于局部开启，可能带来门槽水力学问题和闸门振动问题。因此，需进行闸

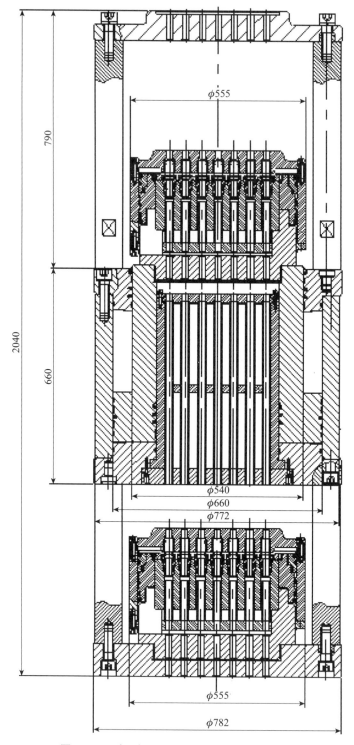

图 2-15 液压提升油缸结构图（单位：mm）

门动力有限元分析、流激振动及门槽水力学模型试验研究。

②研究下闸过程中启闭力的变化对液压张紧提升装置可靠性的影响。封堵闸门动水启闭操作特性决定了在整个闸门启闭操作过程中启闭容量变化很大，针对导流底孔封堵闸门启闭容量变化值约为 500～20 000kN。液压张紧装置能否适应大范围荷载变化。

③研究下闸过程闸门振动对液压张紧提升装置钢绞索的影响。液压张紧提升系统锥形卡套与钢绞索握紧面的锥齿会造成钢绞索的损伤，闸门的振动可能对钢绞索损伤部位产生致命的疲劳破坏。

④研究下闸过程闸门振动对液压张紧提升装置卡套可靠性的影响。锥形卡套依靠单向锥面产生对钢绞索的握紧力，闸门的振动传递至钢绞线，可能对锥形卡套握紧力产生影响，发生事故。

⑤鉴于钢绞线液压张紧提升系统首次应用于水电工程，需进行一次真机试验，并通过原型观测对该系统进行验证。

（2）提升系统安全性能分析。

①钢绞线。钢绞线作为提升系统的承载机构至关重要。钢绞线与锚夹具的啮合，可保证被提升对象与提升油缸之间无相对滑移，使得提升油缸带动被提升对象安全上升或者下降。

钢绞线采用美国钢结构预应力混凝土用钢绞线标准 ASTMA 416-90a。

级别：270KSi；公称抗拉强度：1860MPa；公称直径：17.8mm；最小破断载荷：353.2kN；1%伸长时的最小载荷：318kN。

液压提升系统利用钢绞线承重，锚夹具与钢绞线之间产生啮合，这会对钢绞线表面产生一定损伤，有可能使钢绞线产生疲劳，从而降低强度。为此通过大量的试验来分析这种损伤的危害程度：钢绞线反复夹紧 100 次时，虽然表面出现压痕，但是脱锚工作正常；在反复夹紧约为 300 次时，表面压痕明显加剧，并且出现"松股"现象，这时钢绞线不能再次重复使用。

钢绞线重复夹紧后试验数据见表 2-8。

表 2-8　钢绞线重复夹紧后试验数据

试验次数（次）	最小破断载荷（kN）	1%伸长时的最小载荷（kN）	抗拉强度（MPa）	表面损伤	综合评判
0	353.2	318	1860	无	可使用
25	353.7	319	1860	轻微	可使用
50	353.3	318	1860	轻微	可使用
75	351.3	315	1860	轻微	可使用
100	346.5	310.5	1860	轻微	可使用

试验次数 （次）	最小破断载荷 （kN）	1%伸长时的最小载荷 （kN）	抗拉强度 （MPa）	表面 损伤	综合 评判
125	349.1	313	1860	轻微	可使用
150	349.2	311	1860	中等	可使用
175	347.1	313	1860	中等	可使用
200	344.7	310	1860	中等	可使用
225	343	310	1860	中等	可使用
250	343.1	305	1860	中等	可使用
275	342	307	1860	中等	可使用
300	342	307.1	1860	中等	松股

根据试验数据进行分析得到，钢绞线表面啮合产生压痕之后，其最小破断载荷降低了；在重复夹紧300次时，钢绞线的最小破断载荷约为新钢绞线的97%（与新钢绞线比较），但是由于钢绞线重复使用之后，出现了"松股"现象，导致钢绞线报废。由此可以看出，在液压提升中，在额定载荷下钢绞线的主要破坏形式为"松股"，牙痕损伤对钢绞线的强度影响不大。

②锚夹片。提升底锚与提升油缸内部装有锚夹片，锚夹片内部布满"牙齿"，保证与钢绞线咬合紧密，外部为一个圆柱体，与锚座之间的楔形结构能够形成自锁，从而避免钢绞线产生滑移。

原设计的锚片牙型为圆弧形齿，虽然容易咬紧钢绞线，但缺点是：钢绞线损伤大，齿根强度低。因此，通过研究与试验，将圆弧齿改成三角齿，这样，提高了夹紧强度，降低了钢绞线下滑量，同时增加了齿根强度，"牙齿"不易折断。

锚片牙型对比见图2-16。

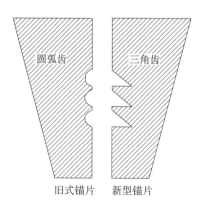

图2-16　锚片牙型对比

除了牙型之外,圆柱体的直径、长度和外体倾角对于锚夹片的夹紧和脱锚性能影响最大,为此对多种锚夹片进行了对比试验。试验以锚固和脱锚失效率为评判锚夹片优良的标准,其中失效率最低的最优。每种锚夹片做 1000 次夹紧和脱锚试验。锚夹具失效包括脱锚时有异常声响、钢绞线出现"松股"现象,或者锚片卡死。在该试验中没有出现卡死现象。试验结果表明,表面角度为 7°40′时失效率最低,此时对钢绞线表面损伤也最小。

③上下锚具。上下锚具位于提升油缸的上部和下部,是提升油缸夹紧钢绞线的"手"和"脚"。锚具利用锚片牙齿咬紧钢绞线,依靠锚片与锚座之间的楔形机构形成自锁。上下锚具中锚夹片可在小油缸的作用下夹紧或打开。上下锚具中锚夹片可主动夹紧,避免被动夹紧引起的不可靠问题,确保锚夹片压紧在锚板内部,与钢绞线咬合更加紧密。

锚具油缸原设计为开放式结构,异物容易进入,经改进后将锚具油缸设计为半开放式结构,这样就避免了异物进入锚具油缸影响夹紧的情况,大大提高了系统的安全性。

通过在锚夹片内部放入不同介质的污物,如铁锈、煤灰,进行锚夹具耐污试验。试验结果表明,由于锚夹片的牙齿咬合作用,以及锚夹具楔形机械特性,使得在夹片无损伤的情况下,不会影响其紧锚和脱锚的性能。但是,必须防止一些如铁丝之类的物品进入锚夹片,这类物品会对锚夹片产生损伤。

④底锚。提升底锚是整个提升系统承载机构的关键受力点,提升底锚主要的工作原理是利用锚片牙齿咬紧钢绞线,并且依靠锚片与锚座之间的楔形机构形成自锁。提升底锚将钢绞线与被提升对象固结起来,使得钢绞线能够带动被提升对象上升或者下降。

底锚工作原理见图 2-17。

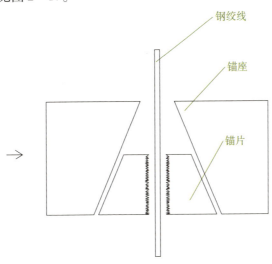

图 2-17　底锚工作原理图

底锚失效一般有两种形式：一是锚座开裂；二是锚片打滑。锚座开裂主要是由制造过程中的热处理造成的，只要加强对热处理过程的控制和检验，这种失效完全可以避免。通过后期的静载试验也可以甄别锚座是否开裂。底锚直接与闸门相连，动水对闸门造成的振动冲击直接作用在底锚加紧锚片上，长期振动容易引起锚片夹紧效果下降。为此，可在每一根钢绞线的末端增加一个安全锚——P锚，以确保底锚的失效率为0。

P锚安装示意见图2-18。

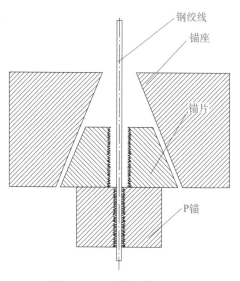

钢绞线
锚座
锚片
P锚

图2-18 P锚安装示意图

⑤上下锚具锚夹片均载分析。通过提升油缸上下锚具的切换动作，提升油缸可以沿着钢绞线将被提升对象安装到预定位置。提升油缸中多根钢绞线共同承受被提升对象的重量。为了确保提升安全，各根钢绞线负载必须均衡，不能超过钢绞线强度极限，否则会造成严重后果。

在提升油卸过程中，由于行程的限制，必须通过不断的伸缩动作不连续地将被提升对象送至最终位置。在提升油缸的一次伸缩动作过程中，要经过两次负载转换：第一次是提升油缸带载伸缸时，负载从下锚具承受转换至上锚具承受；第二次是提升油缸空载缩缸时，负载从上锚具承受转换至下锚具承受。因此，同步提升的过程就是负载不断在上锚具和下锚具之间转换的过程。无论是上锚具承载，还是下锚具承载，在锚具锚夹片夹紧钢绞线的过程中，钢绞线相对于锚具均会产生一定的滑移。

通过大量试验发现，同一提升油缸中的各根钢绞线在提升过程中能够实现负载的自动均衡，分析这一结果是由于提升油缸所承受的负载在从其上锚具承受转换到下锚具承受的过程中，受力钢绞线相对于锚具产生的滑移，最终通过具有弹性的钢绞线实现负载的自动均衡。下面通过理论分析来验证。

钢绞线承载示意见图2-19。

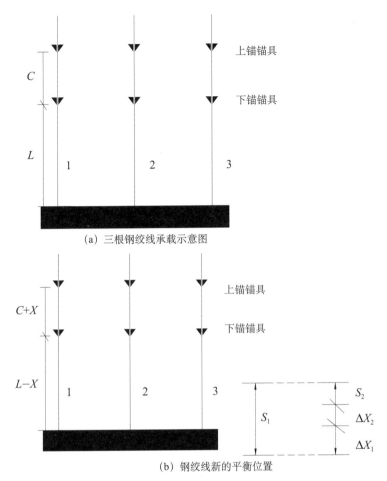

（a）三根钢绞线承载示意图

（b）钢绞线新的平衡位置

图 2 - 19　钢绞线承载示意图

S_1 为钢绞线 1 的滑移量；S_2 为钢绞线 2 的滑移量；ΔX_2 为钢绞线 2 的延伸量；ΔX_1 为钢绞线 1 的延伸减少量

假设一提升油缸使用三根钢绞线提升一重物，提升油缸的行程为 C，钢绞线的长度为 L，钢绞线的伸长率为 K，钢绞线的滑移量 S 与所承受的载荷 F 的函数关系为 $S（F）$。由于某种原因使得三根钢绞线承载严重不均匀，现假设初始的状态为：钢绞线 2 不受力，处于松弛状态，即 $F_2(0) = 0$，重物 M 由钢绞线 1 和 3 均匀承受，即 $F_1(0) = F_3(0) = M/2$。

初始状态下锚具承受负载，则提升时的第一个过程就是将载荷从下锚具转移到上锚具。如果提升油缸伸缸进行上下锚具负载转换时，钢绞线相对于锚具不产生滑移，则提升油缸伸缸 X 时其下钢绞线的长度将缩短为 $L - X$，但是，由于钢绞线相对于锚具产生滑移，并且在先不考虑钢绞线 2 的情况下，钢绞线 1 的滑移量 S_1 和钢绞线 3 的滑移量 S_3 应为 $S_1 = S_3 = S[F_1(0)]$，这样，提升油缸 1 和油缸 3 下面的钢绞线长度应为 $L - X + S_1$。在提升过程中，由于三根钢绞线的长度始终保持一致，因而迫使钢绞线 2 在锚具负载转换时略有延伸，钢绞线 2 承载，这样将减小钢绞线 1

和 3 所受载荷。

若提升油缸 1 下面的钢绞线长度为 L_1，提升油缸 2 下面的钢绞线长度为 L_2，则有 $L_1 = L - X + S_1 - \Delta X_1$；$L_2 = L - X + S_2 - \Delta X_2$

因为 $L_1 = L_2$，所以有：

$$\Delta X_2 = S_1 - S_2 - \Delta X_1 \qquad (2-8)$$

假设钢绞线承载变化量与其延伸变化量满足胡克定律，则经过锚具第一次切换之后，钢绞线 1、2、3 承受载荷的变化量 $\Delta F_1(1)$、$\Delta F_2(1)$、$\Delta F_3(1)$ 分别为：

$$\Delta F_1(1) = F_1(1) - F_1(0) = K\Delta X_1 \qquad (2-9)$$

$$\Delta F_2(1) = F_2(1) - F_2(0) = K\Delta X_2 \qquad (2-10)$$

$$\Delta F_3(1) = F_3(1) - F_3(0) = K\Delta X_3 \qquad (2-11)$$

由于钢绞线 2 增加的载荷等于钢绞线 1 和 3 载荷减小量之和，即 $\Delta F_2(1) = \Delta F_1(1) + \Delta F_3(1)$，又 $\Delta X_1 = \Delta X_3$，因此有，$\Delta X_2 = 2\Delta X_1 = 2\Delta X_3$。

将上式代入式（2-8），则有 $\qquad \Delta X_1 = (S_1 - S_3)/3 \qquad (2-12)$

由于钢绞线滑移量与其所受载荷存在如下关系：

$$S_1 = S[F_1(0)], \quad S_2 = S[F_2(0)]$$

由式（2-9）和式（2-12）可以得到经过第一次锚具负载转换之后，三根钢绞线所受载荷的大小。

由此可见，经过第一次锚具负载转换之后，钢绞线受力状态已不同于初始状态，钢绞线 2 已经开始受力，钢绞线 1 和钢绞线 3 受力不再是 $M/2$，略有减小。

同样的方法，可以推导出经过若干次锚具负载转换之后，三根钢绞线所受载荷大小的计算公式。

根据上面分析可知，随着提升过程中锚具负载的不断转换，钢绞线 2 的载荷将逐渐增加，而钢绞线 1 和钢绞线 3 的载荷将逐渐减小，最终三根钢绞线载荷趋于均衡。当三根钢绞线的滑移量趋于相等时，即 $S_1 = S_2 = S_3$，则每根钢绞线的载荷趋于相等，即为 $M/3$。

对于多根钢绞线提升油缸可以用类似的分析方法对钢绞线负载均衡问题加以分析。无论提升油缸状态的钢绞线载荷如何分配，经过若干次锚具负载转换之后（试验表明，一般要经过 6~7 次），钢绞线负载都将趋于均衡。这一结论对于液压同步提升系统的安全性至关重要。

⑥提升系统抗振性能分析与试验。仿真分析：闸门在下放封堵水流的过程中要受到水流的作用，同时钢绞线的长度最多可达 72.5m，整个装置在下放过程中可能会由于振动产生危险，这里通过建模对闸门下放钢绞线装置进行抗振分析。

闸门下放钢绞线装置按 6 个提升器及相应的钢绞线组成，将单个提升器对应的钢绞线简化为弹簧，弹性系数分别为 k_1、k_2、k_3、k_4、k_5、k_6，且它们相等；将提升器简化为阻尼器，阻尼系数分别为 c_1、c_2、c_3、c_4、c_5、c_6，它们也相等；将水流的作用力简化为激励 $p(t)$，将闸门简化为重物块 m，闸门在激励 $p(t)$ 作用下产生的

位移为 x。闸门下放装置模型见图 2-20。

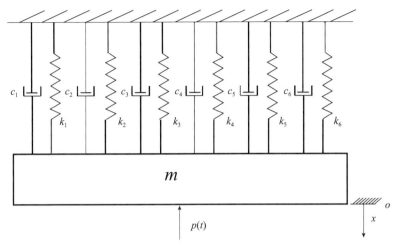

图 2-20　闸门下放装置模型

弹性系数 k_1：每个油缸对应的钢绞线 $n = 37$ 根，受到的载荷力为 F。

钢绞线的技术参数为：公称直径 $\phi_d = 17.8\text{mm}$，弹性模量 $E = 195\text{GPa}$，公称面积 $A_c = 190\text{mm}^2$。

钢绞线的应力应变关系式为：

$$\sigma = E\varepsilon$$

钢绞线承重时的应力值为：

$$\sigma = \frac{F}{nA_c}$$

并且认为钢绞线受载时变形均匀，应变为：

$$\varepsilon = \frac{\Delta l}{l}$$

钢绞线简化为弹簧后，弹簧的刚度可认为是：

$$k_1 = \frac{F}{\Delta l}$$

k_1 即认为是单自由度有阻尼系统的弹性系数，上述式子化简后得：

$$k_1 = \frac{F}{\Delta l} = \frac{nA_c E}{l}$$

式中：l 为下放钢绞线的长度，钢绞线的长度取值范围为 $7.5\text{m} \leqslant l \leqslant 72.5\text{m}$。

阻尼系数 c_1：此处主要是做钢绞线的抗振分析。从试验得知，系统为欠阻尼系统，一个周期时间内振幅衰减至约 30%，试验时钢绞线长度 $l = 30\text{m}$。

对于欠阻尼系统，其自由振动的振幅可以看作是一个随时间变化的函数：

$$x_u(t) = Ae^{-\zeta\omega_n t}\sin(\omega_d t + \theta)$$

式中：c_1 为阻尼比；ω_n 为系统的无阻尼固有频率；ω_d 为系统的有阻尼固有频率，

A、θ 为常数。

两个相邻振幅即相隔时间为周期 T 的比值为：

$$\frac{x_u(t)}{x_u(t+T)} = \frac{Ae^{-\zeta\omega_n t}\sin(\omega_d t + \theta)}{Ae^{-\zeta\omega_n(t+T)}\sin[\omega_d(t+T)+\theta]}$$

式中，周期 $T = \frac{2\pi}{\omega_d}$，$\omega_d = \sqrt{1-\varepsilon^2}\,\omega_n$。化简后得：

$$\frac{x_u(t)}{x_u(t+T)} = e^{\frac{2\pi\zeta}{\sqrt{1-\zeta^2}}} = \frac{10}{3}$$

求解得到 $\varepsilon = 0.188$。

又因为：

$$\zeta = \frac{c_1}{c_e} = \frac{c_1}{2\sqrt{m_1 k_1}}$$

所以阻尼系数的取值为：

$$c_1 = 0.376\sqrt{m_1 k_1} = 0.376\sqrt{m_1\frac{nA_c E}{l}} = 0.376\sqrt{\frac{m}{6}\frac{nA_c E}{l}} = 1.54\times 10^6 (\text{N}\cdot\text{s/m})$$

式中：m_1 为单个提升器承受的重量，$m_1 = m/6$，总重量 $m = 2200\text{t}$。

系统的运动方程：假设每个提升器工作时承受的重量为 m_i，有如下运动学方程成立，其中 $p(t)$ 为外部作用力。

$$\sum_{i=0}^{6} m_i \ddot{x} + \sum_{i=0}^{6} c_i \dot{x} + \sum_{i=0}^{6} k_i x = p(t)$$

式中：$m_1 = m_2 = \cdots = m_6$，且 $\sum_{i=0}^{6} m_i = m$，$c_1 = c_2 = \cdots = c_6$，$k_1 = k_2 = \cdots = k_6$。

上式化简得：

$$m\ddot{x} + c\dot{x} + kx = p(t)$$

式中：m 为闸门的总质量；c 为系统等效阻尼；k 为等效弹性系数。

$$c = 6c_1 = 9.24\times 10^6 (\text{N}\cdot\text{s/m})$$

$$k = 6k_1 = \frac{6nA_c E}{l}$$

系统的有阻尼固有频率为：

$$f = \frac{\omega_d}{2\pi} = \frac{\sqrt{1-\zeta^2}\,\omega_n}{2\pi}$$

式中：$\omega_n = \sqrt{k/m}$，$\zeta = c/(2\sqrt{km})$。

系统在简谐激励下的幅频响应特性为：

$$m\ddot{x} + c\dot{x} + kx = p(t) = p_u \sin(\omega t + \theta)$$

该微分方程的一个解为：

$$x(t) = x_u \sin(\omega t + \theta_x)$$

将上式代入微分方程可得到系统稳态振动的振幅和相位角分别为：

$$x_u = h_u \cdot p_u$$
$$\theta_x = \theta_h + \theta$$

式中：$h_u = h_u(\omega)$ 称为相频特性，$\theta_h = \theta_h(\omega)$ 称为相频特性，如下式：

$$h_u = \frac{1}{\sqrt{(k - \omega^2 m)^2 + (\omega c)^2}}$$

$$\theta_h = -\tan^{-1}\frac{\omega c}{k - \omega^2 m}$$

闸门入水在③~⑥位置时受激振的幅频响应特性曲线见图 2-21。

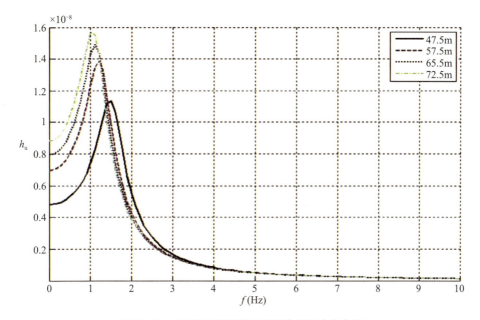

图 2-21　闸门不同封堵位置时的幅频响应曲线

从图 2-21 可以看出，闸门处于封堵位置时曲线的峰值出现在 1~1.5Hz 之间，即整个系统的敏感频率。

从理论上分析，油缸锚夹具到提升吊点之间的最小距离为 12m，如果钢绞线完全弹性变形（振动幅度小），可以将钢绞线假设为一个纯粹弹性变形的弹簧，则锚夹具纯粹受向下的拉力，而不受向上的推力，故而不会产生任何影响。如果钢绞线不是弹性变形（振动幅度大），受到振动而向上弯曲，此时锚夹具受到的力很小，不足以抵消锚夹具的压力和自重，故而不会产生影响。但是由于该力很难用计算得到，特通过试验验证。

使用两个油缸，分别固定于反力架上，油缸间距调整为 12m。一个油缸作为振动的模拟油缸，上锚具模拟振动载荷进行反复移动，移动振幅为 50mm 时频率为 0.1Hz（与油缸的速度有关）。观察提升油缸上锚具是否产生松动。缺点：振动频率比较小，满足不了 1Hz 的要求，但是可以通过其他形式进行改进。优点：可以改变钢绞线的长度，观察不同情况下钢绞线变形对锚夹具的影响。以油缸的对拉试验情况来分析，在间距为 3.5m 的情况下，一端油缸缩缸，导致钢绞线弯曲，另一端油缸的锚夹具不会松动。

4）提升系统

整个提升系统主要由提升对象、承载机构、提升油缸、提升泵站和电气控制（含控制策略）等组成。提升系统总体框图和提升系统结构布置见图 2 - 22 和图 2 - 23。

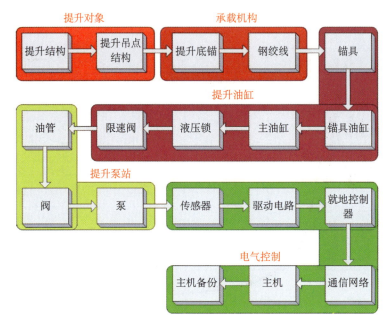

图 2 - 22　提升系统总体框图

（1）闸门流激振动模型试验主要成果。

①在液压张紧提升系统启闭条件下，闸门所受脉动压力的最大值都分布于 5m 开度左右，闸门底缘的脉动压力远比上下游面的大，顺流向的动位移和闸门主横梁下游面跨中的弯曲动应力的最大值都出现在 5m 开度左右，振动响应是随机强迫振动。

②闸门振动高能区频率分布随闸门开度而变化，闸门振动加速度能量在中大开度时主要集中在 20Hz 以内，优势频率为 4 ~ 7Hz 以内，明满流过渡区域闸门振动频域分布较宽，主要集中在 2 ~ 40Hz 以内，优势频率随测点不同在 2 ~ 30Hz 范围变化，闸门振动典型测点位移优势频率主要集中在 1Hz 以内。

③各种试验条件下闸门上下游面的脉动压力大能量频率都远小于闸门的弯曲自振频率，不会发生共振；闸门竖向脉动压力的优势频率小于 1Hz，闸门竖向质量振动频率为 2Hz 左右，也不会发生共振。

④闸门启闭过程中，动应力占静应力值比重很小，闸门结构是动力安全的。

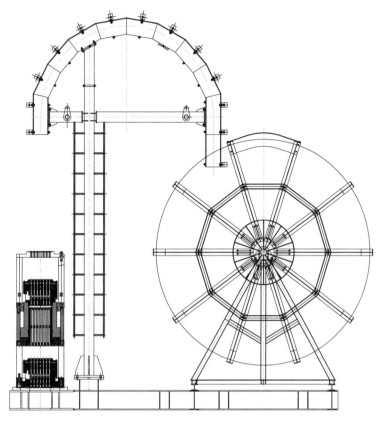

图 2-23　提升系统结构布置图

⑤闸门结构的最大静应力为 240MPa，动应力小于 10MPa，振动应力可以满足动强度要求。

⑥闸门模型振动加速度的大能量频率都在 200Hz（模型值）以上，而动应力的大能量频率都在 100Hz（模型值）以下，振动加速度产生的动应力非常小，但注意长期作用可造成螺栓松动等危害。

（2）门槽水力学模型试验主要成果。

在原门槽及洞身体型条件下，闸门在关闭以及开启过程中出现明满流过渡所对应的开度不同；试验测出在较长时间（液压张紧系统速度很慢，闸门从 14.0m 关闭到 4.0m，原型持续时间约 2h）、较大范围内（几乎整个进口顶部及门槽附近）出现了很低的负压（接近极限负压），导致闸门关闭困难。

针对此种状况，增设通气孔是必要的，以便改善门后流态，减小闸门振动源，确保顺利闭门。因此，模型中开展了在进口段顶部设置通气孔方案的优化试验。

空腔内气流的运动异常复杂，其运动能量由不断下泄的水流提供，空腔体积和内在压力变化又不稳定，这可能成为闸门流激振动源，而且更重要的是受模型缩尺影响，正确模拟空腔体积及内在气流运动是很困难的，因此设置通气孔通气以控制空腔体积、压力变化，尽量使其保持平衡、稳定是解决该问题积极有效的方法。

通气孔设置应当满足以下要求：

①有效通气。

②通气孔风速、空腔负压应满足相关规范要求。

③通气孔尺寸尽可能小，必须保持原设计结构的强度、刚度和稳定基本要求。

为使通气孔不被水流封闭，在各种发生空腔的情况下均能顺利通气，其通气孔设置应当靠近进口上唇曲线上部，通气孔为圆形截面，孔径 ϕ 650mm，共有 5 个，沿洞顶横向间隔2.0m一字形布置。通气孔总体布置见图2-24。

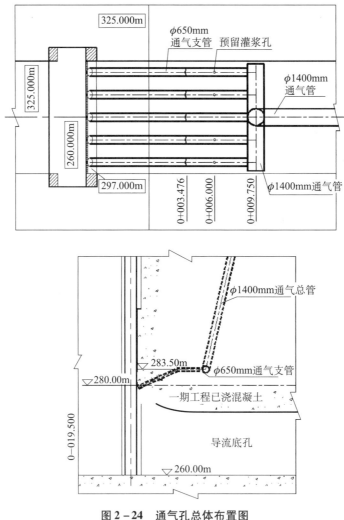

图 2-24　通气孔总体布置图

试验表明，洞顶加设通气孔后，门后区域得到有效、充分通气，整个进口区域在闸门启闭过程中测点压力均得到较大改善。闸门全开时，门槽附近各测点的压力分布较好，压力脉动较小，无负压出现。闸门最大竖向振动位移单幅值降为 0.39mm。

（3）闸门动力有限元分析主要成果。

①闸门各节自振频率的计算值与模型试验值比较接近，相对误差小，各频率的振型是彼此相似的，试验模型与计算模型对闸门动力特性的预报成果得到了较好验证；闸门整体在水中竖向质量振动频率为 2Hz 左右，底缘脉动压力优势频率的试验值小于 1Hz，不会发生水力共振。

②闸门模型水流向脉动压力较大能量的频率小于 82Hz，而闸门模型水流向弯曲自振频率为 164Hz，不会发生共振。从振动波形也可见，振动是随机强迫振动。

③闸门最大弯曲应力计算值与试验值比较接近，试验模型与计算模型对闸门应力的预报成果也得到了较好验证。

④各试验工况下闸门底缘的总脉动压力小于闸门受到的摩擦力，闸门不会出现竖向整体振动位移。

（4）原型试验。

鉴于钢绞线液压张紧提升系统作为闸门动水启闭设备在国内外尚无先例，1～5 号导流底孔封堵闸门门槽水力学问题、闸门流激振动问题以及液压提升系统的安全问题均需高度重视。为此，于 2011 年 10 月 28 日和 11 月 1 日专门利用 6 号导流底孔闸门采用液压提升系统在较低水位条件下进行了两次全程动水启闭实验和原型观测。

原型试验主要成果如下：

①总体上，闸门开启、关闭过程中闸前闸后水位变化不大，在闸门开度约为 2.0m 左右时门前形成偶发性吸气漩涡，在一定范围内激发了门体振动，但振动能量有限，未产生有害振动。

②闸门结构运行平稳，门体振动量级不大，属微振范围，闸门的振动未通过钢绞线传递到锚夹具系统上面。

③液压系统、提升油缸运行平稳，无泄漏、阀芯卡滞等故障，系统对闸门势能转化为液压油热能具备良好的散热性能。

④在多次重复性试验中，钢绞线工作正常，虽有清晰牙痕，但是无散股或损伤。在试验完成后，有必要截取钢绞线送至有关单位进行力学性能复测。

⑤传感器、控制器运行正常，同步调节性能很好，各种保护功能均正常有效。

⑥闸门门槽内门下测点因水流扰动和下切流动影响，整个开启过程中基本均处于小范围负压状态。

⑦作用于封堵门体上的脉动压力具有随开度增加而增大的变化规律，最大脉动压力发生在闸门底缘门槽内，由于上下游水位差不大，总的能量较小，闸门可以安全运行。

⑧从频谱分析可以看出，各运行工况闸门振动频率主要集中在 40Hz 以内，其中优势频率为 30Hz 左右。门槽空化噪声试验表明，在目前运行工况下，闸门底部

空化噪声强度基本相当，未见空化发生。

（5）启闭设备性能比较。

①特性比较。

a. 设备布置与配置比较：卷扬式启闭机设备结构尺寸大、重量重、布置灵活性较差；液压张紧提升系统设备采用标准化、轻型化的模块结构，结构尺寸小、重量轻、布置与组合较灵活。

b. 启闭速度与时间的比较：卷扬式启闭机速度达 2m/min，启闭速度快，可快速通过平面封堵闸门的振动区域，操作时间短，有利于闸门尽快封堵；液压张紧提升系统属步进式操作方式，启闭速度约 6m/h，启闭速度慢，操作时间长。

c. 双吊点同步性能的比较：卷扬式启闭机双吊点同步控制采用刚性同步连接轴和设置平衡梁的方式实现；液压张紧提升系统通过锚具和油缸距离传感器来实现油缸的动作同步，通过长距离传感器来实现闸门的位置同步，可实现较高的控制精度。

②模型试验成果分析比较。

a. 门槽水力学模型试验成果：卷扬式启闭机（无通气孔）和液压张紧提升系统（增设通气孔）在封堵闸门的关闭、开启过程中，设计启闭机容量能满足要求，闸门依靠自重也可以正常关闭到位，门区各部位测点压力分布良好，时均压力未见异常低压，尽管在部分开度下有些测点瞬时最低压力达极限负压，但发生强烈空化水流的可能性较低。因此，从水力学的角度看，两种闸门启闭方案均可行，都能够满足底孔封堵闸门的启闭要求。

b. 闸门流激振动模型试验成果：两种方案的开关门流激振动试验成果均表明，无论是卷扬式启闭机还是液压提升方案，无论是增设还是不增设补气孔，闸门所受脉动压力的分布规律基本相同，最大值都分布于闸门开度 5m 左右，振动响应是随机强迫振动；既不会发生上、下游方向的共振，也不会发生竖向的共振；闸门最大弯曲动应力所占静应力的比例小于 3%，振动位移幅值也较小，闸门结构是动力安全的。

c. 闸门动力有限元分析成果：采用三维有限元数学模型进行闸门静力计算、动力安全分析、模型试验成果和计算结果的对比分析表明，闸门各节自振频率的计算值与模型试验值比较接近，相对误差率小于 4%，试验模型与计算模型的成果相互得到了较好的验证。

综上所述，门槽水力学模型试验、闸门流激振动模型试验、三维动力有限元数学模型分析的成果均表明，两种启闭方案均可行，能够满足封堵闸门启闭要求，不会发生危害性的共振或振动，但受模型试验缩尺影响，应加强下闸封堵过程中现场观测和应急预案处置。采用液压提升方案需在导流底孔进口部位增设通气孔。

③技术经济性能分析。

a. 提升系统额定载荷大、重量轻、体积小，可根据闸门吊点需要灵活布置。

b. 设备单件重量较小，同时使用具有互换标准节的钢结构塔架，大大简化了安装、拆除过程，缩短了安装、拆除工期。

c. 提升系统重量轻，一次性投资少，同时因导流底孔封堵闸门启闭设备属临时工程项目，提升系统所具有的标准单元特性又可充分回收利用。

d. 钢结构塔架取代混凝土排架，减少土建工程量，节省施工资源，缩短土建交面工期，有利于底孔封堵项目的进度控制。

e. 节省缆机资源占用，减少现场施工干扰。

向家坝水电站导流系统 1~5 号导流底孔封堵闸门启闭设备采用钢绞线液压张紧提升系统，具有显著的技术先进性和经济性。

4. 导流系统闸门启闭机布置实施方案

1）1~5 号导流底孔进口封堵门及启闭机

闸门采用平面滑动形式，门叶根据运输单元制造，各单元之间在现场通过铰轴连接成整体，每对连接副采用双耳板，既能有效保证闸门整体拼装质量，又大大缩短了安装工期；闸门采用上游面板、上游底止水，下游顶侧止水，利用水柱下门；闸门主支承采用钢基铜塑滑道，反导向为钢滑块，侧导向为简支轮；每对节间连接副内侧耳板轴孔为梨形孔，考虑 5mm 偏心量。穿轴连接状态节间水封考虑一定预压量以保证梨形孔拉紧后节间水封仍压紧止水座面；顶节门叶顶部共设置 6 个吊耳，3 个吊耳为 1 组，对称布置 2 组。

闸门安装平台对应每孔门井上方安装钢结构塔架，取代原设计的混凝土排架，共 5 套钢塔架，塔架顶设置钢横梁，每套钢塔架横梁上设置 2 组液压张紧提升系统。根据设备所需总启闭容量值 20 000kN，每组提升系统配置 3 套 5600kN 提升装置，2 组共 6 套提升装置，总容量为 $2 \times 3 \times 5600 = 33\ 600$kN。每套提升装置有 37 根 $\phi17.8$mm 钢绞线，每根钢绞线破断力为 353.2kN，1% 伸长时的最小载荷为 318kN，因此提升系统提升容量储备系数为 33 600/20 000 = 1.68，钢绞线安全系数为 $6 \times 37 \times 318/20\ 000 = 3.52$。2 组提升装置与各自操作的封堵闸门 2 组吊耳直接相连，6 套提升装置同步操作闸门，操作行程为 70.0m。

1~5 号导流底孔闸门启闭机总体布置见图 2-25。

2）6 号导流底孔出口工作门及启闭机

6 号导流底孔出口工作闸门采用平面定轮形式，门叶根据运输单元制造，各单元之间在纵隔板处通过螺栓连接成整体，门叶边柱节间不连接，以释放一定的节间连接刚度，以改善闸门支承定轮的受力均匀性；门叶采用上游面板、上游止水；闸门主支承定轮采用双列向心滚动轴承并设置可靠的密封装置，定轮踏面与轨道为线接触，采用偏心套调整定轮踏面共面；反导向采用钢滑块，侧导向采用简支轮；为防止下门时闸门面板与门槽门楣间隙射水，在面板上游侧按一定间距设置数道横向防射水封，保证下门全行程至少有一道顶水封与门楣止水面接触，闸门顶部设置双吊耳。

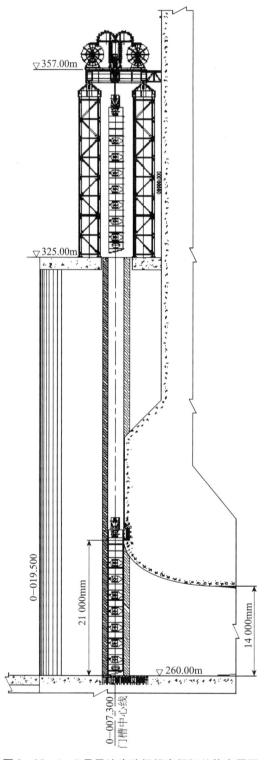

图 2-25　1~5 号导流底孔闸门启闭机总体布置图

闸门门井上方安装的混凝土排架顶部平台上设置 1 台固定卷扬式启闭机，启闭容量为 $2 \times 4500kN$，启闭扬程为 45.0m，两组动滑轮组直接与闸门顶双吊耳连接。

6 号导流底孔出口闸门启闭机总体布置见图 2－26。

3）6 号导流底孔进口事故挡水门及启闭机

6 号导流底孔进口事故挡水闸门采用平面滑动形式，门叶根据运输单元制造，各单元之间在现场通过铰轴连接成整体，每对连接副采用双耳板，既能有效保证闸门整体拼装质量，又大大缩短了安装工期；闸门采用上游面板、上游底止水，下游顶侧止水，利用水柱下门；闸门主支承采用钢基铜塑滑道，反导向为钢滑块，侧导向为简支轮；每对节间连接副之一耳板轴孔为梨形孔，考虑 5mm 偏心量。穿轴连接状态节间水封考虑一定预压量以保证梨形孔拉紧后节间水封仍压紧止水座面；闸门顶部设置双吊耳。

闸门门井上方安装的混凝土排架顶部平台上设置 1 台固定卷扬式启闭机，启闭容量为 $2 \times 6500kN$，启闭扬程为 90.0m，两组动滑轮组直接与闸门顶双吊耳连接。

6 号导流底孔进口闸门启闭机总体布置见图 2－27。

5. 下闸蓄水

2012 年 10 月 10 日 9 时，正式开始 1～5 号导流底孔封堵闸门按约 1 小时的间隔时间分梯次下闸，总历时 7 小时，于 16 时 17 分完成 5 扇封堵闸门的下闸封堵任务，整个运行过程顺利，5 扇封堵闸门均到位正常挡水，6 号导流底孔不间断向下游供流。

10 月 11 日 18 时 30 分，正式开始 6 号导流底孔出口工作闸门按 5 个开度分段下闸，同时泄洪中孔工作弧门同步开启，于 19 时 15 分 6 号导流底孔出口工作闸门下闸到位，顺利完成 6 号导流底孔向泄洪中孔的控泄流量转换。

10 月 11 日 24 时，下放 6 号导流底孔进口事故挡水闸门，确认下放到位后，接着提出出口工作闸门，完成进口事故挡水闸门接替出口工作闸门的挡水工作。

6. 结论

向家坝水电站工程下闸蓄水按既定方案实施，整个过程控制精确、操作顺利，下游河道水位控制平稳。全面充分的科研、试验工作为下闸蓄水顺利、圆满完成奠定了基础，是国内外水电工程中特大型水工钢闸门启闭首次成功应用液压张紧提升系统，效果堪称完美，圆满实现了预期目的。

本次下闸封堵经验表明，在需要大扬程、大容量启闭机的情况下，采用该启闭装置对保证下闸的同步性和可控性，对节省投资、保证工期等具有很大优势。

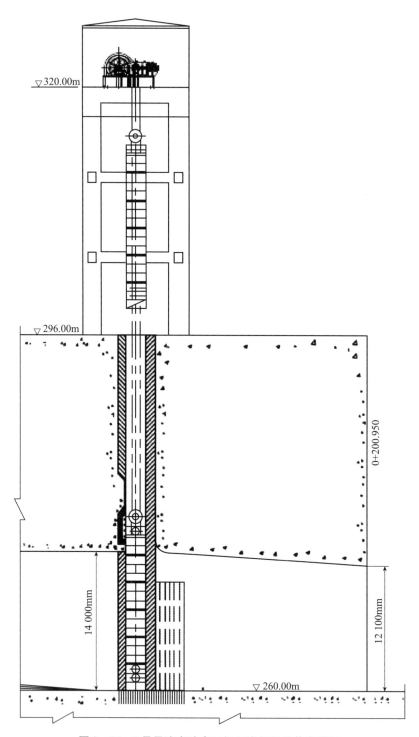

图 2-26 6号导流底孔出口闸门启闭机总体布置图

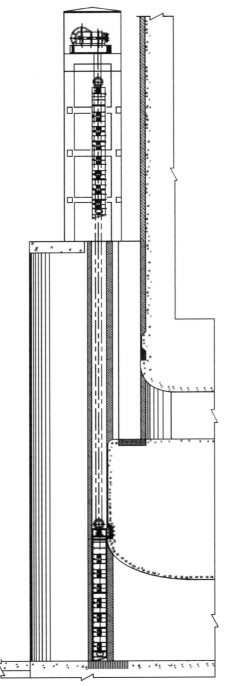

图 2 - 27　6 号导流底孔进口闸门启闭机总体布置图

2.2.2　地下、坝后厂房污物治理方案研究

关于引水发电系统进水口的清污方式，总的来说目前还没有一种十分理想的方式，常用的几种方式有：设置拦污排、栅前清污抓斗、链轮回转式清污机以及 2 道

拦污栅提栅清污。

坝前库区设置拦污排，将污物阻挡在进水口前沿的库区里，污物与拦污栅隔离，不会造成拦污栅附加荷载和进口流量损失。拦污排对漂浮物具有较好的拦污作用，但对悬浮物的阻挡受到局限，针对大部分污物均以漂浮物为主这一实际工况，设置拦污排不失为一种较理想的拦污措施。但拦污排的布置受库区地形及坝体布置形式的制约，因此向家坝工程不具备布置拦污排条件。

清污抓斗清污能力较强，理论上可从槽底一直清至坝顶，但对较大的污物如树木等的清理有一定局限性。

链轮回转式清污机虽然可以随时清理，但因耙齿较短，清污能力有限，且链轮也不能做到很长，一般为 10～20m，也受到拦污栅高度的限制。

提栅清污事实上没有清污设施，不具备清污手段，只能作为一种辅助措施，对特殊情况下如对卡阻在栅叶间的污物进行清理。

向家坝水电站地下、坝后引水发电系统采用栅前清污抓斗清污结合备用拦污栅检修互换的方案为：向家坝水电站左、右岸发电机组进水口前沿各设置 24 个过水孔，每孔设置 2 道拦污栅槽，配置 27 扇活动式拦污栅（其中 3 扇作为备用），拦污栅高度由孔口底板一直布置到坝顶，其中第一道栅槽兼做清污导槽。拦污栅前的污物采用液压系统驱动耙齿开闭的清污抓斗清除，清污抓斗可在机组正常运行条件下沿清污导槽由坝面至底板全程工作，不影响机组运行，对栅前水中不同位置及种类的污物均有良好的抓污效果。

为提高清污抓斗的工作效率，在左、右岸发电机组进水口坝（塔）前各专门设置 1 台清污门机，用于对清污抓斗的操作以及拦污栅的启闭。

同时采用 2 道拦污栅槽和活动式拦污栅以及备用拦污栅方案，能够辅以特殊情况下的提栅清污以及拦污栅的互换检修。

经向家坝水电站实际使用反馈，该设计及设施使用情况良好，满足预期目标。

2.2.3　地下厂房尾水系统金属结构设备布置优化设计研究

向家坝水电站地下厂房布置于右岸坝头，为一大型地下洞室群，共安装 4 台单机容量 800MW 的水轮发电机组，其尾水系统为每台机组采用单尾水管，4 条尾水管后延后两两合并成 2 条尾水洞，每条尾水洞出口处又由中间隔墩分成 2 个孔口。

每条尾水管廊道内设有 1 道尾水管检修门槽，每个尾水洞出口设有 1 道尾水洞出口检修门槽。

由于受到山体地形地质条件的限制，尾水管检修门槽及检修廊道采用结合主变洞的布置方案。因汛期大坝泄洪时下游水位高于廊道底板高程，因此检修门槽竖井顶部设置密封盖板，机组正常发电运行时，密封盖板封住门槽竖井。

根据地下厂房尾水系统布置特点，将闸门（密封盖板）操作安全可靠度和缩短闸门操作时间以减少机组停机电量损失作为尾水系统闸门、启闭机布置的控制重点，为此对地下厂房尾水系统金属结构设备布置进行优化设计研究。

1. 尾水管金属结构设备布置方案研究

1) 地下厂房尾水管检修闸门及启闭机布置

地下厂房共 4 条尾水管，在主变洞下游端尾水管上方的横跨尾水管设置 1 条检修廊道，其右侧与进厂交通洞和主变室连通，每条尾水管设 1 道检修门槽，门槽井直通检修廊道底板。

尾水管检修闸门及启闭机总体布置见图 2-28。

尾水管检修廊道平面布置

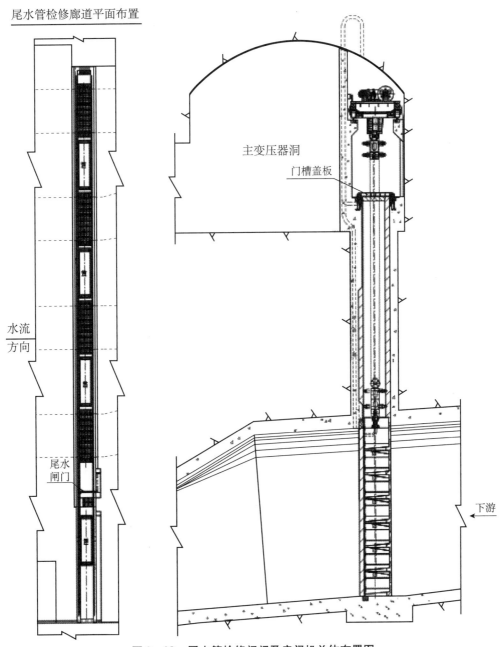

图 2-28 尾水管检修闸门及启闭机总体布置图

4 孔检修门槽共设 2 扇检修闸门，下游设计洪水位为 291.820m，设计挡水水头为 61.886m。闸门操作方式为静水闭门，充水平压静水启门。

在检修廊道内顶部设置 1 台 2×800kN 台车式启闭机，通过液压自动抓梁操作尾水管检修闸门。

受廊道建筑物尺寸限制，尾水管检修闸门采用叠梁平面滑动形式。闸门共分为 7 节门叶，除第一节门叶设置充水阀外，各节门叶结构尺寸相同。各节门叶面板和止水均布置在厂房侧，门体顶部布置双吊点。

闸门主支承采用钢基铜塑复合滑道，该材料具有较大的承载力和较小的摩擦系数；由于两台机共用一个变顶高尾水洞，考虑相邻机组水位波动可能对本闸门产生反向荷载，若闸门反导向单独使用铰式弹性滑块，此反向荷载可能是铰式弹性滑块难以承受的，故在反向采用了铰式弹性滑块＋承载固定滑块的联合布置方案。正常工作状态下，弹性滑块在闸门封闭孔口时起到弹性预压作用，承载固定滑块与门槽预留一定间隙，当出现较大反向荷载时，弹性滑块压缩完预留间隙后，将由承载固定滑块接替支承工作，以避免弹性滑块因无限制压缩而被压溃。

由于汛期大坝泄洪时下游水位高于检修廊道底板高程，因此每孔检修门槽竖井顶部设置密封盖板，机组正常发电运行时，密封盖板封住门槽竖井。

密封盖板采用面板实腹梁结构，下面四周设置支承钢滑块和封闭"口"形止水框，止水框长度为 18.27m，宽度为 3.58m，沿上、下游方向共布置 21 根主梁，盖板最大挡水水头为 20.48m。考虑密封盖板操作的方便性与灵活性，密封盖板与门槽井口埋件采用两排传力销轴连接固定的形式，每根主梁两端加工耳孔，通过传力销轴与 42 个销轴座连接，每个销轴座由 4 根通过定位架定位的锚栓连接后埋设于混凝土中，为使每个传力销轴受力均匀，所有销轴座在现场与盖板耳孔通过传力销轴配装定位后再回填二期混凝土；该盖板密封连接方式，铰轴数量少，安装及拆卸方便，避免了螺栓连接方案螺栓数量多、操作困难的缺点，为快速开合盖板、压缩盖板操作时间创造了有利条件。开启盖板时，抽出传力销轴（保留 2 个销轴作为转铰），通过手动葫芦将盖板绕转铰翻转。

盖板投入挡水前，确保所有传力销轴装配到位关系到盖板的运行安全。为此，设计在每个销轴端部设置穿轴到位传感器。所有传感器信号串联，任何一个传力销轴未穿销到位都将在控制室声光报警，为对盖板运行安全实施远程监控打下了基础。

为防止由于水封渗漏等原因而导致水进入主变洞室和厂房，专门设置了廊道内的排水装置，并在检修廊道右侧入口端设置了一扇防水门作为安全后备措施，彻底杜绝渗漏水流出廊道进入主变洞室和厂房。

闸门共设置 4 个门库，存放所有门叶，其中 3 个布置于检修廊道内闸门门槽之间，1 个布置于检修廊道右侧防水门外。

平时门叶自身的检修、维护，由台车将待检修门叶提出门库置于盖板上进行。

2）尾水管检修闸门支承形式研究

由于两台机共用一个变顶高尾水洞，考虑相邻机组水位波动可能对本闸门产生反向荷载，若闸门反导向单独使用铰式弹性滑块，此反向荷载可能是铰式弹性滑块难以承受的，故在反向联合使用了铰式弹性滑块和承载固定滑块。承载固定滑块与轨道间留5mm间隙，闸门不承受大的反向载荷时，承载固定滑块不投入工作。本闸门的反向弹性滑块工作头及承载固定滑块均使用复合材料，同时反轨配以不锈钢工作面，消除了以往反滑块对反轨工作面防腐层的损害。

3）闸门竖井密封盖板安全可靠性分析

受到土建建筑物的限制，尾水管检修闸门门槽竖井顶部高程低于下游洪水位，在大坝泄洪时，应用密封盖板封住门槽竖井上部孔口。

密封盖板承受的最大水压力按下游1000年一遇设计洪水位加极端情况下的5m涌浪高，设计水头为20.48m，盖板采用面板实腹梁结构，沿门槽井宽度方向布置21根主梁，每根主梁两端的耳板通过传力销轴与42个销轴座连接，每个销轴座由4根通过定位架定位的锚栓连接后埋设于混凝土中，为控制穿销精度，所有销轴座在现场与盖板耳孔通过传力销轴配装定位后再回填二期混凝土。该盖板密封连接方式铰轴数量少，安装及拆卸方便，避免了螺栓连接方案螺栓数量多、操作困难的缺点，为快速开合盖板、压缩盖板操作时间创造了有利条件。整个盖板结构简单、受力明确，按照有关规程规范要求进行盖板设计，其结构强度和刚度完全能够保证挡水的安全可靠性要求。

闸门竖井设置密封盖板的布置方案在贵州东风水电站、贵州三板溪水电站中得到实际运用，东风水电站已安全运行15年，三板溪水电站已安全运行近3年。某些抽水蓄能电站中尾水管事故闸门顶部高程非常低，密封盖板所承受的水头一般在50m以上，甚至高达100m。大量实际工程的成功应用表明，闸门竖井密封盖板是安全可靠的。

盖板投入挡水前，确保所有传力销轴装配到位关系到盖板的运行安全。为此，设计在每个销轴端部设置穿轴到位传感器。所有传感器信号串联，任何一个传力销轴未穿销到位都将在控制室声光报警，为盖板运行安全实施远程监控打下了基础。

4）密封盖板渗漏措施及安全可靠性分析

闸门竖井密封盖板与埋件之间设置橡胶止水，止水座板经过机械加工，精度有保证，目前闸门孔口面积达400m²左右，采用普通橡胶可以满足止水要求，而闸门竖井密封盖板面积仅有68.6m²，橡胶止水的可靠性得到充分保证。

为了确保万无一失，防止由于水封等原因发生渗漏而导致水进入主变洞室和厂房，专门设置了廊道内的排水装置，在廊道入口端还设置了一扇防水门作为安全后备措施。彻底杜绝渗漏水流出廊道进入主变洞室和厂房，因此不可能发生水淹厂房的重大恶性事故。

大坝不泄洪时，8台机组满发下游水位273.16m，机组甩负荷极端情况下涌浪

5m，尾水管检修闸门竖井内可能最高水位为278.16m，盖板高程为279.00m，因此大部分时间内盖板并不挡水。

5）闸门操作的安全可靠性分析

（1）枯水期和大坝不泄洪的汛期。在枯水期和大坝不泄洪的汛期，在一台机组停机处于检修工况时，其余机组满发的下游水位为272.36m，考虑同单元的相邻机组最大涌浪高度4m，尾水管检修闸门竖井内最高的水位只有276.36m，而尾水管闸门门槽竖井顶部的设计高程为279.00m，因此进行尾水管检修闸门的操作是安全可靠的。

（2）汛期大坝泄洪时，如果要求关闭尾水管检修闸门，将采用尾水管检修闸门和尾水洞出口检修闸门联合操作的方式完成尾水管检修闸门的操作过程，此时，同单元相邻机组需要停机一段时间以配合。

首先关停同单元的另外一台机组，关闭尾水洞出口的检修闸门，尾水洞内排水，水位仅需降至合适高程，打开尾水管检修闸门竖井盖板，下放尾水管检修闸门。尽管操作程序较复杂，占用时间长，但由于用尾水洞出口检修闸门将下游水位完全隔离，此时进行尾水管检修闸门的操作是安全可靠的，不存在安全风险。

2. 尾水系统闸门操作程序分析

1）枯水期和大坝不泄洪的汛期

在枯水期和大坝不泄洪的汛期，只需单独操作尾水管检修闸门就可满足机组检修的要求。

（1）关闭尾水管检修闸门操作流程和时间。

打开廊道防水门：	耗时0.1h
打开尾水管检修闸门竖井密封盖板：	耗时0.4h
下放尾水管检修闸门（7节门叶）：	耗时8h
关闭密封盖板：	耗时0.4h
关闭廊道防水门：	耗时0.1h

关闭尾水管检修闸门操作时间共计约9h。

（2）开启尾水管检修闸门操作流程和时间。

打开廊道防水门：	耗时0.1h
打开尾水管检修闸门竖井密封盖板：	耗时0.4h
检修机组尾水管充水	耗时5h
开启尾水管检修闸门（7节门叶）：	耗时8h
关闭密封盖板：	耗时0.4h
关闭廊道防水门：	耗时0.1h

开启尾水管检修闸门操作时间共计约14h。

2）汛期大坝泄洪时

在大坝泄洪的汛期，需要与尾水洞出口检修闸门联合操作满足机组检修要求。

（1）关闭尾水系统闸门操作流程和时间。

同单元相邻机组停止运行。

关闭尾水洞出口检修门（2 扇门，10 节门叶）：　　　耗时 11h

机组流道内排水（水位仅需降至 278.00m 高程）：　　　耗时 0.5h

打开廊道防水门（与机组流道排水同时进行）

打开尾水管检修闸门竖井密封盖板：　　　　　　　　　耗时 0.4h

下放尾水管检修闸门（7 节门叶）：　　　　　　　　　耗时 8h

关闭尾水管检修闸门竖井密封盖板：　　　　　　　　　耗时 0.4h

关闭廊道防水门（与尾水洞出口检修闸门充水同时进行）

尾水洞出口检修门节间充水平压（充水水量为尾水管检修闸门的漏水量）：耗时 0.5h

提尾水洞出口检修门（2 扇门，10 节门叶）：　　　　　耗时 11h

检修机组进入检修期，同单元相邻机组重新投入运行。

整个关闭尾水系统闸门操作时间共计约 31.8h。

（2）开启尾水系统闸门操作流程和时间。

检修机组检修完毕，同单元相邻机组停止运行。

下放尾水洞出口检修门（2 扇门，10 节门叶）：　　　　耗时 11h

尾水洞内排水（水位仅需降至 278m 高程）：　　　　　　耗时 0.5h

打开廊道防水门（与机组流道排水同时进行）

打开尾水管检修闸门竖井密封盖板：　　　　　　　　　耗时 0.4h

检修机组尾水管充水：　　　　　　　　　　　　　　　耗时 5h

开启尾水管检修闸门（7 节门叶）：　　　　　　　　　耗时 8h

关闭尾水管检修闸门竖井密封盖板：　　　　　　　　　耗时 0.4h

关闭廊道防水门（与后面的操作同时进行）

尾水洞出口检修门节间充水平压：　　　　　　　　　　耗时 0.5h

提尾水洞出口检修门（2 扇门，10 节门叶）：　　　　　耗时 11h

同单元两台机组同时投入运行。

整个开启尾水系统闸门操作时间共计约 36.8h。

在大坝泄洪的汛期，需要尾水管检修闸门和尾水洞出口检修闸门联合操作的方式完成尾水管检修闸门的操作过程，操作闸门总共耗时 68.6h。同单元相邻机组停机总耗时同样为 68.6h。由于停机时间较长，造成电量损失很大，因此应尽量避免汛期大坝泄洪时操作尾水管检修闸门。

3. 尾水洞出口金属结构设备布置优化方案研究

可行性研究阶段到招标设计前期，从控制投资方面考虑，尾水洞出口一直采用叠梁检修闸门、尾水门机分节启闭闸门方案。这种方案操作时间过长，检修闸门完成一次操作过程需要 22h，同时影响到总容量 1600MW 的两台机组，一次操作将损失电量3520万kW·h。因此有必要对尾水洞出口金属结构设备布置进行优化设计研究。

1）方案1：尾水洞出口门机+叠梁检修闸门布置

每条尾水洞设两个尾水洞出口，每孔设置1扇检修闸门，共4扇，闸门采用叠梁平面滑动形式，设计水头为47.82m。

尾水洞出口检修闸门共分5节，由尾水洞出口平台2×2000kN尾水门机通过液压自动抓梁操作，两孔尾水洞出口检修闸门，完成一个完整的操作过程需要22h。方案1的金属结构设备工程量见表2-9。

表2-9 方案1 金属结构设备工程量

名称	形式	规格	数量	重量（t）	
				单重	小计
尾水洞出口检修闸门及埋件	平面滑动	—	4	418	1672
检修闸门启闭机及埋件（轨道）	单向门机	2×2000kN	1	215	215
合计（t）			1887		

2）方案2：尾水洞出口固定卷扬式启闭机+整体检修闸门布置

每条尾水洞设2个尾水洞出口，每孔设置1扇检修闸门，闸门采用整体平面滑动形式，设计水头为47.82m。

在尾水平台上方布置混凝土排架，排架顶部布置4台2×2500kN固定卷扬启闭机，与各自操作的闸门始终连接。两孔尾水洞出口检修闸门同时操作，完成一个完整的操作过程只需1h。方案2的金属结构设备工程量见表2-10。

表2-10 方案2 金属结构设备工程量

名称	形式	规格	数量	重量（t）	
				单重	小计
尾水洞出口检修闸门及埋件	平面滑动	—	4	418	1672
检修闸门启闭机及埋件（轨道）	固定卷扬机	2×2500kN	4	110	440
合计（t）			2112		

3）综合评价

（1）闸门工程量比较：两方案均按每孔1扇检修闸门配置，方案1为叠梁闸门，方案2为整体闸门，均为平面滑动闸门，闸门结构形式基本相同，闸门工程量基本相当。

（2）启闭机设备工程量比较：方案1为1台2×2000kN尾水门机，方案2为4台2×2500kN固定卷扬启闭机。方案2启闭设备一次性投资较大。

（3）土建工程量比较：方案 2 需要高排架，方案 1 不需要。方案 2 比方案 1 土建工程量略大。

（4）闸门操作时间比较：方案 1 每扇叠梁检修闸门分为 5 节，两扇闸门共 10 节，尾水门机通过液压自动抓梁分别操作；方案 2 每扇检修闸门与各自的固定卷扬启闭机始终直接连接，一个尾水洞出口的两扇闸门同时操作，闸门启闭一步到位。方案 2 操作时间短。

（5）操作可靠度比较：方案 1 的尾水门机与闸门要通过自动抓梁定位、挂（脱）钩等环节，特别在水下环境将影响自动抓梁的可靠性；方案 2 的固定卷扬机直接与闸门始终连接。因此方案 2 操作可靠度高。

（6）操作的自动化程度比较：方案 1 的尾水门机通过自动抓梁操作闸门，就目前的技术水平不能做到远方控制，运行人员必须到现场操作；方案 2 的检修闸门与固定卷扬机始终相连，可以实现远方控制，操作人员不用到现场。因此方案 2 自动化程度高。

综合比较，方案 2 土建工程和金属结构设备的一次性投资较大，但检修闸门操作时间短、可靠度高，电量损失可以大幅度降低，因此方案 2 "固定卷扬式启闭机 + 整体检修闸门"方案是最为合适的选择。

4）最终方案

地下厂房 2 条尾水洞，每条尾水洞出口设 2 个孔口，共 4 孔，每孔设置 1 扇检修闸门，闸门尺寸是目前国内门体高度最大的平面闸门。

尾水洞出口检修闸门及启闭机最终方案布置见图 2 - 29。

尾水洞出口下游设计洪水位为 291.820m，设计水头为 47.820m。闸门操作方式为静水闭门，节间充水平压后静水启门。

在尾水洞出口平台上方布置混凝土排架，其上布置 4 台 2×2500kN 固定卷扬启闭机，与各自操作的闸门始终连接。

闸门采用平面滑动形式，门体为主横梁面板实腹式结构，门体顶部布置双吊点，主支承采用钢基铜塑复合滑道，该材料具有较大的承载力和较小的摩擦系数。

闸门面板和底止水布置在迎水面，顶、侧止水布置在背水面，可有效避免泥沙淤积对闸门的影响。

由于尾水洞室空间巨大，为尽量加大充水流量，并考虑操作可靠及维护方便，经过门体充水阀、充水廊道、门体节间充水等方案比较，采用了闸门节间小开度提升充水平压的方式，为了满足下游水位较大的变幅，结合启闭容量的控制，闸门共分为 3 大节，形成二档节间层，节间充水行程为 150mm，节间通过销轴连接装置将 3 节门叶串成一体。

当下游水位在 276.500m 以上时，上提第 1 节门叶 150mm 进行节间充水；当下游水位在 276.500m 以下时，上提第 2 节门叶 150mm 进行节间充水。

尾水出口段平面布置

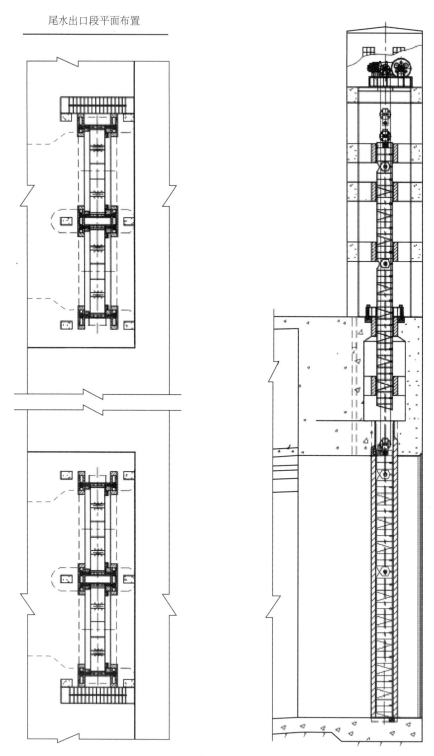

图 2-29 尾水洞出口检修闸门及启闭机最终方案布置图

向家坝工程地震基本烈度为 7 度，对于整体高度达 34.0m，中间又为铰接的闸门，闸门锁定时的抗震稳定以及闸门自身的检修、维护等问题显得较为突出，为此采取了如下措施：

闸门门槽由底板高程布置至某高程，后扩展形成扩宽门井。扩宽门井顶部和中部两侧设置闸门导槽，混凝土排架中部两侧设置 3 道闸门导槽。平时闸门锁定时其底部为合适高程，顶节门叶整扇限制在导槽中，其他 2 节门叶每节门叶高度范围有 2 道导槽。闸门自身的检修、维护在扩宽门井内进行。

门井顶部两侧设置移动式锁定梁，从抗震及受力均匀考虑，锁定梁上部支承位置设置板式橡胶支座作为闸门承重，锁定梁下部两侧设置弹性轮行走装置和钢滑块承重装置，闸门反导向采用弹性＋刚性组合滑块，头部为低摩复合材料，弹性滑块在闸门封闭孔口时起到弹性预压作用，刚性滑块与门槽（导槽）预留一定间隙，在闸门处于锁定状态时承受地震荷载作用。闸门侧导向采用复合材料滑块替代常用的简支轮，旨在提高强度和承载能力。

最终方案的确定大大缩短了检修闸门的操作时间，完成一次启闭操作过程仅需 0.75h。

2.3　模型试验

冲沙孔超高水头平面工作闸门设计研究

1. 概述

向家坝水电站左岸冲沙孔布置在垂直升船机左侧，与 6 号施工导流底孔轴线重合，它是在导流洞完成封堵任务后回填形成，其功能是对垂直升船机上游进口及坝后厂房进口拉沙清淤和对垂直升船机下游航道冲沙清淤。

招标设计阶段，根据冲沙孔功能要求，冲沙孔出口段设有平面滑动工作闸门，门槽上部设置密封盖板，形成全封闭门槽室，以阻挡库水压力；门槽后经压坡渐变形成鸭嘴形出口；出口下游设消能池。上下游正常设计水位始终淹没出口，闸门设计水头为 119.00m。

如此高水头、大尺寸的平面滑动闸门，是目前国内已建和在建工程中动水操作水头 100m 以上孔口尺寸最大的高压平面滑动闸门。同时，门槽后出口段洞身体型突变以及下游出口非常规的淹没出流等因素，使得闸门运行条件极为恶劣，门体结构形式、支承形式、止水形式、门槽体型、制造安装精度及运输等都将是一个个要攻克的难题；同时针对近 40m/s 的高速水流，由于门槽的存在、门槽后洞身体型突变及下游水位淹没出口等不利因素，闸门振动和门槽空蚀问题也将相当突出，严重时将影响闸门和门槽的安全运行，因此，对闸门结构、支承、止水、门槽体型等进行了充分的设计研究工作，对制造、安装精度提出了苛刻的要求，并通过闸门有限元分析、流激振动模型试验以及门槽（洞身）水力学模型试验加以佐证。

2. 闸门及启闭机设计

1）闸门及门槽设计

为了避免产生不利的水流条件，闸门、门槽采用了窄门槽的布置形式。闸门整体制作，门体为面板与主梁、边梁及两侧悬臂厚板组成的刚体结构，面板在上游侧，为保证闸门动水启闭过程中水流顺畅、避免负压，底缘设计成45°倾角的斜面并采用圆弧与垂直面板过渡，两侧悬臂厚板作为支承伸入门槽。

根据国内已建工程经验，高压滑动闸门通常采用主支承兼作刚性止水的设计形式，其支承材料主要有青铜与复合材料支承两种，采用复合材料支承的优点是摩擦系数小，可有效降低启闭机的启闭容量，且复合材料硬度较青铜低，具有一定的变形适应能力，可降低闸门及门槽埋件的制造、安装难度，提高止水效果。其缺点是复合材料的吸水率、线胀系数等影响支承的止水效果。采用青铜支承的缺点是摩擦系数大，启闭机启闭容量大，且青铜硬度高，造成闸门及门槽埋件制造安装难度大。优点是能够承受较大的线压强以及比较稳定的摩擦系数。

根据向家坝冲沙孔出口工作闸门设计参数，闸门采用青铜滑道支承方案，闸门下游顶、侧连续布置青铜滑道形成"∩"形框架作为主支承并兼作刚性止水，反导向和侧导均采用青铜滑块，底部不锈钢作为底支承并兼作刚性止水。窄门槽平面高压滑动闸门在国内外工程中均有应用，但孔口尺寸均较小［如二滩底孔 $3m \times 5.5m \sim 120$（80）m、冶勒放空洞 $3m \times 4.5m \sim 110.89m$］，支承为青铜对不锈钢并兼作刚性止水。考虑到向家坝冲沙孔出口工作闸门孔口较大，且操作水头较高，为了降低闸门和门槽埋件制造安装的难度，并确保止水效果，经过分析研究，顶、侧支承滑道的外侧同时增设了一道柔性 P 形橡皮水封，联合主支承滑块共同止水。

为了闸门有效抗震，降低闸门和门槽埋件制造安装的难度，并确保止水效果，经过分析研究，闸门顶、侧止水采用青铜及橡胶水封对不锈钢的组合形式、底止水采用不锈钢对不锈钢的硬止水形式。青铜主支承加工精度要求高，与门叶的装配采用螺栓连接，为保证止水的严密，青铜主支承与门叶结构之间应涂金属黏结胶。考虑到闸门在启闭过程中侧向滑块有可能受到较大荷载作用，因此侧向滑块采用青铜滑块。反向滑块采用青铜滑块，为增加反向滑块弹性，在反向滑块底部加橡胶垫。

闸门门槽采用整体式窄门槽形式，以改善门槽水流条件，体型为 II 型门槽，门槽上部设置密封盖板，形成全封闭门槽室，以阻挡库水压力；门槽下游孔顶采用圆弧过渡。门槽段分为上部上下游框架、下部上下游框架 4 块及顶部盖板，分块加工，安装时采用螺栓连接成整体结构，顶部盖板与上部框架间还设有两道 O 形密封圈以封水。埋件外露面板采用 30mm 厚不锈钢复合板；基板材料为 Q345B，厚 26mm；复合层材料为 $00Cr_{22}Ni_5Mo_3N$ 双相不锈钢，厚 4mm；门槽的顶、侧及底部止水及支承工作面贴有材质为 $12Cr_{18}Ni_9$ 的不锈钢板；门槽的侧、反导向工作面贴不锈钢板。在门槽顶部进人孔盖板设一个 DN100 水汽复合排气阀，用于门槽上部的排气及补气。

为了保证门叶支承滑道兼硬止水与门槽的配合精度，要求门叶及埋件分块焊接完成后进行整体退火处理，对工作面整体加工，并在厂内进行整体组装，厂内组装和工地安装调试对配合面的要求均为"用 0.05mm 塞尺每隔 20～30cm 量一次，不得贯穿"。埋件底板和封板需进行灌浆处理，底板每个区隔至少布置一个灌浆孔和一个出浆孔；封板沿板长方向布置一排灌浆孔，孔间距不大于 500mm。灌浆完成后，灌浆孔内放入圆锥塞后塞焊封闭，表面磨平，圆锥塞材料为 $12Cr_{18}Ni_9$。

平面闸门由于有门槽，高速水流流经门槽时由于边界条件发生了变化，水力学问题比较突出，因此，特进行了闸门动静力分析、闸门流激振动及门槽水力学模型试验。依据试验结果，对门槽附近流道体型进行了优化，改善了出口压坡斜度等窄门槽平面滑动闸门的几个关键参数，提高了门槽的抗空化、空蚀能力，所有测点的门槽空化数均大于规范的规定值（$K=0.4～0.6$），并具有一定的安全裕度。

为保证工作闸门门槽后水流上部自由水面挟气和表面拖曳力产生的输气量，以及由于设置跌坎而形成的射流底空腔的输气量，试验时在门槽后洞顶设有 6 个通气孔，尺寸分别为 3 个 $\phi800mm$ 圆洞和 3 个 $\phi500mm$ 圆洞。通过试验，通气孔的最大输气量出现在闸门开度为 $n=0.5$ 时，风速为 80m/s；当工作闸门开度为 $n=0.1$ 及 0.8 时，通气孔的最大风速均小于 20m/s，说明通气孔的尺寸是合适的。为了施工简单、方便，将模型试验中推荐的通气孔形式（3 个 $\phi800mm$ + 3 个 $\phi500mm$ 的圆洞，总面积为 2.1m²）遵照通气孔面积基本相同的原则，简化为两个 $\phi1200mm$ 的圆洞（总面积为 2.26m²），通气孔面积稍有增加。

2）启闭机设计

启闭闸门的设备选用双缸双作用式液压启闭机，容量为 $2×8000kN/2×6000kN$（启门力/闭门力），两油缸对称垂直布置于密封盖板上的门槽井内，油缸安装在门槽顶部盖板上端法兰盘上，为钢性支座、螺栓连接并设有密封装置以封水。油缸活塞杆与闸门为刚性连接，活塞杆上加工有螺纹，连接形式为直穿式螺母连接。此刚性连接方式同时具有通过液压油缸油液的阻尼作用有效抑制闸门振动的作用。为降低闸门、门槽的制造、安装难度，适应闸门与启闭机的安装调整，活塞杆通过球面承重螺母与直穿管上下球面连接座连接固定。启闭机液压泵站设置在门槽井下游侧机房内。

启闭机活塞杆最大行程为 7.2m，工作行程为 7.0m，缸径为 840mm，杆径为 400mm。启闭机可从全关位或任意局部开启位开启运行操作，借助闸门开度检测系统可在预先设定的任意位置自动停机，启门速度由比例调速阀调定。为保证 2 只液压缸同步启闭闸门，液压系统采取了两项措施，一是粗调，利用 2 只比例调速阀分别调节两液压缸有杆腔进出油量，使其基本相同；二是精调，1 只比例流量控制阀流量恒定，根据油缸行程检测装置输出的信号，通过 PLC 进行对比，当超差时，1 只比例流量控制阀流量恒定，PLC 发出信号给另一只比例流量控制阀，调节液压缸的同步精度。

液压缸主要由缸体、活塞杆、活塞、上下缸盖、机架等构成。缸体材料采用45号钢，材料热处理状态为正火状态；活塞杆材料采用45号钢实心锻件，材料热处理状态为正火状态，活塞杆表面镀铬；活塞及活塞杆密封均采用V形组合密封圈。活塞杆出口端装设有刮污圈，用于防止污物进入液压缸内部，同时也能去除活塞杆上的杂物和污垢，保护防尘圈和密封圈。

液压启闭机行程检测装置采用内置式闸门开度（行程）检测装置。该装置安装在液压缸上端盖上，通过钢丝绳与活塞杆相连接，由于钢丝绳等主要位移测量机构均在油缸内部，避免了杂物、灰尘、水汽等外界因素的影响，提高了其防护等级（IP67），同时其测量精度不大于1mm。行程检测装置数据可以直接传送至PLC，用于闸门控制和现地、远方控制室显示。

3. 模型试验

针对向家坝冲沙孔出口高压滑动工作闸门，我们进行了静动力安全分析、流激振动模型试验以及门槽水力学模型试验，提出可靠的闸门结构、门槽体型、抗振和抗空化措施，确保在各种工况下闸门安全可靠运行。

1）主要研究内容

（1）研究闸门门槽段及其邻近区域的水力特征，提供门槽段及邻近区域的压力分布、脉动压力及能谱。

（2）研究闸门（结合启闭机）动水操作全过程，水流作用下的应力状况、加速度及能量谱等，明确振动类型、性质及量能。

（3）研究闸门在启闭全过程作用于闸门底缘及顶部的时均压力、脉动压力。

（4）研究闸门门槽上下游胸墙高度和间隙对水力特性的影响。

（5）研究闸门结构形式和结构尺寸。

（6）研究门槽体型。

（7）研究门楣后部（至出口）洞身体型。

（8）研究通气孔布置位置、大小及数量。

2）主要研究目标

（1）分析判断工作闸门门槽段及附近区域易发生空蚀的部位，并对门槽体型及尺寸（孔顶压坡、宽深比、错距比、斜坡以及圆角半径等）进行优化，确定合适的门槽体型及尺寸，提出有效的抗空化措施。

（2）分析流激振动对工作闸门结构形式的影响；分析闸门自振频率与激振频率的关系，判断闸门振动程度及其危害性，并对闸门结构形式和结构尺寸进行优化，提出闸门抗振优化措施。

（3）分析计算闸门的启门力、闭门力，绘制启闭全过程启闭力曲线。

（4）分析闸门全开位置孔顶压坡对流态的影响。

（5）分析门楣后部（至出口）洞身体型对流态的影响。

（6）数值分析工作闸门应力和变形。

（7）分析补气措施的可靠性，优化通气孔的尺寸及布置。

3）闸门静力与动力特性有限元分析

（1）有限元模型建立与材料参数。依据闸门设计图纸建立三维实体模型。三维整体实体模型和三维骨架实体模型分别见图2-30、图2-31所示，采用solid45单元对钢闸门三维实体模型进行有限单元划分，三维有限元单元网格模型如图2-32所示，其中节点数为30 757个，单元数为36 316个。

钢闸门的材料为Q345B，静弹性模量为2.1×10^5MPa，动弹性模量取静弹性模量的1.3倍，密度为$7.8t/m^3$，泊松比为0.3。

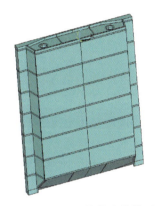

图2-30　三维整体实体模型

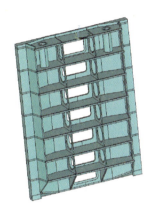

图2-31　三维骨架实体模型

（2）闸门边界的约束条件与计算荷载。静力计算的有限元边界条件为钢闸门的左右两侧进行顺河向（坐标y轴向）位移约束，同时对其中一侧进行横河向（坐标x轴向）位移约束，对闸门底部与孔底接触面进行竖直向（坐标z轴向）位移约束，施加竖直向下的自重力，如图2-33所示。有限元静力计算荷载为：上游水位为380m，下游水位为276m，地坎高程为266.5m，设计操作水头为114.5m。静水压力荷载沿闸门高度梯形分布。

图2-32　三维有限元单元网格模型

图2-33　闸门边界约束条件

（3）有限元静力计算成果分析。在自重和设计水头作用下，采用 ANSYS 程序对闸门进行了静力计算与分析，计算成果表明：

① 在设计水头作用下闸门的最大变形出现在底缘面板中部。为减小底缘变形，在此处加焊了纵向隔板。经优化加固后，闸门的最大变形是闸门下部横梁的弯曲变形，最大挠度为 4.48mm，最大挠度除以计算跨度 4.69m，结果为 0.00095，小于 1/750 = 0.00133，满足水电工程钢闸门设计规范对结构刚度的要求。

② 在自重及设计水头下，该闸门各横梁下游面最大拉应力为 153MPa，底缘面板中部下游面的第一主应力比较大，为 166MPa，满足规范要求。闸门各横梁下游跨中部位第一主应力主要在 98.7～153MPa 之间，满足强度要求。

闸门第二主应力最大值出现在底缘面板中上部，最大压应力为 159MPa，最大拉应力分布在上游面板跨中与底缘连接部位，最大拉应力为 118MPa，均在容许应力范围内，满足规范要求。

闸门第三主应力最大值出现在上游面侧板与边梁及横梁腹板连接处，压应力为 205MPa，未超出局部承压容许应力，满足规范要求。

（4）钢闸门自振频率计算结果。钢闸门整体无约束条件下处于空气中的自振频率和振型与水弹性模型模态分析得到的模型频率，除第 5 阶频率相差较大外，其他频率都比较接近，两种方法得到的各阶振型完全相同，物理模型的相似性得到了数模的验证。

（5）闸门启闭时结构静力计算。主要计算在设计水头作用下启门和闭门时闸门的变形与应力。闸门启门与闭门时结构静力计算的有限元边界约束条件为沿两侧滑道做顺河向位移约束，沿一侧滑道做横河向约束，对底缘做竖向约束。闸门启门时两个吊点同时施加启门力，每个吊点的启门力为 8000kN，均匀作用在吊筒下端截面上，向上推；启门时摩擦力均匀施加在闸门两侧滑道表面，方向向下，每侧摩擦力为 7730.5kN。闭门时，每个吊点的闭门力为 6000kN，均匀施加在吊筒上端截面上，向下压；闭门时摩擦力均匀施加在闸门两侧滑道表面，方向向上，每侧摩擦力为 6269.5kN。闸门总重量为 55 000kg。启门计算模拟闸门在全关位置，处于静力平衡状态的启门瞬间；闭门计算模拟闸门关至全关位置，处于静力平衡状态的瞬间。

4）闸门流激振动模型试验研究

（1）模型建立。闸门流激振动试验采用完全水弹性模型，模型的几何比尺为 1:20，在相同几何比尺且按重力相似设计建制的冲沙孔单体水力学模型上进行各工况闸门流激振动模拟试验研究，并将研究成果与其他专题研究成果相结合对闸门的安全性进行综合分析评估。

水弹性相似律可导出各物理量原型与模型的比例常数如下。

几何比尺：$L_r = L_p/L_m = 20$

时间比尺：$T_r = \sqrt{L_r} = 4.472$

弹模比尺：$E_r = L_r = 20$

密度比尺：$\rho_{sr} = \rho_{wr} = 1$

频率比尺：$f_r = f_{sr} = f_{wr} = L_r^{-1/2} = 0.22$

加速度比尺：$a_r = 1$

位移比尺：$d_r = L_r = 20$

脉动压强比尺：$P_r = L_r = 20$

应力比尺：$\sigma_r = \tau_r = L_r = 20$

阻尼比比尺：$\zeta_r = 1$

模型闸门的结构和尺寸严格按设计图纸制作。闸门结构各部件均采用水弹性模型材料制作，用水弹性材料模拟了闸门的主支承和闸门的双吊耳，以及启闭杆。模型试验中闸门采用启闭机进行启闭操作，模型闸门的启闭速度可通过启闭机进行调节，以模拟原型闸门的启闭速度。

在闸门结构上布置了 4 个振动加速测点以测试闸门水流向、侧向和竖向振动加速度响应，测点编号为 A1 ~ A4。其中，A1 和 A2 为水流向测点，分别布置在闸门上部和下部横梁上；A3 为侧向测点，位于闸门下部横梁上；A4 为竖向测点，位于闸门上部横梁上。

在闸门上共布置了 4 个振动位移测点，布置位置和方向与振动加速度测点布置相同。

根据闸门的受力特点，在闸门上共布置了 7 个应力测点，编号为 Y1 ~ Y7。其中，Y2 ~ Y6 沿横梁梁向布置在横梁中跨下翼缘，以测试横梁的弯曲应力。另外，在闸门底缘中部上游面板上布置了 1 个梁向测点，其编号为 Y1。

（2）闸门动力特性试验。采用实验模态分析与计算模态分析相结合的方法进行闸门动力特性分析，该方法综合了现代先进的电子测量、仪器分析、计算机计算技术和空间结构振动理论，把物理模型和数学模型结合起来，可获得相互验证的可靠结果。根据实验模态分析的基本原理和闸门结构特点，按梁格将闸门离散为 60 个结点。在闸门上游面结点上布置了 32 个传递函数测点，每个测点只对顺水流方向响应进行测试。试验采用单点激振、多点测量加速度响应的方法进行闸门动力特性测试。

从表 2 - 11 可以看出，试验得到的模型闸门第 1 阶振型为扭转振动，相应的自振频率为 271.5Hz（等效原型频率为 60.7Hz）；第 2 阶振型为闸门纵向 1 阶弯曲振动；第 3 振型为闸门纵向弯曲与扭转振动。第 4 阶为闸门纵向 2 阶弯曲振动，闸门横向弯曲刚度相对较大，横向弯曲振型出现在第 5 阶频率上。在相同条件下，前 4 阶自振频率试验值与计算值比较接近，振型也一致。而第 5 阶自振频率试验值与计算值相差较大，其试验值比计算值大 17.92%，但这阶模态振型试验与计算是一致的。总体来说，闸门模态参数试验结果与有限元计算结果比较吻合，水弹性闸门模型制作精度较高，满足相似律要求，能反映原型闸门的基本振动特性。

表 2-11 闸门自振特性表

阶序	模型频率 f_m (Hz)	换算原型频率 f_{ps} (Hz)	阻尼比 (%)	振型描述	原型计算频率 f_{pj} (Hz)	$\left(\frac{f_{pj}-f_{ps}}{f_{pj}}\right)\times100\%$
1	271.5	60.7	1.15	扭转振动	57.9	-4.85
2	432.7	96.8	1.58	纵向1阶弯曲振动	90.7	-6.68
3	602.2	134.7	1.71	扭振与纵向弯曲振动	139.7	3.61
4	719.8	161.0	1.68	纵向2阶弯曲振动	162.0	0.65
5	884.9	197.9	1.94	横向弯曲振动	167.8	-17.92

（3）流激振动试验。流激振动试验组次及条件见表 2-12。利用可控制运行时间和速度的液压启闭机控制模型闸门启闭运行，启闭速度不受启闭力及来流的影响，可实现闸门启闭运行时间的模拟控制。模型闸门的启闭速度按相似律确定，与水力学试验相同。

表 2-12 试验组次及试验条件

试验组次	运行工况	上下游水位（m）	通气情况	备注
1	局部开度	上游蓄水位 下游设计水位	门后通气	在0.1、0.3、0.5、0.8和1.0各开度下水流平稳后进行振动响应测试
2	关闭闸门过程	上游蓄水位 下游设计水位	门后通气	从1.0开度连续关门至0开度
3	开启闸门过程	上游蓄水位 下游设计水位	门后通气	从0开度连续开门至1.0开度

试验成果表明，局部开度恒定流下各测点动应力略小于关门和开门过程中相应开度的动应力，关门和开门过程中各测点动应力接近；各局部开度恒定流下和关开门过程中基本是小开度动应力比大开度动应力大，试验中闸门关门至0.3开度附近，下游回水开始击打闸门底缘，0.3开度以下门逐渐被水淹没，各测点动应力在0~0.3开度区间较其他开度大；从闸门部位看，闸门底缘面板和主横梁的应力比闸门上部的大。

试验得到的闸门底缘上游面板中部（测点Y1）动应力最大峰值（单峰值，以下均相同）为10.52MPa，相应方均根值为1.91MPa，出现在关门过程中0~0.1开度区间。闸门主横梁动应力以闸门最下部主横梁最大，最大峰值为11.46MPa，相应方均根值为1.94MPa，出现在关门过程中0~0.1开度区间。

在0.8以上大开度闸门上各测点动应力响应主要发生在120Hz以下频带上，而且能量大的频率单一。0.5及其以下小开度动应力响应主要发生在260Hz以下较宽频带上，频率较丰富。但各开度下动应力能量最大的频率都低于闸门第1阶自振频率 271.5Hz，动应力属于水流激发的强迫振动应力。

① 振动加速度响应成果及分析。试验成果表明，在各局部开度恒定流下，闸门水流向、侧向和竖向流激振动加速度幅值基本都是小开度大，大开度小。在 0.1 局部开度下，闸门竖向振动加速度幅值最大，其最大峰值为 5.16m/s²，主要是因为它的振动频率高；闸门水流向振动加速度次之，最大峰值为 2.81m/s²；闸门侧向振动加速度幅值最小，最大峰值为 0.88 m/s²。闸门侧向振动加速度幅值在各局部开度下均较小。大开度闸门各测点振动加速度主频带比小开度的低，尤其是闸门竖向振动加速度在全开状态下，其振动加速度响应中既有 200Hz 以下较低频成分，又有 800Hz 以上高频成分，随闸门开度减小竖向振动加速度响应中的低频能量逐步减小，高频能量占比增大，到 0.1 开度时振动加速度响应主要集中在 800～1000Hz 高频带上。

在关门及开门过程中，闸门振动加速度幅值与局部开度恒定流下一样，也是小开度的比大开度的大，随闸门开度增大而幅值逐渐减小，只是关门和开门过程中的振动加速度幅值略大于相应局部开度恒定流下的幅值。试验中模型闸门运行正常，闸门结构完好，因此，从试验得到的振动加速度水平看，原型闸门不会出现危害性振动。

② 振动位移响应成果及分析。试验成果表明，在恒定流下以及开关门过程中，0.3 以下小开度闸门各测点振动位移较其他开度大，开关门过程中闸门各测点振动位移一般略大于恒定流下相应开度的振动位移。从测点部位来看，在恒定流下和开关门过程中闸门水流向振动位移均比门侧向和门竖向振动位移大。从量值看，在各局部开度恒定流下，闸门水流向、门侧向和门竖向振动位移最大峰值分别为 0.210mm、0.061mm 和 0.092mm；在开关门过程中，闸门水流向、门侧向和门竖向振动位移最大峰值分别为 0.324mm、0.106mm 和 0.136mm。总的来说，在各试验工况下，闸门振动位移不超过 0.330mm。

全开状态下闸门水流向、门侧向和竖向振动位移响应频率单一，均发生在 30Hz 以下低频上。0.5 开度及其以下小开度各振动位移响应频率相对全开状态较丰富，振动位移主要发生在 165Hz 以下频带上。但各开度下振动位移主要频率均远低于闸门第 1 阶自振频率，振动位移属于水流激发的强迫振动位移。

③ 强度校核。试验测试了闸门结构在设计水位下的静应力，测试是在闸门关门全过程和开门全过程中进行的，测试时闸门由全开状态（1.0 开度）以正常运行速度关至 0 开度，再由 0 开度运行至全开状态，并用有限元法对闸门结构进行了应力计算，计算条件与试验条件相同。

结果表明，虽然有的部位试验值与计算值有差异，但二者较为接近，误差小于 5%，应力分布趋势基本一致，物理模型与计算模型得到了相互验证，见表 2-13。

从试验结果和有限元计算结果看，闸门底缘中部面板静应力较大，该部位试验静应力为 157.3MPa（计算静应力为 159.0MPa），该部位试验动应力最大峰值为

10.52MPa，动静应力叠加试验值为167.82MPa（计算静应力与试验动应力叠加为169.52MPa）；闸门最下部主横梁跨中静应力和动应力相比其他主横梁较大，其试验静应力为139.4MPa（计算静应力为132.8MPa），试验动应力最大峰值为11.46MPa，该主横梁动静应力叠加试验值为150.86MPa，计算值为144.26MPa（计算静应力与试验动应力叠加）。闸门主要构件的动静叠加应力小于允许应力，闸门结构强度满足规范要求。

表 2-13　闸门静应力试验和计算结果

测点编号	测点位置	试验值（MPa）	有限元计算值（MPa）
Y1	闸门底缘	157.3	159.0
Y2	第1主横梁下游翼缘中部，梁向应力	139.4	132.8
Y3	第2主横梁下游翼缘中部，梁向应力	133.1	129.6
Y4	第3主横梁下游翼缘中部，梁向应力	129.5	128.4
Y5	第4主横梁下游翼缘中部，梁向应力	128.8	129.2
Y6	第5主横梁下游翼缘中部，梁向应力	129.2	138.5
Y7	第6主横梁下游翼缘中部，梁向应力	118.4	123.1

注：为叙述方便，闸门主横梁从闸门下部至上部依次称为第1主横梁，第2主横梁……第7主横梁。

④共振校核。闸门水力学试验表明，闸门底缘竖向脉动压力优势频率在5Hz以下，而闸门竖向自振频率受闸门摩擦力等影响较大，难以测量，从模型试验中闸门的竖向振动分析可知，竖向振动位移主要发生在10Hz及其以上频率上；闸门竖向振动加速度主要发生在90Hz及其以上频率上；脉动压力能量最大的频率没有与闸门发生共振，闸门随机振动。由于脉动压力频率较丰富，高频部分频率成分与闸门结构存在共振的可能，但脉动压力高频能量分散，而且闸门在启闭过程中由上游水压力产生的摩擦力对闸门的竖向振动起阻制作用，各频率也难以发生共振；流激振动试验获得的闸门竖向振动是随机振动，振动位移最大峰值为0.136mm，最大方均根值为0.033mm，因此，闸门实际运行中不会发生整体过大的竖向振动。

闸门顺流向弯曲振动是平面闸门最重要的振动形式之一，必须避免共振发生。实验结果表明，在各开度区间，闸门主横梁跨中梁向动应力和底缘附近面板梁向动应力的主要能量分布在10~260Hz频带上，而闸门水流向弯曲自振频率大于800Hz，两者不在同一区域；在各开度区间闸门水流向振动位移响应主要发生在10~165Hz频带上，远低于闸门纵向弯曲自振频率432.7Hz和水流向第1阶弯曲自振频率。因此，闸门梁向动应力和水流向振动位移均属于水流激发的强迫振动产生。

从闸门水力学试验研究可知，闸门上脉动压力优势频率在5Hz以下，闸门自振频率高，第1频率大于200Hz，两者相差甚远，不可能发生水力共振。

5）门槽减压试验研究

（1）模型建立。

本减压模型试验在工作宽度和高度分别为 0.80m 和 3.50m、试验段总长度 16.00m、最大供流量可达 0.66m³/s 的减压箱中进行。取冲沙孔出口段进行模拟，模拟了原型进口弯道下游部分圆管、工作闸门段上游圆变方渐变段、工作闸门段、工作闸门段下游鸭嘴出口段以及部分消力池。模拟原型最大宽度 10.00m，水平总长度 143.45m，综合考虑试验设备规模和需模拟的原型范围，选定模型长度比尺 $L_r = 35$，按重力相似准则设计模型。

依据 DL/T 5244—2010《水电水利工程常规水工模型试验规程》和 DL/T 5359—2006《水电水利工程水流空化模型试验规程》规定，模型材料应满足原型、模型糙率相似，同时据减压试验特点希望模型材料具有较好的透明度，以便观察水流流态和空化现象。选取模型材料为透明有机玻璃板。有机玻璃表面糙率 $n_m = 0.008$，换算至原型则相当于 $n_p = 0.014$，此值处于钢模板混凝土壁面糙率（0.013～0.016）范围内，能满足原型、模型糙率相似要求。

本减压模型仅局部模拟冲沙孔出口段，为达到研究区域水力学条件与单体模型相似，需对研究区域压力进行比对，因此本模型压力测点完全按照单体模型测点位置布置。本试验研究的主要任务是验证分析工作门槽体型的空化特性，同时了解冲沙孔出口段管道边界突变处的空化情况，因此在工作门槽上游孔顶压坡起点附近（Z1）、工作门槽下游近区（侧壁 Z2、孔顶 Z5）、通气孔后（孔顶 Z7）、鸭嘴段进口（侧壁 Z4）以及鸭嘴段出口（侧壁 Z10）这 6 个区域布置水下噪声传感器（BN-1 型水听器）接收空化噪声信息。

（2）试验成果。

① 设计方案试验成果。首先对冲沙孔原设计方案进行了试验研究。

从试验可知，控制冲沙孔全开流量大小的断面为门槽前压坡段最小断面和鸭嘴段出口这两个断面，面积均为 22m²。

a. 减压模型率定。在常压条件下对减压局部模型进行率定，率定方法为控制减压局部模型鸭嘴出口断面水位以及冲沙流量与单体模型相似，量测局部模型工作门槽区域典型点时均压力，并与单体模型试验值进行比较，若压力相差不大则表明减压模型研究区域水流条件与单体模型相似。

b. 研究区域水流条件分析。表 2-14 列出了减压模型研究区域典型点时均压力以及相应断面流速。

表 2-14 研究区域典型断面压力和流速表

参数	典型点（对应断面）					
	顶 6 号	顶 7 号	顶 8 号	顶 9 号	顶 10 号	顶 13 号
时均压力（×9.81kPa）	47.90	36.64	23.87	16.82	21.02	50.44
流速（m/s）	31.67	33.09	34.55	31.67	31.67	26.55

单体模型以及减压局部模型常压试验成果均表明，冲沙孔全开后工作门槽区域压力值均较高，门槽上游压坡起点、门槽段、鸭嘴出口段均未见负压。

根据以往研究经验，流速超过 30.00m/s 水流空化的概率极高。再加上水流经过工作闸门前的压坡时，因管道流速过高，会在管道转折点后产生水流折冲，折冲点后会形成水流分离，继而出现低压区，形成空化源；而水流进入鸭嘴段管道时固体边界突变——顶底部下压，侧壁扩大，都易形成空化源；水流出鸭嘴段时侧壁转折，顶部出现剪切面亦都极易形成空化源。

c. 水下噪声谱级。根据流量及鸭嘴出口断面水位相似进行减压试验，试验流态观察发现，冲沙孔闸门全开工况下，除鸭嘴出口产生水平剪切空化云外，其余部位——孔顶压坡、工作门槽、鸭嘴段进口水流均较清澈，未有空化云出现。另外流态观察还发现，门槽内有一串气泡上下跳动，跳动的最高点不超过孔顶压坡的延长线，并且鸭嘴出口可闻轻微噼啪声。

从前述试验成果可知，各部位高频段最大谱级差均大于 10dB，但考虑到各水听器距离较近，并且鸭嘴出口的水平剪切水流是一个较强的空化源，该空化源所产生的空化噪声是否对其他部位的噪声信号产生影响，需要厘清。为此进行下游为自由出流试验，目的是消除出口剪切水流，进而消除出口剪切水流产生的空化噪声及该噪声对其他部位信号的干扰。

数据分析比较发现，自由出流时鸭嘴出口噪声下降了一个量级，但仍大于 5dB，表明消除了出口剪切空化后仍存在空化源，该空化源应由出口侧壁的转折形成。而其他部位空化噪声量级没有变化，可初步得出结论：其余部位空化噪声未受鸭嘴出口空化源影响。

根据分析，可确定门槽后侧壁、通气孔后廊道顶板、鸭嘴进口、鸭嘴出口四个部位空化源独立，那么可以知道上述四部位水流空化处于空化发展阶段，特别是门槽侧壁和鸭嘴段进出口高频段最大谱级差均超过了 20dB，空化强度较强。而压坡、门槽下游廊道顶板两部位水流噪声相互干扰，从流态分析，淹没出流时门槽内上下窜动的气泡，窜动最高点不超过孔顶压坡的延长线，表明压坡后有较强的剪切水流（自由出流时已可见空化云），说明压坡剪切空化也较强，应可归入空化发展阶段；而门槽下游顶板高频段最大谱级差高于压坡剪切空化产生的噪声，考虑到噪声传递的规律为强噪声影响弱噪声，门槽下游顶板处所测噪声应为其自身噪声信号，也可初步判断门槽下游顶板处水流空化属空化发展阶段。

d. 水流空化数及门槽体型空化特性。试验结果可计算出冲沙孔全开运行工况，门槽区参考水流空化数为 0.552（顶 8 号），小于 0.729，门槽区发生空化。可见，以上分析与减压试验水下噪声谱级成果中的结论一致。

② 修改方案试验成果。

a. 探索性试验。设计方案试验成果表明，在枢纽上游正常设计水位、操作水头差为 104.00m 条件下运行冲沙孔，工作门槽及邻近廊道边壁突变处水流均会发生空化，且水流空化均处于空化发展阶段，因此必须对冲沙孔体型进行修改。在与设计协商后，确定首先考虑提高消力池后尾坎高程，以壅高鸭嘴出口水位。为了解鸭嘴出口水位壅高后（相应降低了工作闸门操作水头）工作门槽区空化特性，首先在减压局部模型上进行了探索性试验，该试验是找出门槽空化数在临界空化数附近的鸭嘴出口水位。

在鸭嘴出口水位提高至 283.00m 后，冲沙孔全开运行工况，门槽区参考水流空化数由原设计方案的 0.552 提高至 0.750，大于临界空化数 0.729。除鸭嘴出口外，其余易空化部位的水流高频噪声谱级差均小于 5dB，表明鸭嘴出口水位提高 8.0m 后冲沙孔工作闸门及近区水流不会发生空化，而鸭嘴出口水流仍将发生发展阶段的蒸汽型空化。另外，鸭嘴出口水流高频段最大谱级差较原设计方案略大，这是因淹没水深加大使得出口水流剪切更加强烈造成的。

b. 修改方案一。考虑到消力池尾坎顶高程加高至 279.00m，出于对尾坎自身安全的考虑，不宜通过继续加高尾坎来进一步提高鸭嘴出口水位，因此考虑采用尾坎高度加大 3.0m，同时将鸭嘴出口面积缩小（以减小冲沙孔全开时的流量）的综合修改措施，此为修改方案一。

修改方案一将鸭嘴出口断面尺寸进行修改，面积相应由 22m^2 减小至 20m^2。

减压局部模型与单体模型研究区域压力差基本在 5% 之内，表明减压模型研究区域水流条件与单体模型基本相似。

同样以顶 8 号点作为参考压力测点，计算出冲沙孔全开运行工况，门槽区参考水流空化数由原设计方案的 0.552 提高至 1.014，大于临界空化数 0.729。

按流量及鸭嘴出口断面水位相似进行减压试验，试验流态观察发现，冲沙孔闸门全开工况下，孔顶压坡段、工作门槽区以及鸭嘴段水流均较清澈，未有空化云出现，门槽内亦未见上下窜动的气泡，但水流由鸭嘴出口进入消力池内时仍有水平剪切空化云出现，鸭嘴出口处仍可闻轻微噼啪声。显然随着鸭嘴出口水位升高以及全开流量的减小，修改方案一工作门槽区廊道最大流速由设计方案的 34.55m/s 降至 31.75m/s，该区域压力亦相应升高，改善了工作门槽区水流条件。

从试验可知，修改方案一冲沙孔工作闸门及近区水流不会发生空化，而鸭嘴出口水流高频段最大谱级差大于 10dB，该处水流仍将有发展阶段的蒸汽型空化发生。另外，鸭嘴出口水流高频段最大谱级差比原设计方案略大，这是淹没水深加大以及鸭嘴出口断面流速加大造成的。

c. 修改方案二。在修改方案一的基础上将工作闸门前孔顶压坡取消，且将门槽下游门楣修圆，圆弧半径 $R = 10.0$cm，此为修改方案二。

修改方案二工作门槽区断面最大流速降低至 30.00m/s 以下，冲沙孔全开运行工况下减压试验流态观察表明，工作门槽区水流清澈，未有空化云出现，水流由鸭嘴出口进入消力池内时仍有水平剪切空化云出现，但鸭嘴出口处已听不到噼啪声。

从减压试验可知，修改方案二冲沙孔工作闸门及近区水流不会发生空化，而鸭嘴出口水流高频段最大谱级差虽较设计方案略小，但仍大于10dB，该处水流仍会发生有危害性的蒸汽型空化。

（3）结论。向家坝水电站冲沙孔全开运行时，设计方案工作闸门区以及鸭嘴出口段都有蒸汽型空化发生，且蒸汽型空化达到发展阶段，该量级的空化会对建筑物壁面产生空蚀破坏。

修改方案一：将消力池尾坎加高3.00m，并将鸭嘴段出口断面尺度进行修改，面积相应由22m² 减小至20m² 后，冲沙孔工作闸门及近区水流不会发生空化，但鸭嘴出口区域仍有发展阶段的蒸汽型空化发生，该量级的空化会对建筑物壁面产生空蚀破坏。

修改方案二：修改方案一 + 将门槽前最小断面尺度修改，面积相应由22m² 增大至24m² 后，冲沙孔工作闸门及近区水流不会发生空化，但鸭嘴出口区域仍有发展阶段的蒸汽型空化发生，该量级的空化会对建筑物壁面产生空蚀破坏。

技施设计阶段，针对鸭嘴出口建筑物壁面存在蒸汽型空化发展趋势以及消能池消能效果不够理想，再次对出口段及消能池进行了模型试验，并根据试验成果对出口段洞身结构及消能池底板和尾坎高程进行了优化调整，即门槽底板高程整体抬高，门槽下游接方圆渐变段，长度为15.00m，将断面由矩形渐变为圆形，出口圆洞段长5.00m，出口断面面积为19.6m²；闸门设计操作水头降为114.5m。

通过这些优化调整，门槽段体型保持不变，仅整体抬高，出口段由突变的鸭嘴出口改为渐变的圆形出口，出口与消能池底板形成跌坎，消能池尾坎高程抬高，这一系列优化解决了出口建筑物壁面空化问题，提高了消能效果，同时也改善了工作闸门的工作条件，更有利于工作闸门的安全运行。

2.4 结构设计研究

2.4.1 泄洪表孔事故检修闸门结构形式研究

泄洪表孔事故检修闸门孔口宽度为8.0m，闸门高度为26.5m，设计操作水头为26.085m。闸门最大外形尺寸为9.64m×27.87m，由坝顶双向门机通过液压自动抓梁操作。由于闸门总高达到27.87m，受到操作设备坝顶门机轨上扬程的制约，因此，闸门采用分节操作方式、节间连接形式及支承形式等是研究的重点。

闸门若采用整体操作，门机的坝上扬程将达30m左右，门机的设计难度和造价会显著增加，不宜采用。若为了降低门机的扬程，闸门选择分节的叠梁形式，事故工况自动抓梁需在动水中运行，风险较大也不宜采用。经过研究，设计闸门分为上、下两大节门体，闸门启闭操作时先将下节门体锁定在孔口门槽上方，再将上节门体与下节门体通过节间连接装置连接成一体下放。上、下两大节门体等高，均为13.78m（不含导向装置）。这个方案既能避免抓梁在动水中运行，又能明显降低门机的坝上扬程。为了上、下两大节门体连接和拆卸，门槽顶部两侧设置翻板式锁定装置，下节门体边柱有锁定翼板。

两大节门体的节间连接在孔口门槽上方进行，事故工况和作为临时工作门使用时，动水会冲击下节门体，工作环境差。若采用普通人工穿销配轴端挡板的方式，则劳动强度大（销轴重超过 100kg）、操作环节多、时间长。设计过程中曾考虑将上节门体仿照自动抓梁的形式布置液压穿销装置，但上节门体要接电缆，门体上的设备要在动水中运行，而且一旦发生机电故障现场排除困难，操作可靠性不高。最后确定采用手轮移轴装置。虽然自动化程度不高，但比人工穿销配轴端挡板的方式方便，比液压自动抓梁方式简单可靠。两节门体连接耳板布置在竖向隔板上，销轴连接孔为椭圆孔，满足上节门叶提门节间充水行程要求。为了便于上、下门体操作移轴装置，在门槽下游侧布置了工作桥。

事故检修闸门的总水压力为 27 761kN，闸门总重约 190t。若闸门支承采用滑块支承，虽然简单可靠，但即使采用摩擦系数低到 0.1 左右的自润滑滑块，也无法依靠自重闭门，闸门加重会增加工程量和启闭机的造价。如果采用自润滑材料的滑动轴承滚轮，综合摩擦系数通常可降低到 0.05，完全可以依靠门重闭门，因此设计确定行走支承为钢基铜塑自润滑圆柱轴承定轮。根据选定的轮径、轴径计算，定轮综合摩擦系数为 0.035，能确保依靠门重闭门。上节门叶小开度（50mm）提门充水，平压后静水启门。计算表明，节间充水的动水提门力小于平压后的静水启门力，需要的启闭机容量基本等于闸门的自重，对启闭机的要求降到了最低。闸门采用滑动轴承滚轮是经济合理的。闸门为上游面板、上游止水，滚轮轴承设置有密封装置，行走支承没有泡水工况，工作条件较好，运行状况能直观监视。

闸门节间连接主要有焊接、销轴连接、螺栓连接三种连接形式。门叶节间现场焊接变形大，精度难以控制；销轴连接要求空间尺寸大，闸门结构难以布置；螺栓连接要求空间尺寸小、布置灵活、精度有保证、工地现场安装方便，但厂内加工有一定的工作量。综合比较后，闸门的整体拼装采用门叶节间螺栓连接的方式。

闸门主支承采用自润滑滑动轴承定轮，定轮踏面与轨道为点接触，以适应门体绕曲变形导致的支承处角偏转。对于多轮布置闸门，需解决不均匀受力造成定轮超载，设计从门体结构和定轮装置两方面入手：一方面，每大节门体分为 5 个制造运输单元，现场拼装时各单元间用螺栓在纵梁处连接成整体，边柱不连接，以释放门叶边柱处刚度，改善各单元的定轮受力均匀性。另一方面，定轮装置设置可无级调整的偏心套，以调整定轮踏面共面。

2.4.2　泄洪中孔弧形工作闸门结构形式研究

中孔弧形工作闸门孔口宽度为 6.0m，孔口高度为 11.259m，设计操作水头为 83.475m，总水压力 58 772kN。其高水头高流速工况下门槽水力学、流激振动及止水等问题较为突出，因此，弧门门叶、支臂、止水结构形式及门槽埋件设置等为研究重点。

为保证门叶的整体刚度，门体结构根据孔口尺寸为窄高型而采用主纵梁为主、主横梁为辅的"井"字形布置，主纵梁和主横梁为箱形梁；为满足运输要求，减少现场安装工作量和难度，确保安装质量，门体结构从中间纵向分为左右两块，每块在分块处设置一块大的纵隔板，其连接面进行机加工，在现场节间用高强螺栓和铰制孔螺栓连接，避免了现场焊接引起的变形。弧门支臂采用2直支臂结构，支臂支腿为箱形断面；考虑运输限制，支臂在上支腿"裤衩"处分段，在现场用螺栓连接；支臂前后端板与门体、支铰连接面均进行机加工，其与门体、支铰均用螺栓连接。

高水头弧门目前采用三种止水形式：常规止水、压紧式止水和伸缩式止水。常规止水结构简单，造价低廉，没有门槽，在各种水位条件下，水流平顺，而且能在启闭过程中止水，工程实际中常规止水最大静水挡水水头和操作水头约为80m左右。偏心铰弧形闸门采用压紧式止水，其最大的优点是能适应支臂的压缩变形，国内工程已使用到140m水头的弧门上，但结构最复杂，造价最昂贵，局部开启时为防止缝隙射流还需要增设一道常规止水的辅助水封。伸缩式止水可免除偏心铰装置，能适应支臂的较大压缩变形，已使用到120m水头的弧门上，造价略低于偏心铰弧门，同样主止水只能在闸门全关时止水，在局部开启时为防止缝隙射流也需增设一道常规止水的辅助水封。压紧式止水和伸缩式止水均需要突扩体门槽配合，使得"弧形闸门没有门槽，水流平顺"的固有优点丧失。根据对以往工程的试验研究，表明突扩门槽方案难以在各种水位均形成稳定有效的掺气通道，侧墙的水舌冲击区流态复杂，存在不稳定的压力分布区，而跌坎掺气门槽方案侧墙水流平顺，对各种运行水头适应性较强，同时考虑到金沙江含沙量较高，对充压伸缩式止水的可靠运行有影响。因此，根据向家坝泄洪坝中孔弧门的挡水、操作水头和运行工况，结合我国目前已建和在建的大型水电工程，经技术和经济综合比较，采用合理的水封结构形式、优良的止水材质，其止水形式采用常规预压式是可行的。

弧门共设置了3道顶止水，顶部为P形橡皮的压盖式止水，其余2道为转铰式防射水封，侧止水为方头P形橡皮，底止水为条形止水橡皮；压盖式止水、侧止水和底止水布置在门体结构四周，当弧门全关时，通过门槽埋件预压各止水来达到止水的目的；2道转铰式防射水封布置在门槽门楣上，在弧门启闭过程中，借助不锈钢片和上游库水压力将止水组件压紧在弧门面板上来防止因缝隙高速射流而引起的弧门振动；为防止顶侧转角部位水封漏水，将顶侧转角水封设计成整体异型件，使得其与顶、侧水封的连接分别在直段胶合，并在顶侧转角水封周边设置封闭顶紧压板，使得转角水封端部处于封闭的环境；考虑到防射水封与侧水封接触处易发生漏水，设计采用了双道转铰防射水封装置，其目的为万一第一道转铰防射水封装置发生射水现象，可削弱水能，从而起到减压的作用，确保闸门不会因射流而引起激流振动，2道防射水封采用了两种不同硬度的止水材料；考虑到防射水封易破坏面板防腐层，从而加快防射水封的磨损，设计采用了在面板整体加工后表面贴焊 4mm 不锈钢板的措施。

由于中孔最大流速高达约 35m/s，底孔流道从事故闸门门槽至弧门门槽范围内设置了不锈钢复合钢板衬砌，以保护孔道免遭冲刷和空蚀破坏；同样底孔弧门门槽底坎、门楣下部过水面、与水工专业钢板衬砌相应部位的连接封板的外露表面板均采用了抗冲耐磨性较高的不锈钢复合钢板，侧轨外露表面板采用了不锈钢钢板；为保证门槽安装精度，所有埋件的固定就位均采用了可调螺杆来实现。

2.4.3 泄洪中孔事故闸门及冲沙孔事故闸门结构形式研究

对于高水头、高流速深式泄水孔的平面闸门，其闸门底缘结构形式、止水布置方向及结构形式、支承形式是研究的重点。

针对闸门面板和水封布置方向，对于上游面板、底止水，下游顶止水、侧止水的布置形式，是利用水柱下门，但在整个下门过程水柱压力是变化的，同时闸门底缘结构形式（上倾角和下倾角）也会对水柱压力产生影响，所以水柱压力是不稳定的。一般认为采用下游面板和止水的形式就没有水柱，事实上会产生一定的水柱压力，因门底的高速水流和上面会形成水压差，这个已经有试验证明了，但到底有多大，以及考虑一个多大的系数，也是一个未知数。所以事故闸门把面板和止水全部布置在上游侧，把不稳定和不确定的因素回避掉。另外，这样布置还有两个好处，一是闸门闭门到位后，门后处于无水状态，避免定轮较长时间处于水中；二是门槽井与门后流道可作为检测通道，便于检查闸门支承、封水情况。

针对泄洪中孔事故闸门，为了有效减小坝顶门机的启闭容量，闸门门体结构及支承形式需充分考虑尽量降低闸门的持住力和启门力，因此闸门的支承形式就滑道和定轮进行了比较：如采用滑道，闸门需加配重约 550t，则启门容量达到 9000kN 左右；如布置滑动轴承定轮，闸门需加配重约 200t，则启门容量约为 5000kN；如布置滚动轴承定轮，闸门不需加配重，启门容量约为 2500kN。通过比较，事故闸门采用平面定轮闸门、球面滚动轴承。

闸门节间连接主要有焊接、销轴连接、螺栓连接等三种连接形式。门叶节间现场焊接变形大，精度难以控制；销轴连接要求空间尺寸大，闸门结构难以布置；螺栓连接要求空间尺寸小、布置灵活、精度有保证、工地现场安装方便，但厂内加工有一定的工作量。综合比较后，闸门的整体拼装采用门叶节间螺栓连接的方式。

由于闸门为上游止水，止水需具备较强的变位适应能力，因此设计采用了充压伸缩式止水装置，其典型断面为"山"字形橡胶水封，水封底部形成封闭空腔，腔体与库水连通，闸门挡水时，在空腔内水压力作用下水封底面将水封推出压紧止水面，该止水形式具有较强的抗挤压、抗撕扯能力和止水间隙补偿能力。

针对闸门定轮接触强度、材料、均匀受力、密封等问题，进行了深入研究：定轮选用具有良好机械性能和热处理性能的 35CrMo 合金铸钢作为定轮材料，为提高其接触强度，要求定轮工作踏面淬火热处理深度达 15mm，表面淬火硬度达 HB270～330；同时与之对应的轨道材料选用 42CrMo 合金铸钢，工作面淬火热处理深度 15mm，表面淬火硬度比定轮踏面硬度更高一级，达 HB300～360；为满足定轮踏面的接触应力，采用圆柱面定轮与平面轨道线接触的支承方式，定轮轴承选用了承载能力强、具有自动调心功能的双列向心球面滚柱轴承；为了降低各定轮的受力不均匀性，闸门各单元间用螺栓在纵梁处连接成整体，边柱不连接，以释放门叶边柱处刚度，改善各单元的定轮受力均匀性，同时，定轮装置设置可无级调整的偏心套，以调整定轮踏面共面，为定轮的受力均匀性提供更有效的保障；由于定轮存在水下工作工况，定轮轴承的密封效果是关系到定轮能否长期稳定运行的关键，设计考虑在轴承两端设置轴、孔密封端盖，轴、孔密封端盖间形成球面间隙以适应轴承的偏转，之间设置两道密封，一道条形止水环和一道 O 形止水环，同时将整个轴承空腔充满耐水性能较好的锂基润滑脂，杜绝水的渗入。

2.4.4 泄洪中孔检修闸门及冲沙孔检修闸门结构形式研究

随着水利水电建设事业的迅速发展，水利水电工程规模越来越大，水头越来越高，泄水量越来越大，深式泄水孔流速高达 30～40m/s 以上，给闸门的设计和运用带来困难。众所周知，深式泄水孔道的形状及边界条件对高速水流的流态影响很大，在过水孔道中设置门槽会使孔道的边界条件发生突变，引起水流流态和边壁压力急剧变化，形成涡流，产生负压，而门槽最易遭受空蚀破坏。并且门槽一旦破坏，就很难修复，从而影响整个水库、枢纽的正常运行，更有甚者将严重威胁建筑物的安全。为有效防止门槽的空蚀破坏，必须采取有效措施控制和避免空穴源的产生。然而深式泄水孔道中门槽水力学问题一直是有待深入研究解决的技术难题。

为了解决向家坝泄洪中孔检修闸门及冲沙孔检修闸门门槽水力学难题，提出了采用无门槽的反钩闸门形式。无门槽，顾名思义就是在过水孔道中不设置门槽，而将闸门布置在其进水口上游坝面处。无门槽反钩闸门，就是闸门上设置反钩，在埋件上设置较小且不影响流态的反钩槽，闸门反钩在反钩槽内上下滑动，利用反钩槽进行导向，使闸门顺利启闭。

无门槽反钩闸门作为一种独特的闸门形式，与一般闸门相比，具有以下特点：

（1）反钩闸门只需在孔口上游端面设置较小尺寸的反钩槽，避免了在过水孔道中设置门槽，孔道的水流流态比较平顺，水头损失较小，消除了门槽对水流的不利影响，简化了土建结构的设计，可极大地改善水流条件，避免造成空蚀破坏的危险，提高了水工建筑物的安全性。

（2）由于检修闸门布置在进水口最前端，如采用门槽形式，此处则永远无法进行检修，而采用无门槽反钩闸门则使得整个孔身都可以进行检修，消除了检修死角。

（3）反钩闸门埋件可不设置反轨、侧轨，埋件的钢材用量较省。但是由于反钩闸门布置在水工建筑物的进水口喇叭口圆弧外表面，加大了闸门的支承跨度，因此增加了闸门的重量。

（4）反钩闸门依靠反钩在反钩槽内的滑动进行导向，反钩槽的几个工作面必须保证平直度，因此埋件的制造和安装精度要求较高。

（5）为避免反钩槽内泥沙淤积影响闸门关闭到位，反钩轨道下端需留出一定高度。

2.5　其他

2.5.1　金属结构设备防震抗震措施研究

向家坝水电站金属结构设备项目繁多，其中许多闸门采用移动式锁定梁锁定方案，为提高移动式锁定梁的抗震能力，对所有采用移动式锁定梁的项目进行在工作位置和存放位置设置锚定装置的方案设计研究，以防止地震等外界因素造成锁定梁移位引发的事故。

锚定装置由锚定座和锚定销两部分组成，锚定销固定于移动式锁定梁两端部，锚定座分别固定于移动式锁定梁工作位和存放位的轨道边。锚定座为固定座、锁扣、销轴铰接的锁扣可转动装置，在固定座与锁扣间形成锁定槽，当移动式锁定梁水平移动到工作位或存放位时，锚定销沿锁扣前端的弧形斜面将锁扣旋转上抬，到达锁定槽后锁扣靠自重旋转下落，将锚定销限制在锁定槽内，实现移动式锁定梁 X、Y、Z 三个方向的锚定作用。

该锚定装置具备申请实用新型专利条件，在此不做详述。

2.5.2　泄洪表孔超高平面临时挡水闸门设计研究

1. 概述

向家坝水电站左岸坝后厂房和右岸地下厂房各装设 4 台 800MW 水轮发电机组。泄洪系统建筑物设置在枢纽右岸，布置有 12 个泄洪表孔、10 个泄洪中孔，表孔和中孔连续交错布置，表孔堰顶高程为 354.00m。10 孔中孔共设置 1 扇检修门、2 道事故门和 10 扇工作弧门，12 孔表孔共设置 3 扇事故检修门和 12 扇工作弧门，泄洪坝段坝顶设置 1 台双向门机。中孔工作弧门采用一门一机配置，启闭设备为液压启闭机；表孔工作弧门采用一门一机配置，启闭设备为液压启闭机；表孔事故检修门、中孔检修门及中孔事故门的启闭均由坝顶双向门机操作。

2. 施工进度及蓄水安排

根据向家坝工程施工总进度安排，2012 年 10 月，10 孔泄洪中孔全部具备控制泄流条件；2013 年，汛前 4 台机组投产；2013 年 6 月前完成 3 扇表孔工作弧门及启闭机的安装与调试；8 月前完成 3 扇表孔工作弧门及启闭机的安装与调试；10 月前完成 3 扇表孔工作弧门及启闭机的安装与调试；12 月前完成最后 3 扇表孔工作弧门及启闭机的安装与调试；2013 年汛前完成泄洪坝段坝顶门机的安装与调试。

受表孔工作弧门安装进度的影响,2013 年 12 月底,所有泄洪表孔工作弧门安装完成前,水库蓄水位不能超过表孔堰顶高程 354.00m。

3. 抬高运行水位方案

抬高初期运行水位有利于增加发电量,且可改善机组运行工况。因此,为更有效地在表孔工作弧门安装期发挥发电效益,采用增设 6 扇临时挡水闸门方案,利用泄洪表孔事故检修门槽(底坎高程 353.92m)联合 3 扇表孔永久事故检修门,在 2013 年汛前将未安装弧门的表孔封闭挡水,以抬高 2013 年运行水位至 380.00m。

4. 临时挡水门设计条件

泄洪表孔布置见图 2 - 34。

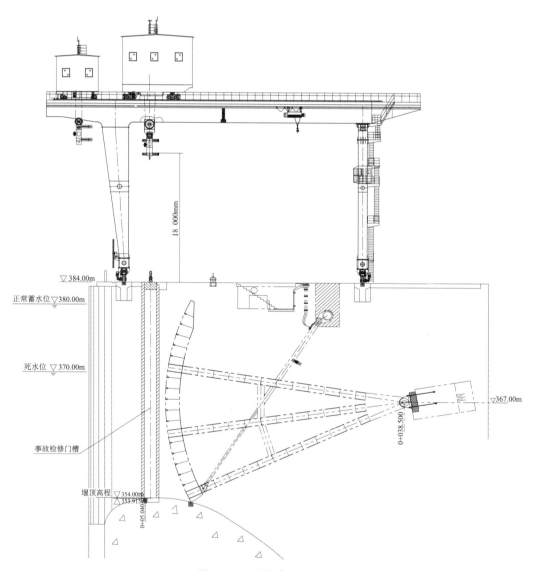

图 2 - 34 泄洪表孔布置图

（1）泄洪坝段坝顶高程为 384.00m；表孔事故检修门槽底坎高程为 353.915m，门槽尺寸为 1500mm × 900mm（宽 × 深）。

（2）最大挡水（操作）水位：380.000m。

（3）启闭方式：动水启闭。

（4）泄流条件：正常泄流时为敞泄状态。

（5）门槽两侧坝顶处设置有翻板式锁定装置永久设施。

（6）由于泄洪坝段永久启闭设备坝顶双向门机 2013 年汛前才形成，之前临时挡水闸门的入槽挡水需先由缆机操作。缆机起吊容量为 30t。

（7）按照抬高库水位至 380.00m 和汛限要求，临时挡水闸门在满足 380.00m 水位挡水的同时还需具备在 2013 年汛期动水提门泄洪功能。动水启闭操作将依靠泄洪坝段坝顶双向门机来完成，因此，双向门机 4000kN 额定启闭容量和 18.0m 的轨上扬程也将作为闸门结构设计控制条件。

设计成果表明，闸门结构强度、刚度及稳定性均满足设计规范要求。闸门按 380.00m 操作水位计算启门力为 3953kN，小于泄洪坝段坝顶双向门机 4000kN 额定启闭容量。启闭操作每大节门体高度为 13.25m，小于泄洪坝段坝顶双向门机 18.0m 的轨上扬程。所有门叶单元重量均小于 30t，满足缆机安装闸门的起吊容量。

5. 临时挡水闸门结构设计

临时挡水闸门结构见图 2 - 35。

为满足门槽尺寸、挡水高程、操作工况、启闭容量、扬程等诸多控制条件，临时挡水门按与永久事故检修门相同的结构形式进行设计，闸门为叠梁平面定轮形式，分为上下两大节门体，节间通过销轴连接。每大节门体又分别由 5 节门叶单元通过螺栓连接成一体。

闸门主支承定轮采用钢基铜塑自润滑圆柱轴承并设置可靠的密封装置，定轮踏面与轨道为点接触，以适应门体的挠曲变位；采用偏心套调整定轮踏面共面。

闸门反向导向采用弹性滑块，侧向导向采用简支轮。

6. 闸门运行工况

抬高运行水位前，库水位低于表孔堰顶高程，临时挡水闸门和永久事故检修闸门均由缆机将门叶单元逐节吊入门槽，在门槽内进行门叶单元的螺栓连接以及上下两大节门体的销轴连接，闸门处于整体挡水状态，库水位开始上升。表孔工作弧门及启闭机的安装、调试按 3 孔一批分批次进行。2013 年汛前泄洪坝段坝顶门机形成，汛期除由永久事故检修闸门挡水进行弧门安装的 3 孔表孔不能参与泄洪外，其余 9 孔表孔均可由已经安装完成的 3 孔工作弧门动水启闭以及挡水的临时挡水门通过坝顶门机自动抓梁操作动水启闭进行泄洪。

临时挡水门动水启门时先提升整体闸门至下节门叶能锁定在门槽孔口上方位置锁定后，方可进行拆卸上节门体与下节门体间连接销轴，再将上节门叶和下节门叶依次提移出孔口的操作。

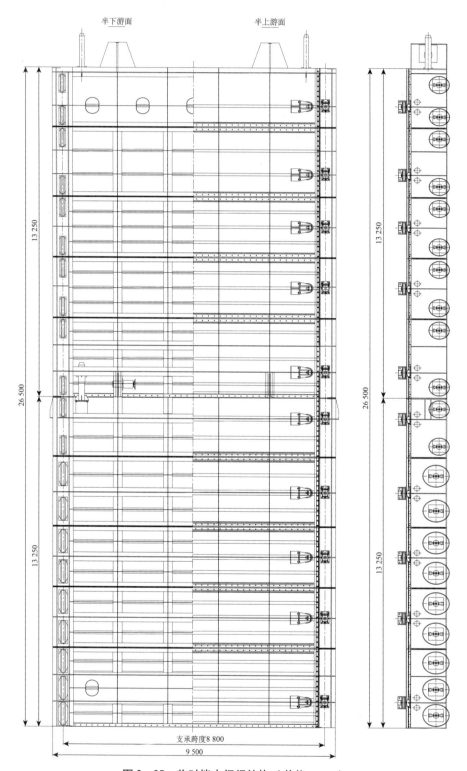

图 2-35 临时挡水闸门结构（单位：mm）

7. 2013 年度汛标准及泄洪能力

2013 年坝体度汛洪水重现期采用正常运用洪水重现期 200 年，相应洪峰流量 37 600m³/s；非常运用洪水重现期 500 年，相应洪峰流量 41 200m³/s。

根据度汛标准确定的全年 200 年一遇和全年 500 年一遇防洪高水位分别为 376.52m 和 379.36m。

从工程本身的挡水能力分析，2013 年全年水库允许蓄水位可达到 380.00m，考虑防洪和调度安全的需要，汛期水库水位按 370.00m 控制。

2013 年汛前，10 个中孔具备开启泄洪条件；12 个表孔除 3 个正在安装工作弧门的表孔不能投入泄洪外，其余 9 个表孔均具备开启泄洪条件；4 台机组已投入运行，但考虑机组处于初期运行期，可能发生异常情况需要停机检查，度汛安全复核时，参与泄洪的机组按 2 台考虑。因此，2013 年汛期，泄洪设施为"10 个中孔 + 9 个表孔 +2 台机组过流"。

8. 闸门操作、存放方案

（1）洪水流量不大于 23 335m³/s 时。当汛期洪水流量不大于 23 335m³/s，370.00m 水位起调时，3 个表孔 +10 个中孔 +2 台机组的总泄流能力为 23 335m³/s，因此，仅需开启 3 个已安装完成的工作弧门的表孔参与泄洪即可满足 23 335m³/s 流量及以下的泄流要求，此流量以下不需开启临时挡水门。

（2）遇 200 年一遇洪水时。

表 2－15　200 年一遇洪水表孔泄槽水面线成果表

洪水频率	起调水位	泄洪设施	坝前最高水位（m）	桩号 0＋5.04m（闸门底缘处）过流水面高程（m）
$P=0.5\%$，200 年一遇洪水，$Q_{max}=37\,600m^3/s$	370m	10 个中孔 +9 个表孔 +2 台机组	376.52	371.857

当汛期洪水流量大于 23 335m³/s 时，需开启表孔临时挡水门参与泄洪，且达到 200 年一遇洪水时，除正在安装弧门的 3 个表孔外，其余 9 个表孔均需参与泄洪。200 年一遇洪水流量 $Q_{max}=37\,600m^3/s$ 时，10 个中孔 +9 个表孔 +2 台机组共同泄洪，370.00m 水位起调时坝前最高水位达 376.52m，闸门底缘桩号过流水面高程为 371.857m，6 孔表孔临时挡水门由坝顶门机动水提门，利用设置在门槽顶的翻板锁定梁和下节门体上部锁定座将闸门整体锁定在孔口上方，此锁定位闸门底缘高程为 372.412m，高于此桩号过流水面高程，满足敞泄要求（见表 2－15）。

200 年一遇洪水临时挡水闸门操作、存放示意图见图 2－36。

该方案上节门叶完成自由地垂直支承在下节门叶上，需进行闸门整体稳定验算并制定相应的稳固措施。

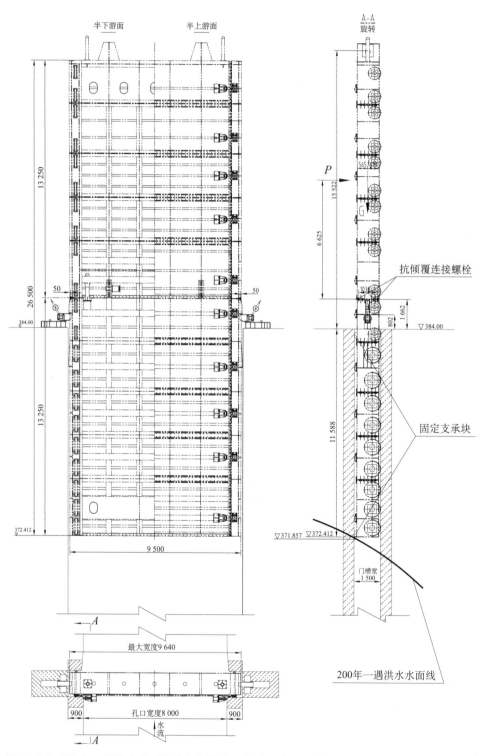

图 2-36　200 年一遇洪水临时挡水闸门操作、存放示意图（高程单位：m；尺寸单位：mm）

闸门按两种工况进行稳定计算。

工况一：闸门承受非工作状态最大极限风压 600N/m^2。

上节门叶倾覆力矩：

$$M_风 = P \times B \times H \times h \times \zeta = 600 \times 9.5 \times 13.25 \times 6.625 \times 1.3 = 650\ 459\ （N \cdot m）$$

上节门叶自重力矩：

$$M_{自重} = G \times l = 863\ 000 \times 0.565 = 487\ 595\ （N \cdot m）$$

上节门叶自重抗倾覆能力：

$$M_{自重} - M_风 = 487\ 595 - 650\ 459 = -162\ 864\ （N \cdot m）$$

式中：P 为极限风压（N/m^2）；B 为上节门叶宽度（m）；H 为上节门叶高度（m）；h 为风压中心距上节门叶底支承垂直距离（m）；G 为上节门叶自重（N）；l 为上节门叶重心距底支承上游端点水平距离（m）；ζ 为闸门背风面负压系数，$\zeta = 1.3$。

上节门叶自重不能抵抗工况一的倾覆。

工况二：闸门同时承受工作状态最大风压 250N/m^2 和 0.2g 水平地震加速度产生的荷载。

上节门叶倾覆力矩：

$$\begin{aligned}M_{倾覆} &= M_风 + M_{地震} = P \times B \times H \times h \times \zeta + 0.2g \times G \times h \\ &= 250 \times 9.5 \times 13.25 \times 6.625 \times 1.3 + 0.2 \times 9.8 \times 86\ 300 \times 6.625 \\ &= 1\ 391\ 630\ （N \cdot m）\end{aligned}$$

上节门叶自重抗倾覆能力：

$$M_{自重} - M_{倾覆} = 487\ 595 - 1\ 391\ 630 = -904\ 035\ （N \cdot m）$$

式中：P 为工作状态最大风压（N/m^2）；g 为重力加速度（m/s^2）；G 为上节门叶自重（kg）；B 为上节门叶宽度（m）；H 为上节门叶高度（m）；h 为荷载作用中心距上节门叶底支承垂直距离（m）；ζ 为闸门背风面负压系数，$\zeta = 1.3$。

上节门叶自重不能抵抗工况二的倾覆。

针对两种工况制定稳定措施方案：

根据下节门叶限制在门槽内的锁定存放状态，利用上、下两节门叶自身的固定连接是最简单和有效的方式。因此，设计采用了上、下节门叶间的连接固定方案。在上节门叶底部和下节门叶顶部四角的支承板上贴厚板并各钻 2 个 ϕ42mm 通孔，钻孔处增设竖向加劲板，用 8.8 级的 ϕ36mm 螺栓将上、下节门叶连接成一体。

连接螺栓抗倾覆力矩：

$$M_{螺栓} = n \times A_s \times [\sigma] \times L = 4 \times 817 \times 400 \times 0.83 = 1\ 084\ 976\ （N \cdot m）$$

式中：n 为上游（或下游）侧连接螺栓数量；A_s 为螺栓公称截面积（mm^2）；L 为上、下游方向连接螺栓间距（m）；$[\sigma]$ 为紧固件许用拉应力（N/mm^2）。

则总抗倾覆能力如下。

工况一：

$$M_{总} = M_{自重} + M_{螺栓} - M_{风} = 487\ 595 + 1\ 084\ 976 - 650\ 459 = 922\ 112\ （N\cdot m）$$

工况二：

$$M_{总} = M_{自重} + M_{螺栓} - M_{风} = 487\ 595 + 1\ 084\ 976 - 1\ 391\ 630 = 180\ 941\ （N\cdot m）$$

两种工况下，上节门叶均能满足稳定要求。

采用该稳固方案将上、下节门叶连接成一体后，上节门叶的倾覆力将传递到下节门叶的上下游支承上；下游侧布置的定轮具有很强的承载能力，能承受倾覆力传递来的支承力；上游侧布置的弹性导向滑块不能承受倾覆力传递来的支承力，因此需在下节门叶上游侧两边柱上的底部和门槽顶部位置增设固定支承块，承担倾覆力传递来的支承力，固定支承块支承面低于弹性导向滑块工作面，不影响闸门在门槽内的滑动。

（3）遇 500 年一遇洪水时。

表 2-16　500 年一遇洪水表孔泄槽水面线成果表

洪水频率	起调水位	泄洪设施	坝前最高水位（m）	桩号 0+5.04m（闸门底缘处）过流水面高程（m）
$P = 0.2\%$，500 年一遇洪水，$Q_{max} = 41\ 200 m^3/s$	370m	10 个中孔 + 9 个表孔 + 2 台机组	379.36	374.587

当汛期流量超过 200 年一遇洪水流量时，整体闸门锁定在设计位置的存放方式已不能满足表孔敞泄要求，达到 500 年一遇洪水流量 $Q_{max} = 41\ 200 m^3/s$ 时，10 个中孔 + 9 个表孔 + 2 台机组共同泄洪，370.00m 水位起调时坝前最高水位达 379.36m，闸门底缘桩号过流水面高程为 374.587m，此时需拆卸上、下节门叶间连接销轴，将上节门叶吊移至门槽下游侧坝面竖立存放，并将下节门叶上提一个挡位再锁定在孔口上方，以满足门叶底缘高出水面线的要求（见表 2-16）。

500 年一遇洪水临时挡水闸门操作、存放示意图见图 2-37。

措施方案：

① 在每个表孔两侧闸墩顶面的上节门叶存放位一期预埋 2 条埋件，作为上节门叶的底支承及门体的固定。

② 在下节门叶两侧边柱上原设计锁定座的下方增设一档锁定座，此锁定座设置位置使闸门底缘高程抬高到 375.402m，高于此桩号过流水面高程为 374.587m，满足敞泄要求。

上节门叶存放支承固定预埋件布置：

支承、固定埋件布置示意图见图 2-38。

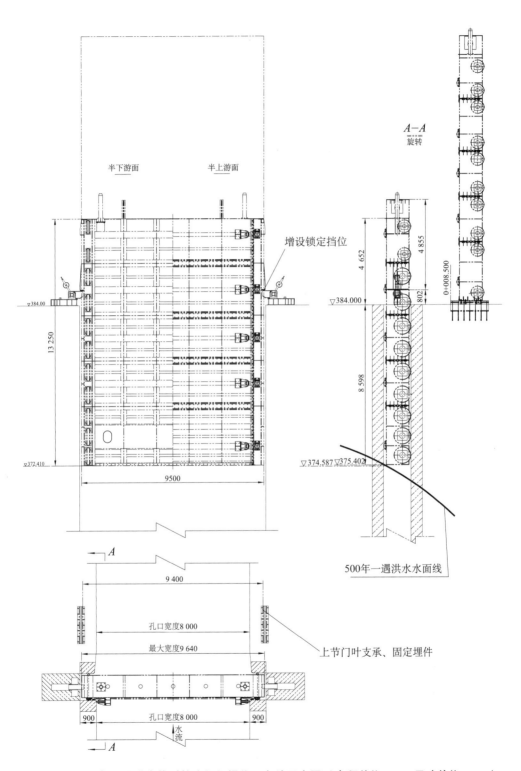

图 2-37 500 年一遇洪水临时挡水闸门操作、存放示意图（高程单位：m；尺寸单位：mm）

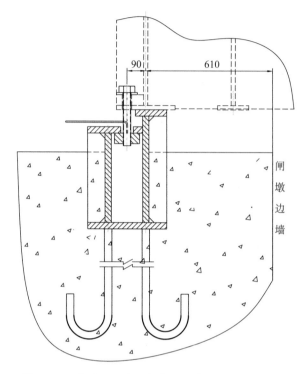

图 2 - 38　支承、固定埋件布置示意图（单位：mm）

①2 条一期预埋件由桩号 0 + 008.50 向下游布置 2000mm 长。

②2 埋件支承面高出坝面 200mm，支承面跨度对应上节门叶外边柱腹板底支承。

③埋件支承面外侧组合成 U 形断面结构形式，使得上节门叶在任何位置均可用螺栓将门叶底板与 U 形槽内连接块连接固定，保证门叶的稳定。

④上节门叶存放任务完成后，割除露出坝面的埋件，回填混凝土平坝面，以保持坝面美观。

9. 运行安全可靠性分析

1）启闭设备可靠性分析

根据《水电水利工程启闭机设计规范》相关规定，"泄水系统工作闸门的启闭机一般采用一门一机的布置，但在闸门操作运行方式和启闭时间允许时，可选用移动式启闭机"，没有强制性规定。向家坝泄洪坝段坝顶双向门机作为泄洪设施重要启闭设备，招标采购对设备性能提出了很高的要求，设备重要部件均采用了国际知名品牌，为设备的运行可靠性提供了保证。

为进一步提高安全裕度，可考虑在泄洪坝段备用一台 400t 以上的履带吊。

2）操作存放安全分析

根据向家坝坝址最大洪峰流量统计，近几年均没超过 20 000m³/s，大概率情况下不需要操作临时挡水门。即使针对 500 年一遇特大洪水这一极小概率情况，也制定了可靠的存放稳定安全措施，确保在任何工况下闸门顺利操作。

3）操作时间分析

本闸门操作存放方案为直接将闸门整体或部分锁定在孔口上方，最大程度地缩短了闸门操作时间，简化了移动启闭设备操作闸门的中间环节（如穿销、拆销、吊移、对位等）。按操作一扇闸门历时 30min 估算，即使操作 6 扇闸门正常工作总历时也只需 3h；根据典型设计洪水过程线，遇 200 年一遇洪水从 23 335m³/s 上涨至 28 209m³/s 历时约 36h，闸门操作时间的缩短为库水位的上涨争取了更多的时间储备。

4）闸门调度分析

在泄洪设施调度上进行优化，汛期泄洪时，先开启临时挡水闸门，利用泄洪中孔闸门操作及时、调节灵活的特点进行后续调控。为遇到临时挡水闸门操作运行故障时预留充足的处理时间。

10. 结论

向家坝泄洪表孔临时挡水闸门设计满足各种工况下的动水启闭要求，闸门操作、锁定及存放方式稳定可靠，具备 2013 年汛期泄洪安全运行条件。

第3章 制造管理与总结

向家坝工程金属结构及启闭机设备和伸缩节共分 8 次招标，共签订 21 个采购合同，主要由分布在全国 8 省 11 个市（县）的 15 个厂家进行制造。截至工程尾期，制造进度及到货情况满足现场安装要求；经电站初期运行证明，制造质量满足合同、设计与技术规范要求。

由于金属结构及启闭机设备等设备精度高，机、电、液专业分工细，技术专业性强，多由具体的专业厂家负责，因此本章重点对制造以及管理的亮点进行介绍与总结。

3.1 机构组成及组织形式

3.1.1 管理机构及目标

管理理念和总目标如下：

以三峡工程为标杆，再创精品工程。

"双零"目标：零质量事故，零安全事故。

学习航天工程质量"三零"目标："零疑点，零缺陷，零隐患"，即设计阶段"零疑点"，制造安装阶段"零缺陷"，保证运行"零隐患"。

3.1.2 管理体制

（1）向家坝水电站金属结构和启闭机设备制造由物资设备部负责业务归口管理以及组织协调工作；建设部技术管理部负责监理的总体协调管理、监理合同管理与考核；建设部各项目部负责现场安装管理，参与有关技术管理、设计审查、出厂验收等工作；建设部还聘有一名金属结构质量总监。招标公司负责采购招标工作的实施。中国三峡集团金属结构质量监督检测中心负责金属结构制造及安装过程的抽检，参与出厂验收等工作。三峡设备物资公司参与合同执行工作。

（2）工程设计单位（中南院）负责整个工程的金属结构设备总体设计和闸门及

门槽埋件的设计，启闭机和伸缩节的设计由制造单位负责。

（3）制造监理从产品设计审查、生产技术准备、零件加工制造、装配调试、阶段验收、出厂验收、涂装、包装运输、现场交接验收及安装调试协调服务的全部时段对设备制造进行全过程、全方位的监理，有效控制设备制造的质量和进度。

（4）专家及专家组在招标设计审查、招标文件审查、评标、设计联络（设计审查）、出厂验收的各个时段提供咨询，并对设备制造安装过程和成果进行检查，提出检查意见。

（5）督导组对制造过程中存在的问题（包括制造厂和制造监理）进行督导检查。

（6）安装单位与运行单位主要参与设计联络（设计审查）和出厂验收工作，结合安装运行实际情况提出合理要求和建议。

目前向家坝水电站金属结构设备制造管理已经建立起一套包括规划设计、采购招标、生产制造、到货验收、安装协调、技术服务等完整的制造管理体系（见图3-1）。

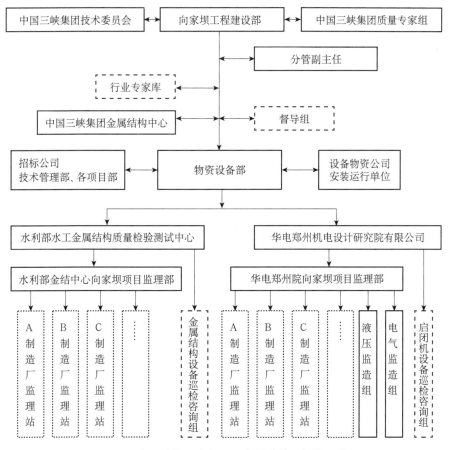

图3-1 金属结构及启闭机设备制造管理机构设置图

3.1.3 招标采购工作制度

采购程序：编制金属结构设备招标实施规划→编写招标设计报告并审查→在招标设计报告基础上完成招标文件的编写与审查→公开（或邀请）招标→合同谈判与签订合同。

招标采购的业务流程见图 3 – 2。

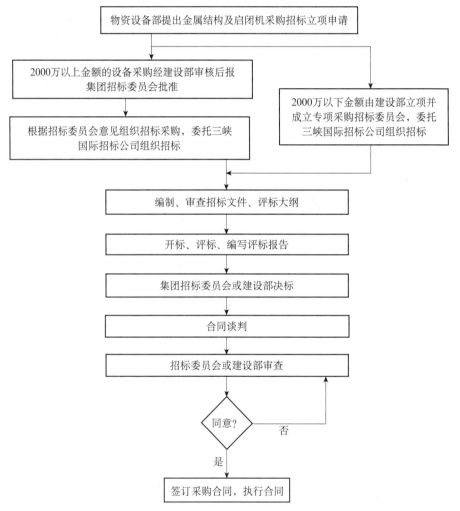

图 3 – 2　招标采购业务流程图

3.1.4　制造监理

1. 制造监理的选聘

由于向家坝工程金属结构设备的工程量大、数量种类多、专业性强、设计制造技术要求高，为保证设备的制造质量，建设部拟委托技术能力强、监理业绩突出的单位承担向家坝金属结构设备制造监理工作。根据三峡工程的经验，经充分比较多种监理方式和各监理单位的实力，报集团批准，采取直接委托的方式与水利部水工金属结构质量检验测试中心签订了金属结构设备和伸缩节制造监理合同，与华电郑州机械设计研究院有限公司签订了启闭机设备制造监理合同。

2. 监理主要工作内容

设备制造监理要对设备制造全过程、全方位进行监理。在业主授权范围内，依据国家行政法规和设备的有关技术标准及合同规定的技术、经济要求，综合运用法律、经济和技术手段，通过对设备制造质量、进度、造价的有效控制，对设备制造合同的管理及组织协调工作，协助业主使设备制造按合同目标顺利进行和实现。

监理单位要建立健全自身的质量体系，组建好监理机构，配备强有力的监理队伍；利用监理单位本部的技术优势，成立技术咨询组和巡检组，启闭机还根据专业特点成立了液压组和电气组；按照监理合同和业主相关要求编制监理规划、监理大纲、监理实施细则、监理各级人员岗位责任制、监理管理程序等文件；严格设计、制造工艺和施工组织计划审查；对制造过程全方位全过程监控；严格控制出厂验收；及时协调解决现场安装过程中发现的制造质量问题；认真审核支付和合同变更；及时做好总结和竣工资料移交。

3.1.5　过程管理

1. 加强事前监控

（1）聘请专家，组织好设计联络会（金属结构设备）和设计审查会（启闭机和伸缩节），确保设计"零疑点"，把住设备制造第一关。

（2）严格开工条件审查，主要审查制造厂以下几个方面的准备情况：项目组织、生产组织计划；施工工艺组织措施及工艺方案；质量控制体系及质量检验措施；专业施工人员资质；生产设备、工器具、检验试验设备在役质量年检合格证；主要外购、外协件供应商及分包商资质以及采购计划；制造进度计划；检测、试验及出厂验收大纲等。

2. 严格过程质量控制

（1）过程控制以制造监理为主，主要包括工艺审查、原材料、各工序、外购外协件等全面控制。深入生产第一线，对重要工序、控制停止点、工序转换点等重要环节实行旁站监督、跟踪监督，关键零部件及装配尺寸进行旁站检测、随机抽查，实行监理签证制，过程检验不合格，严禁转序。利用监理单位本部的专业技术及专业人员优势和检测设备优势，对制造过程巡检检测，对有关技术问题研究咨询。

（2）委托集团金属结构质量监督检测中心对制造过程进行抽检（主要是焊缝和涂装质量）。

（3）根据制造过程情况，适时开展督导检查工作，高度关注重点难点项目和对质量或进度存在问题的制造厂，及时督促协调。

（4）对制造过程中发现的特殊问题及时召开专题协调会议解决，比如金属结构设备防腐产生针眼和气泡、泄洪坝段4000kN门机"一刚一柔"门腿方案的审查、伸缩节导流筒水弹性振动试验、坝顶活动桥设计方案审查等。

（5）严格控制外购外协件的质量。

（6）高度重视接口关系的复核。包括金属结构设备、启闭机设备、土建之间的接口关系和闸门与门槽、启闭机自身机电液之间的接口关系等。

（7）严把出厂验收关。同类设备的首批（套）出厂验收和液压启闭机设备的机电液联调试验均由业主单位组织，邀请专家及各相关单位参加。

（8）认真组织设备到货交接验收和开箱验收。由设备物资公司牵头组织好设备的到货验收工作，主要包括实时掌握发货情况，做好到货前的场地及卸车准备，及时认真组织到货交接验收和开箱验收（包括实物和资料），做好设备的储存、及时准确调拨等。

（9）及时做好技术服务，包括安装前的技术交底、安装过程中的作业指导和安装过程发现的问题，并及时解决等。

（10）按时保质地提交技术资料和竣工归档资料。按照出厂验收、现场安装和竣工归档三个阶段提交满足要求的技术资料和图纸。

3. 进度控制的主要措施

以合同交货进度为基础，编制设备交货总进度计划和年度计划。结合现场施工情况，及时调整交货进度要求。以监理月报的形式掌握制造项目进展情况，对于可能影响现场安装的项目重点关注，主要采取以下三种手段进行解决：①以周报或日报的形式掌握制造进度。②了解具体情况，及时协调制造过程中的"卡脖子"环节。③派业主代表或总监驻厂，引起制造厂的高度重视，集中资源保证制造进度。

3.2 实施效果

向家坝水电站金属结构及启闭机设备制造进度、质量受到严格控制。制造进度满足现场安装要求；通过电站蓄水发电和初期运行情况证明，设备制造质量优良，满足合同、设计与技术规范要求。主要有以下几条经验：

（1）高度重视招标实施规划、招标设计报告、招标文件的编制。认真研究现场施工进度计划，分阶段招标，保证总体进度合理；采取公开招标的方式和科学合理的评标方式，选取综合实力最优的制造商，保证采购合同顺利执行。

（2）项目开始就要树立高目标、严要求的管理理念。

（3）借鉴三峡工程及其他工程经验，建立金属结构专业专家库，邀请国内知名专家参加有关审查、专题研究和重要验收等。

（4）选聘有经验的制造监理单位，充分利用其单位的技术优势、设备优势和专家力量。

（5）重视过程的督导检查，及时发现问题、解决问题。

（6）加强外购外协件的质量控制。

（7）重视接口关系的复核。

（8）严把出厂验收关和验收后的整改完善工作，决不将缺陷带到安装现场。

（9）注重现场服务的及时性和服务人员的综合素质。

（10）平时做好资料的收集整理，及时完整地分阶段提供。

（11）运行单位全过程参与，达到无缝交接的目的。

（12）利用设备物资公司对到货、仓储、调拨环节进行管理。

（13）在项目管理过程中敢于技术创新、工艺创新，比如4000kN门机的"一刚一柔"门腿方案、大型弧门的制造工艺等。

（14）建立规范的工作程序、规章制度和考核办法。

3.3　改进及建议

1. 关于招标

（1）金属结构设备的制造单位为厂家总承包方式，加工材料、元件等需要外购外协，外购外协件的质量好坏直接影响到设备的整体质量。由于外购外协厂或分包厂在制造过程中难以受到监理和业主单位的控制，为制造过程中容易出问题的环节，因此建议在商务部分评价因素中对外购外协件、分包项目价格的合理性和均衡性进行单独评价，避免不均衡的报价影响到合同执行中外购外协件和分包商的选择，影响设备整体质量。

（2）目前，集团采取的评标办法总体上趋向低价中标，在此导向下各投标人竞相采取低价策略，恶性竞争。报价低者中标后，在具体合同执行过程中，往往通过降低外购外协件质量及费用、降低设备防腐标准及质量、减少运输费用、减少技术服务等手段，尽量压缩生产成本。其结果是设备制造质量很难得到保证，合同执行过程极为不顺，不同程度地影响了设备安装及运行成效。建议集团在后续设备招标采购中请专业机构设定招标标底价或采取三峡二、三期评标方式，即在评标时对所有符合资格要求的投标人去掉一个最高报价和去掉一个最低报价，剩余各投标人报价加权平均再乘以97%（或94%）作为评标价进行综合评标，以选择最合适、最优质的设备制造厂商。

（3）目前金属结构设备采购合同中约定，"如果变更价的合计数在该合同总价±2.5%范围内，合同总价不予调整；如果变更价的合计数超过该合同总价的±2.5%，只对超过的部分进行调整合同总价"（伸缩节合同约定范围为合同总价±2.5%，启闭机合同约定范围为合同总价±1.5%）。由于设备采购合同总价较大，往往数千万，合同总价的±2.5%达到上百万元，对双方合同执行均是一个风险。建议减小因变更而使双方需要承担的价格风险，一种方式是下调比例，如调至合同总

价的 ±1.0%；另一种方式是改变基数，如将合同总价的 ±2.5%（启闭机 ±1.5%）改为项目合价的 ±2.5%（启闭机 ±1.5%）（这里的项目是指在合同中有单独项目编号的项目）。

（4）目前合同执行过程中，设备实物到货情况较好，但提供现场清点的设备交货总清单和提供安装运行的技术资料不够及时和完整，给现场验收和安装带来了一些不便。建议将设备交货总清单和安装技术资料提交的要求列入合同支付条件中，以引起各制造单位的重视。

（5）现在使用的招标文件是在三峡招标文件基础上进行完善而形成的，总体上是一份非常规范严谨的招标文件，建议根据向家坝、溪洛渡等使用过程中有关经验教训，对招标文件进行完善，特别是通用部分，形成完善的招标文件供其他工程或项目借鉴使用。

（6）定标选定厂家时，避免一个厂家承担多个标段，特别交货相对集中标段，合同执行风险较大。

2. 监理选聘

金属结构设备制造有一定技术难度、专业性强，建议继续选聘现有这种技术实力雄厚、专业经验丰富的监理单位承担制造监理职责，但要加强驻厂监理人员的管理和建立更加合理完善的奖惩考核体系。

3. 设计和技术管理

目前闸门和门槽（含拦污栅、栅槽、门库）的设计由设计院完成，通过设计联络会形式复核和完善有关设计，在此之前未对图纸进行审查，建议建设部的技术管理部聘请经验丰富的人员对设计院的图纸先行进行审查。

4. 外购外协件和分包项目的质量控制

目前来看是制造过程中的薄弱环节，建议在监理合同中明确监理人对外购外协件和分包项目的监理要求，若有必要，可延伸至外购外协厂或分包商监理。

5. 业主管理

目前，建设部内部职能分工是由物资设备部负责金属结构设备制造管理，工程项目部负责现场安装管理，物资设备部仅配备了一名金属结构专业人员，这种方式不利于制造管理人员的培养，建议今后工程或项目考虑制造与安装管理相结合的方式。

6. 现场技术服务

现场技术服务工作的质量高低，直接关系到设备的安装进度与质量。技术服务工作的重要性是不言而喻的，但目前各制造厂在技术服务工作中投入的力量相对三峡较弱，一是住宿分散、交通不便，不利于及时解决现场问题；二是技术服务的工作质量和服务时长还有待提升。造成此项问题的原因可能还是低价中标引起的技术服务费用投入不足，解决第一个问题可以在后续工程或项目中（白鹤滩、乌东德地处偏僻）对技术服务人员实行集中管理，业主可提供必要的食宿、交通条件。解决第二个问题建议在编制后续设备招标文件时，高度重视技术服务工作相关要求，对技术服务工作的阶段、内容及费用组成最大限度地给以明确，服务费用原则采取总价承包，但要适当留有余地，对由于工程建设工期调整、非承包商原因引发的在设备安装、运行期间需要另行进行技术服务的，可按照投标报价或合同约定的技术服务费用单价进行合理变更调整，以充分调动承包商的服务积极性，进而确保设备安装调试、运行的顺利进行。

7. 建立集团层面的金属结构设备资源共享平台

主要包括信息共享、管理经验和有关制度的共享、备品备件相互备用等。

8. 全面评价

对参与集团工程金属结构设备制造的单位，在合同执行过程中要注重问题的收集，对存在的问题进行分析和评价，在合同执行完成后，对各制造厂从管理体制、质量管理、进度控制、技术管理、工艺保障、设备力量、技术服务、发展状况及潜力等进行全面评价，为后续工程招标选择提供参考。

9. 对临时使用的金属结构设备再利用

要提前研究，尽早将有关参数提交给其他工程，尽量保证再利用。

3.4 具体案例

3.4.1 大跨度门式启闭机"一刚一柔"门架结构设计与制造

1. 项目概述

泄洪坝段坝顶设1台双向门机，为使泄洪坝段主要金属结构设备覆盖在门机跨内，门机轨距达到31.0m。门架跨内设有1台主小车，通过自动抓梁用于对中孔事故闸门和表孔事故检修闸门的启闭操作，启闭机容量为4000kN，轨上扬程为18.0m，总扬程90m；门架上游悬臂段设有1台副小车，通过自动抓梁用于对中孔检修门的启闭操作，其容量为1250kN，轨上扬程18.0m，总扬程102.0m，考虑中孔检修门的吊运需要，副小车可以从悬臂段行走至门机跨内。安装完成的门机见图3-3。

2. 设计方案研究及专题审查

泄洪坝段坝顶双向门机跨度达31.0m，是目前国内水电工程最大跨度的门机。为消除主梁因受载挠曲变形、温度变化、制造安装误差等因素造成门腿产生较大横向水平力，导致严重啃轨，专门进行了"全刚性门腿"和"一刚一柔门腿"的计算分析研究工作。详细比选见2.1.3节"泄洪系统超大跨度双向门机设计关键技术研究"。

为确保该门机设计方案的可靠性，工程建设部特委托第三方（西南交通大学——具有该种方案的设计经验）对该门机（一刚一柔结构形式）进行结构审

图 3-3　门机

核。审核内容主要包括：门架结构强度的有限元验算、门架结构刚度的有限元验算、门架支腿整体稳定性的有限元验算、门架主梁局部稳定性验算、门机整机稳定性验算，刚度计算涉及 8 种工况，强度计算涉及 14 种工况，动刚度计算涉及 1 种工况。经分析计算后，工程建设部组织召开专题审查会，审查了西南交大提交的《关于向家坝水电站泄洪坝段 4000kN/1250kN 坝顶双向门机门架结构（一刚一柔支腿方案）有限元分析报告》。与会专家及代表审查意见："西南交通大学计算结果表明，本项目采用一刚一柔支腿门架结构方案是安全可行的，可按此方案进行设计制造。"

研究结论：经过研究比较，向家坝水电站泄洪坝段 4000kN/1250kN 坝顶双向门机可采用一刚一柔门腿门架的方案。该方案在国内水电工程中尚属首次采用。

3. 关键制造工艺及实施方案

根据门机的特点，门机的关键工艺方案有如下几个方面：

1）门架结构的构件尺寸和焊接变形控制工艺及实施方案

门机跨度大，两根主梁长度接近 40m，考虑到吊装、运输的因素，将主梁分为两段制作。针对门架结构大、构件尺寸及焊接变形控制难的特点，主要采取下面几个措施。

（1）下料工艺。对下料尺寸的要求明确在工艺文件中，下料工艺根据门架结构尺寸的控制要求并考虑了焊接收缩等因素，提出了下料尺寸的控制要求，如箱梁腹板的高度尺寸要求、箱梁隔板的对角线控制要求等。下料均采用数控切割机下料，且所有的设备均进行了定期的数度检测，确保设备数度满足要求。

（2）门架结构尺寸及焊接变形控制工艺方案。结构件制作工艺中明确提出焊接前拼装检测要求，并针对门架上部结构的复杂性确定了各梁系先进行小拼焊，待修校合格后再进行整体拼焊的工艺方案；同时在焊接控制要求上明确提出了焊接顺序和焊接参数，对于主梁等箱梁结构还要求采用偶数焊工对称施焊的操作要求，以减小焊接引起的变形。

（3）焊接人员控制。所有参与门机焊接的人员均是具有合格资质的焊工，在焊接过程中加强了焊接技术交底、焊接过程控制和焊后检验控制，承制单位专门配备了由焊接技师担任的焊接技术负责人进行过程监督。

（4）主梁焊接工艺。两根主梁同时进行焊接前预拼装，在预拼装时检测两根主梁的几何尺寸（包括上拱度要求）基本一致；焊接时两根主梁采用同样的焊接顺序、规范进行操作；焊接完成并检验合格后释放应力，再次将每根主梁的两段合拢、连接。

2）针对柔性支腿的设计

门机跨度大，设计方案采用"一刚一柔门腿"门架的方案，在主梁受力产生下挠时利用"柔性支腿"上部铰接处转动抵消由此带来的主梁跨距变化，同时为防止"柔性支腿"过多倾斜，在支臂上端铰接处设置了限位支架。

3）门机预拼装工艺方案

门机预拼装分门架立拼和主副小车拼装。门架整体重量大，厂内预拼装难度高，为保证预拼装顺利进行，门架结构先地面平拼，再立拼。地面平拼将门机分为"上部结构""刚性支腿""柔性支腿"三大部分，分别在地面进行部件大拼。具体方案如下：

（1）上部结构预拼装。上部结构与端梁整体拼装，检查主梁跨距、两主梁间距、上拱度及相对差等合格，配钻高强螺栓连接孔，检查画出主梁柔性腿侧下端加工线。主梁转加工后再次转回重复上部结构地面预组装，复位检查合格后将上横梁（含上支座）参与拼装，检查上支座与上部结构的相关尺寸，各项尺寸检测合格后做出相应的大拼找正基准、解体等参与门架大拼。

（2）刚性支腿预拼装。两根刚性支腿、中横梁在地面水平拼装，检查支腿高度、对角线相对差、水平值、两支腿间距尺寸合格后，配钻连接孔，加固待参与门架大拼。

（3）柔性支腿预拼装。两根柔性支腿、中横梁、下横梁、上横梁整体在地面水平拼装，检查支腿高度、对角线相对差、水平值、两支腿间距尺寸、上横梁和下横梁加工面垂直度合格后，加固待参与门架大拼。

（4）门架结构立拼。考虑到主梁重量超过大拼现场设备最大起重量，主梁采用两段分别吊装的方式参与门架大拼，因此在门机跨中位置设置了大拼辅助支腿。

地面预拼装检查合格后，再进行门架整体立拼。吊装顺序为：大车运行机构与下横梁组件→柔性支腿组件→大拼辅助支撑→刚性支腿→柔性支腿侧主梁→刚性支腿侧主梁→端梁等。

（5）主、副小车拼装（包括小车行走机构、小车架、起升机构）。铺设工装轨道并检测合格。按照施工图纸及工艺文件的要求，小车架复拼找正。在小车架上平面以行走机构位置为基准确定吊点中心和卷筒中心线，依次画上各部件组装位置线。将卷筒、减速器、电动机、定滑轮、工作制动器、安全制动器等依次装上机架，进行安装位置的精调，自检确认合格后焊接各支架。按照《出厂验收大纲》的要求，对组装的静态尺寸进行检查。所有项目检查合格后报请驻厂监理工程师进行复检见证，确认达到出厂验收要求。

3.4.2 大管径伸缩节设计与制造

1. 项目概况

向家坝左岸坝后式厂房共安装有 4 台 800MW 机组，引水管道采用坝后钢衬钢筋混凝土背管的布置形式，钢管内直径为 12.20m。为适应厂、坝间不均匀变形，在各引水管道末端、厂房上游边墙处设有伸缩节。伸缩节两端接口总长为 3.0m，钢管内径为 12.2m，钢管壁厚 54mm，设计水头压力为 1.5MPa。伸缩节按轴向位移 20mm，径向位移 13mm，最大位移循环次数不小于 1000 次。

伸缩节结构形式为附加橡胶填料水封的波纹管伸缩节，其填料水封部分和波纹管水封部分都能满足强度、刚度、稳定性、变形疲劳寿命及封水不泄漏等设计要求。每套伸缩节外设检修室，并布置了用于伸缩节检修和观测所必需的通道扶梯及平台。

伸缩节由上下游端管、中间接管、外套管、压圈、波纹管水封、橡胶填料水封、导流筒以及限位装置等组成。端管、中间接管、外套管的材料为 07MnCrMoVR，波纹管材料为 304 不锈钢，其他结构件材料主要为 Q345。伸缩节总长 3000mm，每套净重量约为 110.7t。因受现场吊装吨位的限制，伸缩节在运输、交货、储存时均分成两段（上游段和下游段，长度各为 1500mm），且每段吊装重量不大于 65t。

2. 项目要求与特点

（1）向家坝水电站是国家级的特大型重点工程，对伸缩节运行安全要求万无一失，因此本项目对设计、试验和制造质量都提出了严格的安全和质量要求。

（2）向家坝伸缩节的水封形式和三峡电站一样，均为波纹管水封 + 橡胶填料水封结构，其各项参数除了钢管直径略小于三峡电站之外，其他参数均高于三峡电站，特别是伸缩节的轴向位移是 20mm，为三峡电站的 2 倍；径向位移值是 13mm，为三峡电站的 4.3 倍。这给伸缩节的结构设计带来了许多新的困难，也使向家坝伸缩节的整体结构要比三峡电站更为复杂。

（3）为确保伸缩节运行安全，本项目要求对导流管的振动问题进行专题试验研究，并在试验研究的基础上对导流管进行结构优化。

（4）本项目要求：首件波纹管要进行型式检验（包括疲劳试验），由于直径大、压力高、位移循环量大，该项试验为目前国内最高参数的波纹管疲劳试验，其试验工装必须特制，试验难度也较大。

（5）本项目伸缩节结构比较特殊，制造、组装工艺非常复杂。由于一套伸缩节的焊接熔覆金属重量约为5t，不但焊接工作量很大，而且由于部分焊缝比较集中，焊接变形控制的难度很高，整个制造工艺过程的尺寸控制难度也很高。

（6）本项目要求：首台伸缩节必须进行水压试验，且水压试验压力为设计压力的1.5倍（2.25MPa）。这样大的巨型伸缩节水压试验难度较高。

3. 伸缩节设计

伸缩节采用"波纹管+橡胶"两道水封的方案，即结构形式为不锈钢波纹管加橡胶水封系统的套筒式双向伸缩节。

1）设计计算方法

（1）波纹管水封系统设计采用应力分析设计方法。应力分析设计主要设计依据为 GB/T 12777—2008《金属波纹管膨胀节通用技术条件》，并参考 GB/T 16749—2018《压力容器波形膨胀节》、EJMA《美国膨胀节制造商协会标准》。

（2）伸缩节的其他简单结构受力部件、焊接节点、防腐等设计按照现行的机械、水利、电力和国家标准及规范进行设计。对于带加强筋板的复杂结构受力部件采用有限元方法计算。

（3）伸缩节对伸缩节检修室两端墙处钢管的影响（应力、变形等）采用有限元方法计算。

2）总体结构（见图3-4）

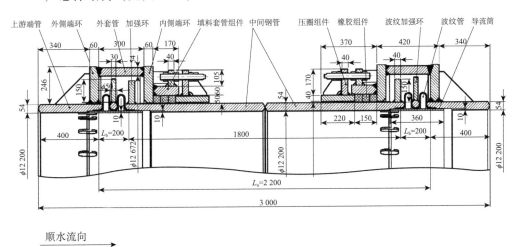

图3-4　波纹管水封+橡胶填料水封结构剖视图（单位：mm）

（1）波纹管水封结构。根据伸缩节变位特点，波纹管水封系统的结构采用复式自由型，波纹管水封系统（即膨胀节）的两个端管即为伸缩节的上游端管和下游端管。

波纹管采用薄壁、多层、加强U形的形式，材料为SUS 304不锈钢。

在波纹管外侧，上下游各设置了一个加强保护外套管，这个外套管同时也是橡胶填料水封的压力边界和支承座。

为保护波纹管并减少波纹管段内表面对水流流动的影响，在上下游波纹管段的钢管内侧各设置了一个加厚的导流筒。导流筒采用一端焊接、一端悬臂的永久性结构，其优点是连接可靠。在每个导流筒的环焊缝上，沿圆周还设置了96块阻裂板。导流筒和阻裂板的材料均采用Q345-R（或Q345-C）。

（2）橡胶填料水封结构。橡胶填料水封是当波纹管水封发生泄漏时才作为第二道压力密封边界起作用的。在结构上，填料套管组件是焊接固定在波纹段外套管的内侧端环上。填料套管和填料压圈均为筋板加强的组件结构。

压圈压紧螺栓为M36mm双头螺栓，上下游每个压圈上沿圆周各设置96组螺栓。

用于密封的填料组采用组合橡胶结构（普通橡胶+遇水膨胀橡胶+普通橡胶）。

（3）其他结构。为防止因上下游填料阻尼不一致引起单侧波纹管位移过大的现象，在伸缩节上沿圆周共设置了上下游各24组双向限位装置，限位推杆头部是M85mm的调节双螺母。

为便于检测，在伸缩节上下游波纹管段外套管的底部各开设了一个带可拆式堵头的信号孔。

（4）伸缩节室布置情况。伸缩节室包括伸缩节检修和位移观察所必需的通道扶梯及平台，主要有下观察平台、直梯、上观察平台、上半圆扶梯等。上述附件装置均通过膨胀螺栓锚固在伸缩节室的地坪和边墙上。伸缩节室布置见图3-5。

4. 导流筒的水动力试验和结构优化

在伸缩节设计审查会议上，为避免出现三峡伸缩节导流筒在水流作用下疲劳破坏，造成导流筒出现裂纹和局部脱落现象，业主及有关专家提出对伸缩节进行水力学模型试验，并在此基础上优化导流结构的设计。该项工作后来由业主直接委托南京水科院进行，具体要求如下：

通过伸缩节导流筒水力学模型试验及计算分析，评估现有的导流管设计方案在结构和性能上是否能满足向家坝水电站设计和运行的要求（主要指导流管在水流冲击下的强度、刚度、振动等是否满足运行安全条件）。

通过伸缩节导流筒水力学模型试验及计算分析，对现有的导流筒结构方案提出具体的优化和改进建议，并对专家提出的有关问题进行评估。

2011年1月，南京水科院完成了项目工作，成果于2月26日在南京通过了专家会议验收。设计单位主要改进措施有：

（1）在导流管上开设平压孔后，动水压力和水弹性振动响应没有明显变化，同时考虑到伸缩节内波纹管部位拟放置填充物，可以考虑不设平压孔，但要保证导流筒端部与管壁间留有足够间隙。

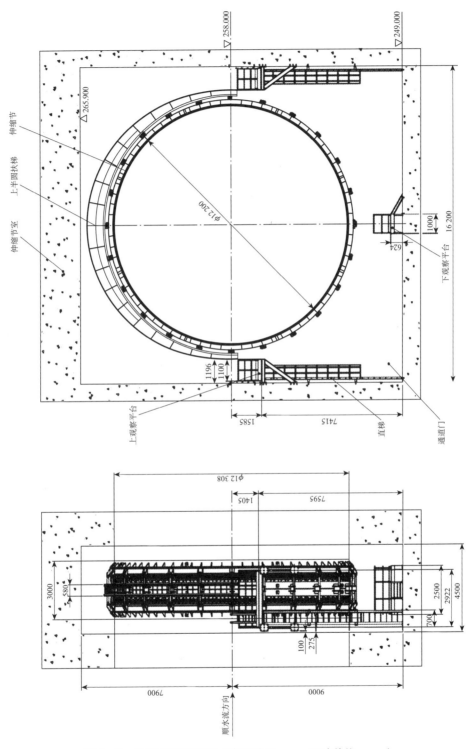

图 3 - 5　伸缩节室布置图（高程单位：m；尺寸单位：mm）

（2）为保证导流筒首部焊缝的疲劳强度，建议采取以下措施：①采用等强度匹配原则，选择合适的焊接材料和工艺；②焊缝质量要求采用 ISO 5817 焊缝质量等级 B 级标准；③对焊缝进行 100% 的 X 射线探伤；④焊后对焊缝进行去应力处理（超声冲击处理）；⑤对焊缝部位进行适当防腐处理。导流筒首部焊缝质量对于确保伸缩节的安全运行具有重要意义，必须采取有效措施，严格保证焊缝质量。

（3）鉴于试验模型与原型、试验条件与实际运行工况的差异，可考虑对伸缩节部位埋设必要的观测仪器，以便于运行中的监测分析。

5. 波纹管型式检验

1）型式检验项目

波纹管先进行试生产 2 件，第 2 件用于型式检验，型式检验项目见表 3-1。

表 3-1　波纹管型式检验项目表

序号	项目	试验方法	合格标准
1	外观检查	目视及放大镜进行外观检查	（1）焊缝无规定的缺陷，且呈白色、金黄色或浅蓝色； （2）外观无裂缝、焊接飞溅物，无大于板厚下偏差的划痕和凹痕
2	尺寸检查	用精度符合公差要求的量具（卷尺、卡尺）	波高、波纹长度、波峰外半径、波谷内半径、直边段外径周长都符合标准
3	焊缝探伤	管坯焊缝进行 100% 渗透检测	符合 GB/T 12777—2008 中 5.5.1.2 条规定
4	疲劳试验	内压 1.5MPa 循环位移 ±27.07mm	循环次数大于 2000 次，无穿透壁厚的裂纹

为了解波纹管的实际疲劳寿命安全裕度，在型式检验第 4 项疲劳试验完成后，继续进行疲劳破坏试验。

2）疲劳试验装置

图 3-6 是波纹管疲劳试验装置的三维俯瞰图。

疲劳试验机安置在环形基座上，内侧为一个钢板复合钢筋混凝土的内衬圆筒，沿圆周设置了 16 组循环拉压油缸。为保证 16 组油缸的循环同步，液压系统设置了分路调速系统。为保证循环位移的轨迹曲线和平稳，在每组油缸的伸出远端还设有杠杆式导向装置。疲劳试验装置结构形式见图 3-7。

由两个波纹管串联焊组而成的试验件按图示位置装入疲劳试验机中，并将试验件的内套管上部和试验机的内衬套管之间焊接连成一体。调整循环位移量不小于 ±27.07mm。

3）疲劳试验情况

（1）型式检验疲劳试验。试验内压 1.5MPa，循环位移量不小于 ±27.07mm，循环位移频率 3~4 次/min，试验过程中由检验人员值班观察压力变化情况，进行记录，并不断在外围进行巡视。当记录循环次数达到 2000 次以上时，经检查确认波纹管无渗漏、无异常变形后试验结束。

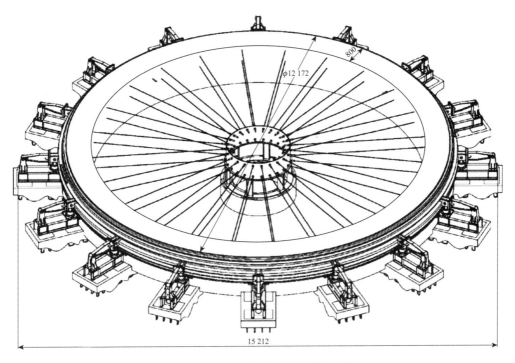

图 3 – 6　波汶管疲劳试验装置三维俯瞰图（单位：mm）

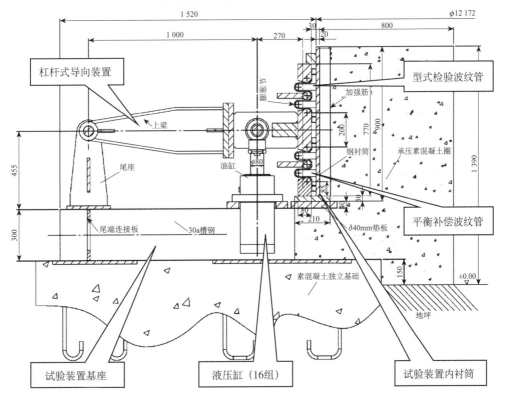

图 3 – 7　波纹管疲劳试验装置结构形式（单位：mm）

（2）疲劳破坏试验。型式检验疲劳试验完成并经监理确认后，继续进行波纹管疲劳破坏试验。疲劳破坏试验的工作参数和型式检验时相同，当记录循环总次数达到9412次时，发现试验波纹管外侧出现渗漏点，且内压出现下降，监理到现场进行验证后试验全部结束。

对经过疲劳试验的波纹管试件进行切割，做报废处理。

6. 波纹管制造工作情况

1）波纹管制造的主要程序

波纹管制造的主要程序见图3-8。

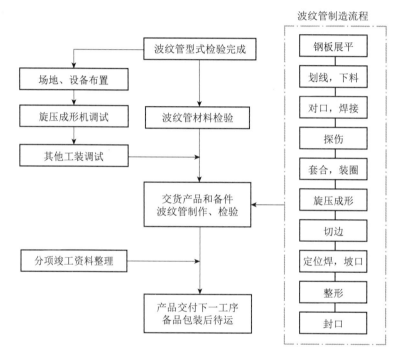

图3-8 波纹管制造主要程序

2）波纹管制造、检验中的关键工艺技术说明

向家坝水电站伸缩节波纹管的结构（两波，带波纹加强环）比三峡工程伸缩节波纹管的结构（单波）复杂，其制造难度大大增加，以下对波纹管制造、检验中的关键工艺环节做简要说明。

（1）波纹管薄板自动焊接。为保证波纹管管坯纵焊缝不锈钢薄板的焊接质量，采用自动氩弧焊焊接。焊接在专用的焊接设备上进行，不填充焊丝，焊接按WPS-50工艺要求进行。焊后先进行外观检查，管坯纵焊缝焊后进行100%渗透检测。焊缝检验合格后进行酸洗钝化处理。

（2）波纹管旋压成型。旋压成型是在原有滚压成形方法的基础上，吸收了旋压成型的优点而发展起来的成型方法，其原理是：波纹管安装在上、下环梁之间，而环梁由沿圆周安装的若干组电动旋轮带动旋转，波纹管在旋转中通过成形轮被旋出波形。

由于旋压成形是在干燥、洁净的环境中进行的，不会有水或污染物进入多层波纹管的层间，因此采用旋压成形对保证波纹管和钢管的连接环焊缝质量有很大的好处。

（3）波纹管管口的整形工装。旋压成形后的波纹管在下架前其几何尺寸必须符合图纸规定的要求，波纹管下架后还要进行切边、坡口和定位焊，因高温融化和环境骤冷的影响，在切边和定位焊时，波纹管管口会产生缩口（缩边）现象，通常天气越冷，缩口越明显。为了使波纹管管口尺寸恢复到图纸规定的偏差范围内，需要对波纹管管口进行整形。

波纹管管口整形工具一般不能通用，必须特制。在第一批波纹管制造时，现场人员曾尝试采用手工方式进行整形，但效果不理想。之后，改进并着手进行专用整形工具的制作、调试。改进后的工具见图 3 − 9，现场使用下来情况较好。

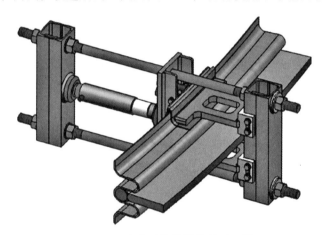

图 3 − 9　改进后的波纹管整形工具

7. 伸缩节制造

1）伸缩节制造工艺流程

伸缩节分成端管、中间接管、波纹管、外套管、压圈等 5 个部分，制作顺序为首先进行单个构件的制作，然后进行整体组装。

单个结构部件的制作工艺流程见图 3 − 10。

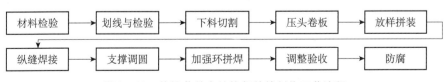

图 3 − 10　伸缩节单个结构部件的制作工艺流程

整体组装工艺流程见图 3 −11。

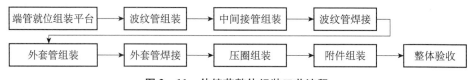

图 3-11　伸缩节整体组装工艺流程

2）伸缩节制造的关键工艺说明

向家坝工程伸缩节结构比三峡工程伸缩节结构更复杂，焊缝非常密集，因此其制作难度大大增加。伸缩节制造过程中的关键工艺简要说明如下。

（1）瓦块的下料、成型及管节周长控制。由于伸缩节周长公差较严格，管节理论周长为 38 667mm，周长偏差仅为 ±10mm，每个管节包括 3 条纵缝的焊接、外侧加强环及筋板的焊接，由于焊接收缩受多方面因素的影响，存在不确定性。为了控制管节的周长尺寸，主要采取以下两种方法：

① 在管节组圆时先焊两条纵缝，根据两条纵缝焊后收缩的情况再切割第三条缝的余量，确定最后的周长。

② 一圈加强环由 20 块组成，20 块加强环对接缝焊接后的收缩将造成管节周长的收缩，为了降低加强环对接缝收缩对周长收缩的影响，对加强环每 5 块先在地面进行拼装焊接，然后再与管节整体组拼。通过采用以上方法，加强环焊接对管节周长的收缩显著降低。

由于伸缩节端管、压圈、外套管、填料套管、中间接管下料形状均为细长部件，单块长度达 13m 多，而宽度很小，如阻尼套管宽度只有 0.17m，为了控制细长件切割收缩变形以及卷板时的扭曲变形，细长件下料时长度方向每间隔 1m 左右留 100mm 不割断，两块或多块一起卷板，待卷板成型后将连接处割断。

瓦块卷板时先进行压头处理，再进行卷板，卷板的方向和钢板的压延方向一致；卷板时每次上辊压下量不可过大，一般反复 3~5 次弯卷成型，每次卷制逐渐减少上辊的压下量，在卷制过程中不断用标准弧度样板检查比较，以免卷制过头。卷板后，将瓦块自由立于平台上，用 2m 的弧度样板检查其弧度，样板与瓦片的间隙不超过 2mm。

（2）伸缩节焊接工艺技术。由于一套伸缩节的焊接熔敷金属重量近 5t，焊接工程量极大，焊接变形的控制难度很高。为严格控制焊接变形，管节的纵缝焊接顺序由焊接技术人员根据管节焊接前的弧度实际情况进行现场调整和技术交底，焊接过程中经常用样板检查管节的弧度和根据弧度变化调整焊接顺序。法兰、加强圈、加筋板、压圈焊接时根据 WPS 规定的焊接工艺、分段跳焊和多层多道焊等手段来控制焊接变形。上述焊接工艺措施使管节的变形得到了很好控制。

波纹管与端管和中间管的焊接为异种钢焊接，焊前进行了焊接工艺评定，并经机械性能试验合格。焊接采用钨极氩弧焊打底，药芯焊丝气体保护焊填充，再采用钨极氩弧焊盖面，既提高了焊接效率，也很好地保证了焊缝外观质量和内部质量。

（3）波纹管的组装。波纹管与端管和中间接管内表面相接，在制造时为保证波纹管能方便装入，波纹管周长一般控制为负偏差，而钢管制造时一般为零位或正偏差，因此波纹管装入后会存在一定的间隙。为保证波纹管与端管或中间接管贴紧，首先按 4 等分调整间隙点焊，再按 8 等分、16 等分、32 等分、64 等分依次点焊。压缝时压缝工具与波纹管之间垫紫铜垫板，以防止对波纹管造成压痕；然后用钨极氩弧焊点焊和使用特制紫铜锤锤击敲打，使波纹管与端管及中间接管进一步紧贴，消除了波纹管与端管及中间接管装配间隙。在正式焊接过程中也用特制紫铜锤锤击敲打，以避免波纹管焊接角变形，并使波纹管 4 层紧贴。点焊间距约为 200mm，点焊时分段对称进行，避免了间隙集中。

（4）导流筒拼装质量控制。导流筒与钢管环向只有一端连接，另一端为自由端。由于焊接收缩变形，焊接后自由端一侧会向内翻。导流筒拼装焊接质量控制的重点是减少其向内翻。导流筒分 6 块下料与端管、中间管进行组装，其拼焊采取了以下措施：①导流筒下料后必须检查其直线度和对角线尺寸，若有变形必须进行校正后再进行卷板。②卷板严格控制弧度，当有扭曲时进行校正。③导流筒与端管或中间管拼装坡口从 60°减小为 50°，坡口间隙控制为 2mm 左右，以尽可能减小焊接填充量。④焊前用伸缩节内支撑将导流筒自由端撑住，并在每两根内支撑之间采用刹铁将导流筒与端管或中间管调整固定。⑤焊接过程中采用小焊接规范、分段跳焊等焊接方法，将焊接变形控制在最小。导流筒装配由于为单侧焊缝，焊接变形控制难度很大，通过采取以上措施，保证导流筒焊接变形在 DL/T 5017—2007《水电水利工程压力钢管制造安装及验收规范》标准公差范围内。

（5）外套管与端管环缝焊接变形控制。根据第一套外套管与端管焊后，端管管口出现未预见的向外翻的情况，为了减小端管管口外翻的变形，对于后 3 套伸缩节外套管焊接主要采取了以下控制措施：①将外套管与外侧加强环的焊接坡口由 36°减小为 30°，以减少焊接填充量。②焊接时在端管内表面靠加强环位置用内支撑撑住，减少焊接收缩。③在端管与平台接触一侧外圈加挡板，进行刚性固定。④焊接预热温度控制在 70℃左右，焊接层间温度不超过 150℃，采用沿圆周分段跳焊、镶边焊并采用小线能量焊接等方法，以减少焊接变形。通过采取以上措施，端管管口控制在了合格范围内。

（6）伸缩节水压试验。根据招标文件及合同要求，首台伸缩节波纹管进行了水压试验，以检查伸缩节设计和制作是否达到使用要求。伸缩节水压试验的极限压力为 2.25MPa，水压试验时水温在 5℃以上。水压试验状态为伸缩节采用立式放置，波纹管与端管已焊接完成。在端管和中间接管内侧焊接环板，用围筒与环板焊接，以形成密闭空腔，通过电动试压泵加压进行波纹管的水压试验。试验程序如下：

启动电动试压泵逐步向试验环内加压，加压过程中随时检查泄漏、试验水压情况，若有异常情况及时进行处理。压力缓慢上升到 1.0MPa，进行全面检查；确认没有问题后压力再缓慢上升到 1.5MPa，保压时间 10min，并进行全面检查；确认没有问题后进一步加压到 2.25MPa，保压 30min，仔细检查是否存在泄漏等异常情况；如无泄漏，经确认后利用上部排气阀将水压降至 1.5MPa，保压时间 10min 后降到零，水压试验结束。

（7）整体组装。由于在单件制作时严格控制了各项尺寸，因此整体组装都比较顺利。波纹管组装焊接合格后，调整端管和中间管节圆度至设计规范范围内，然后将外套管套入中间接管内，将外套管与中间接管的间隙调整均匀，外套管与端管组装错边等满足要求，转入焊接工序。然后组装压圈，压圈的圆度必须在自由状态满足规范要求，压圈从中间接管管口套入，组装注意按照配钻孔时的位置轴线对齐，套入后安装好螺栓。最后安装外侧连接装置。

（8）结束语。向家坝左岸坝后厂房引水压力钢管伸缩节通过公开招标采购，项目包括伸缩节的设计、试验（型式试验、水压试验）、结构件制作、组装运输等。由上海永鑫波纹管有限公司中标，其中结构件制作、组装运输由上海永鑫公司委托水电八局安装分局三峡机电制造安装项目部完成（制造场地为湖南湘阴）。导流筒的水动力试验由业主委托南京水科院进行。

从 2010 年 5 月 21 日签订合同到 2011 年 10 月 31 日最后一套伸缩节制造完成，交货验收，历时 17 个月。通过业主、工程设计单位、制造监理、制造单位共同努力，圆满完成了制造任务，设计及制造质量满足招标文件及合同要求。同时，在制造过程中也出现过一些问题，如波纹管旋压成型后由于未考虑温度影响，下料余量不足产生缩边现象，报废了一只波纹管；第 3、4 套伸缩节在制造过程中将端管上、下游侧对调，未考虑存在的风险，也未通报，造成与压力钢管对接的纵缝形成了"十"字焊缝（该问题已经妥善处理，具体处理过程见"5·4 伸缩节"十"字焊缝问题"）。

目前，4 套伸缩节均已安装完成，其中 1～3 号机组已发电，伸缩节运行状况良好。

3.4.3 中孔弧形闸门制造工艺

1. 概述

向家坝水电站每条泄洪中孔设置 1 道弧形工作闸门，共 10 槽 10 扇，孔口尺寸为 $6m \times 11.259m$（宽×高），设计水位为 380.0m，操作水头为 83.475m，底坎高程为 296.525m，支铰高程为 306.5m，总静水压力为 58 771kN，面板曲率半径为 20m（约为孔高的 1.78 倍）。闸门结构按纵向分为左、右两块，节间用高强螺栓连接，且门叶与支臂、支臂与铰链间均设计采用高强螺栓连接，避免现场焊接引起的二次变形。详见弧形闸门结构示意图（图 3 – 12）。

弧门总重 350t，单片门叶 53.5t。闸门由箱形主纵梁、小纵梁、小横梁、边梁及面板组成门叶梁系焊接结构，门叶结构采用焊后整体退火处理以消除焊接应力及变形。门叶面板、左右门叶连接面进行机加工，面板表面铺焊 4mm 不锈钢板。支臂为

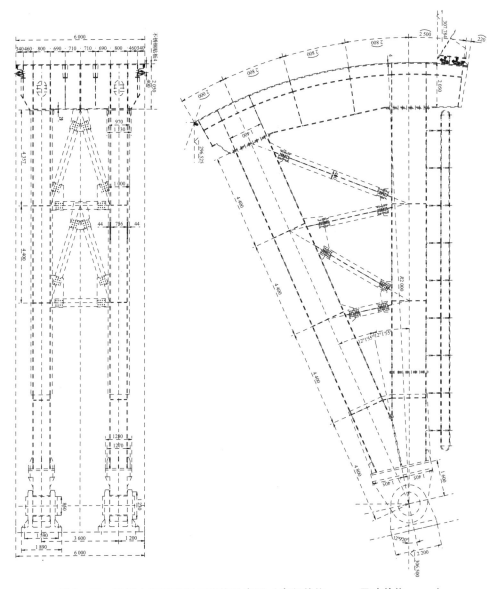

图 3-12　泄洪中孔弧形闸门结构示意图（高程单位：m；尺寸单位：mm）

箱形断面焊接结构，焊后整体退火处理消除焊接应力，板厚 44mm，断面尺寸 1.81m×1.13m，上、下、左、右支臂支杆间由连接系连成整体，上支臂在"裤衩"处用法兰螺栓连接。左、右门叶在工地安装后弧面拼缝为 V 形坡口水密焊。支铰轴承采用进口优质自润滑圆柱轴承。轴承的实际受力特征：径向载荷为 38 000kN，轴向载荷为 1900kN，旋转角度为 46°，支铰轴承最小直径为 φ850mm，滑动面为青铜合金镶嵌固体润滑材料。闸门侧止水为方头 P 形预压止水，顶止水设两道，一道设在门楣埋件上的转铰止水，另一道设在门体上 P 形止水。

2. 主要技术特点

向家坝泄洪中孔弧形闸门制造技术高，面板机加工量大，面板表面贴焊奥氏体不锈钢新技术工艺，其技术要求和质量标准高。主要技术指标：门叶、支臂和铰链在厂内整体组装后，对面板机加工 $Ra12.5\mu m$，在整体加工后的门叶面板表面上贴焊厚度 4mm 的不锈钢板，焊接后不锈钢外表面粗糙度不大于 $Ra3.2\mu m$，面板外缘的半径公差小于 2mm，面板横向直线度 1.5mm，门叶的吊耳孔组焊后整体镗孔。技术研究与重点分析如下：

1）工艺曲率半径确定技术及门叶组焊技术

门叶结构形式为主纵梁分布，门体曲率半径及扭曲是控制变形的重点，若整体组焊成型后尺寸不合适，将难以修复和调整。

门叶面板、节间端板需焊后整体加工，在弧形闸门制造中，焊接量大，且焊缝集中布置在面板内侧，焊接过程中产生的弯曲、扭曲、波浪变形、角变形等严重影响着闸门制造相关尺寸控制（如主纵梁中心距、门叶扭曲、面板的弧度和直线度等）。设计合理良好的组装与焊接工艺，控制门叶结构的组装及焊接质量，满足加工要求至关重要。

2）整体退火技术

门叶焊后的整体消应力退火热处理，单节门叶为细长弧形构件，在高温下易产生扭曲变形，如何控制门叶变形是关键。

3）弧门机加工技术

整扇弧门需机加工部位非常多，门叶加工部位有面板、左右分半面、侧止水面、与直臂连接的法兰面；直臂加工部位有与门叶、活动铰链连接的法兰面。左右门叶采用高强度螺栓连接，结合面有 234 - ϕ25 高强螺栓连接孔，其中有 50 - ϕ25 铰制销孔，其铰孔精度要求高，螺孔错位使左右门叶错位，直接影响门叶止水效果，如何采取措施保证群孔钻铰精度达到设计要求是该项目研究技术问题。

4）面板贴焊不锈钢技术

中孔弧形闸门面板采用了碳钢面机加工后贴焊 4mm 奥氏体不锈钢板，其技术在国内水工闸门上实属罕见。面板表面贴合不锈钢后，其外弧面横向直线度和弧面轮廓度直接关系到弧门止水效果，贴合密实度直接影响到弧形闸门在高水位状态弧门抗冲刷和抗空蚀的能力。

3. 工艺研究与应用

针对该弧形门的结构特点及技术难点，参建各方对该项目高度重视。在技术准备阶段，召开专题会，对制造过程进行了深入研究及论证；制定工艺方案时，编制了详细的工艺文件，设计创新了成套的加工设备及工装。成功解决了弧门半径缩放值、闸门整体消应力热处理变形控制、整体机加工画线、弧门吊装立拼、弧门面板机加工、弧门结合面钻孔、面板贴焊奥氏体不锈钢等技术课题，圆满完成了弧形门制作，保证了工程需要。

1）弧门曲率半径缩放值的研究与应用

弧形闸门为曲面型结构，焊接后有收缩变形趋势，制造首先要计算确定门叶工艺曲率半径，门叶焊接收缩变形量与梁系结构的布置、焊缝布置、门叶截面尺寸、装配工艺和焊接工艺有关，须综合考虑上述因素确定工艺曲率半径。

从门叶焊缝分布情况看出，门叶整体焊后曲率半径呈缩小趋势，必须预留合适的反变形量才能保证焊后面板曲率半径。门叶在卧拼焊接时，焊缝主要集中在面板侧，面板上焊后收缩反使面板弧度变大，弧门曲率半径呈变大趋势。若按常规确定曲率半径放大值是完全不合适的，为保证门叶焊接后曲率半径符合设计要求，需通过技术改进确定面板工艺曲率半径适当缩小的方法。

弧门经焊后到退火热处理完检测，门叶曲率半径缩放值设计方法及焊接收缩余量的计算确定是非常合适的，机加工后检测面板厚度控制在 $35.5 \sim 38.2$ mm，完全满足设计板厚 $\delta 36$ mm 要求。实践证明，这种曲率半径设计方法与 CO_2 焊接相结合，门叶焊接变形小，有效地控制了门叶焊接变形，提高了工效。

2）门叶卧拼焊接技术研究与应用

门叶组焊控制是弧门制作关键工序，门叶组焊尺寸控制直接影响到门叶检测重要指标项门叶直线度和弧度轮廓度，中孔弧门门叶重量为 108t，研究制定详细可行的组焊工艺和设计制造牢固的精度高的胎模是门叶卧拼时尺寸控制的有力保证措施。根据门叶曲率半径设计搭设两套专用门叶整体卧组焊胎模，卧式胎模与制造铸件的模具一样非常重要，它直接影响到弧门门叶制作质量，胎模制造要科学、精确施工，曲率半径形位精度不大于 1mm，卧式组焊胎模既是组装基准，又作为门叶检验基准。门叶卧式组装胎模见图 3 - 13。

门叶整体焊接焊缝较多，为减少闸门因焊缝过分集中而引起的焊接变形，根据主纵梁式弧门结构特点将主纵梁、小纵梁、横梁作为部件单独组焊，矫正合格后与门叶装配焊接，可以减少门叶整体焊接量，从而减少焊接变形。

左右门叶采用整体组焊方法，左右门叶相互制约，使门叶相关尺寸变化一致，有利于控制门叶各相关尺寸，从而保证门体整体焊接后成型质量。在门叶整体组焊过程中，将门叶面板点焊固定在胎模上，控制面板与胎模面的间隙，可降低门叶焊接变形，同时便于在门叶焊接过程中监测。

门叶整体焊接全部采用焊接线，能量小于 CO_2 气体保护焊，能阻止门叶受热变形，焊接时将左右门叶分别划分两个区域采用偶数焊工施焊，由中心向两端分段对称施焊。为减少面板在焊接时的变形量，在纵主梁腹板、纵小梁腹板与面板间的 T 形焊缝焊接过程中采用风铲振动消除应力。

从产品检验结果来看，该工艺是可行和成功的，焊接变形得到了很好控制，面板横向直线度均控制在 4mm 以内，节省了大量的焊后矫正工作，提高了生产效率。

3）门叶整体退火热处理变形控制研究与实施

门叶整体退火热处理主要目的是消除焊接应力，向家坝泄洪中孔弧形门门叶的

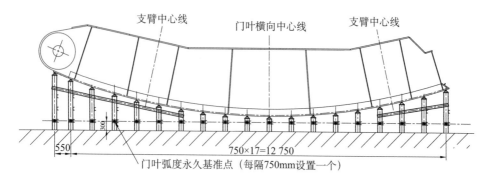

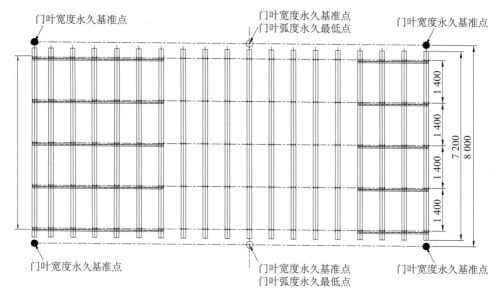

图 3-13　门叶卧式组装胎模示意图（单位：mm）

结构尺寸和重量大，且数量多，若受热不均匀或装炉不当，将造成门体变形尺寸超差，直接影响门叶机加工质量及生产进度。该门叶变形趋势为：单节门叶为非对称结构，分半连接面支撑隔板间距 2800mm，刚性相对较差，在高温下会产生大波浪变形；单节门叶为细长弧形结构，门叶若平卧（面板朝下）支撑不当，在高温下门叶会因自重发生下坠变形，造成门叶曲率变大。

　　为控制好门叶退火热处理变形，对分半连接面进行支撑加固增强刚性，门叶侧卧（连接面朝下）置于热处理炉的平板车上并保持约 200mm 距离，多点支撑保持水平，使门叶受热均匀；合理控制炉内温度和热处理时间。

　　设计了弧形门整体热处理退火工艺及合理的支撑方式后，使非对称结构的单节门叶在退火过程中均匀缩放，有效地解决了门叶热处理变形，保证了门叶热处理后面板轮廓、曲率半径及连接端板在预计的控制指标内，节省了门叶矫正工序，为门叶面板顺利机加工打下了良好基础。

4）门叶面板机加工方法与加工装置设计研究与应用

弧门面板曲率半径 $R = 20\ 000$mm，门叶宽度为 6m，门叶弧长为 13m。门叶面板、分半连接面和门叶连接的 234 - ϕ25 螺孔是门叶加工的关键部位。10 扇弧形门总加工面积为 1643.4m^2，相当于 4 个标准篮球场的面积，其中弧门面板加工面积为 790.5m^2。弧门面板不仅机加工面积大且加工技术要求高。从制造工期分析，面板机加工是制造工期瓶颈，仅有的数控镗铣床加工 10 扇门叶至少需要 8 个月时间，不能满足交货工期。

（1）面板机加工方法设计思路。

一般大型水工弧门面板机加工最常用的方法是，门叶在立式状态下切削装置绕过支铰中心转动，刀具沿加工件移动进行切削加工，或购置数控镗铣床加工面板。

泄洪中孔弧门面板机加工后再铺焊 4mm 奥氏体不锈钢板，采用常规弧门立式状态下用工装机加工面板方法，增加了门叶立拼工序（即门叶面板机加工后从立拼拆下铺焊不锈钢板，再立拼进行最后验收），因弧门结合面及面板均要机加工，仅采用数控镗铣床加工面板远不能满足设备交货工期要求。为了满足生产的需求，结合中孔弧门的结构特点及面板铣削加工要求，通过创新和优化，合理利用原有的机加工设备，研究设计了两种弧门面板加工装置同时进行弧形门面板机加工，解决面板机加工的工期瓶颈问题。

（2）弧门面板侧卧式圆弧机加工装置研究。

设计原理：铣床固定，单节弧形门叶侧卧，通过液压台车驱动门体绕支铰轴做定心圆运动，实现横向圆弧铣削，完成弧门面板曲率半径为 20m 的曲面加工。加工设备见图 3 - 14。此面板加工装置既可以横向圆弧铣削，也可以纵向铣削。本项目采用横向圆弧铣削。

加工装置安装在室外，温度的变化对弧门面板的加工有一定影响。采取分片加工，每次铣削控制在 30 ~ 40min 以内，环境温差不超过 1℃，保证曲率半径误差小于 1mm，成功解决了因温度变化引起的加工误差大的技术难题。

（3）平卧式弧形闸门面板机加工装置研究。

设计原理：依据内接多边形画近似圆的原理，铣刀沿弧面的母线方向运动，铣床沿 R20m 基准轨道移动，实现多边形近似圆弧铣削弧门面板。加工设备见图 3 - 15。

两种弧门面板机加工装置具有结构简单、加工成本低、加工效率高的特点，两套装置同时加工面板，仅用了 3.5 个月就完成了 8 扇弧门面板的机加工。

5）超大型弧门面板贴焊不锈钢板的技术研究与应用

弧门面板（材质 Q345B）在整体加工后要贴焊厚度 4mm 的不锈钢板，材质为 $1Cr_{18}Ni_9Ti$，要求不锈钢板与弧门面板的贴焊间隙不大于 0.3mm，不锈钢板表面粗糙度不大于 $Ra3.2\mu$m。不锈钢板与曲面贴焊结构是我们首次遇到的新技术问题，贴焊的难点是如何确保不锈钢板贴合紧密、焊接牢固、焊缝耐磨。控制不锈钢板与面板的贴合间隙和防止面板产生焊接变形是关键技术难点。

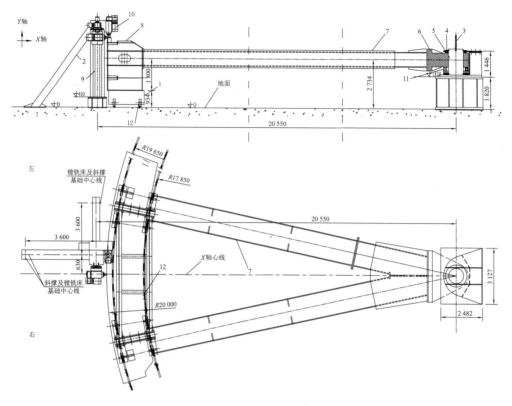

图 3 – 14 弧形面板侧卧式圆弧铣削装置（单位：mm）

1. 台车；2. 镗铣床斜撑；3. 测量轴；4. 工装铰座；5. 支铰轴；6. 活动支铰；7. 单片支臂；
8. 单片弧形门叶；9. 镗铣床；10. 水平铣削头；11. 推力轴承；12. 弧形轨道

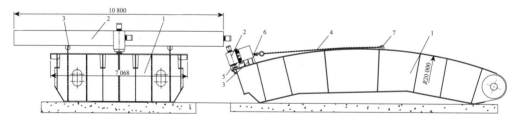

图 3 – 15 平卧式弧形闸门面板机加工装置（单位：mm）

1. 弧门；2. 移动式平面铣床；3. 弧形托板；4. 葫芦；5. 千斤顶；6. 吊耳；7. 吊耳

（1）不锈钢板贴焊的塞焊孔设计。

单片门叶宽度为 2.945m，弧长 13m。合同要求：不锈钢板的焊缝应布置在面板四周和弧门梁格腹板位置处，每块不锈钢板贴板上还需矩阵布置塞焊孔，焊缝应打磨光滑平整。

不锈钢板分块设计：单块门叶上不锈钢板设计成 1.27m×3m 小块，沿钢板延展方向卷成弧形状态与门体装配焊接，门叶宽度方向有 3 条纵向焊缝，横向对接焊缝交错布置，保证不锈钢板与面板贴焊牢固。

塞焊孔设计：须考虑孔径和间距，孔距偏大贴不严实，孔距太小焊缝集中产生焊接变形，影响面板形位公差，参考 JGJ 81—2002《建筑钢结构焊接技术规程》的相关规定，塞焊孔间距设计为 200mm × 250mm 呈梅花状交错布置。塞焊孔直径设计 $D_{大} = \delta + 11 = \phi15\text{mm}$。

（2）不锈钢板与弧门面板装配工艺设计。

工艺设计不锈钢板预卷弧使其卷弧半径比面板曲率半径（$R20\ 000\text{mm}$）略小。弧门面板朝上进行不锈钢板的装配。为保证不锈钢板贴合紧密，设计制作了专用的可移动式工装设备。采用自行设计制造的滚筒碾压工装进行不锈钢板的贴焊，滚筒的重量设计为 3t，以保证贴合间隙不大于 0.5mm。滚筒每次滚动约 200mm 左右，检查不锈钢板贴合间隙合格后，将不锈钢板点焊牢固，然后再进行下一次滚动，直到不锈钢板贴合完成。此方式具有结构简单可靠、操作方便、贴合效率高的特点，见图 3 – 16。

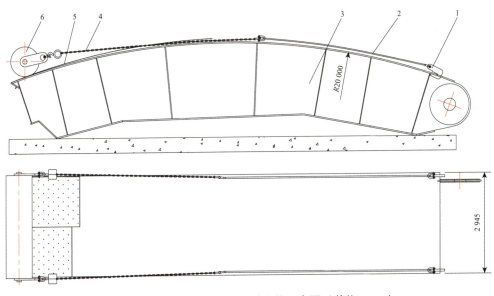

图 3 – 16　面板装配不锈钢工装结构示意图（单位：mm）
1. 挂钩；2. 钢丝绳；3. 弧门；4. 葫芦；5. 不锈钢板；6. 滚轮

（3）不锈钢板与弧门面板焊接工艺设计。

不锈钢板贴焊采用手工电弧焊和半自动 MIG 焊（熔化极惰性气体保护电弧焊）相结合的方式进行，塞焊孔的焊接采用焊条，不锈钢板对接焊缝及周边角焊缝的焊接采用 MIG 焊。不锈钢焊条选用 A307，不锈钢焊丝选用 E309LT1-1，这两种焊材的化学成分与 $1Cr_{18}Ni_9Ti$ 和碳钢化学成分相匹配。不锈钢板与面板的焊接全部采用 CO_2 气体保护电弧焊。

焊接顺序及方法设计：先焊接塞焊孔，再焊接对接焊缝，最后焊接四周角焊缝。

塞焊孔采取从内向外和跳焊相结合的焊接方式，对接焊缝及四周角焊缝采取从中间向两侧和间断焊相结合的焊接方式。

通过以上方案，10套弧门面板的不锈钢板贴合间隙均在0.3mm以内，不锈钢板焊接过程中未产生鼓包现象，检测弧门面板横向直线度小于1mm。

（4）不锈钢板贴焊工艺验证。

不锈钢板与弧门面板间隙检测，中间部位主要是用木锤敲击，根据声音判定贴合密实度，四周采用塞尺进行检测。在产品实施前，模拟弧门结构按设计工艺制作了试件（试验尺寸为750mm×1500mm），对试件进行剖面检测，贴焊间隙为0.1mm，塞焊孔焊缝组织细密，未有裂纹、夹渣、气孔等缺陷，熔合质量好。试验证明，采用Cr、Ni含量高的焊材和小电流、快速焊的方法，可防止熔合区内的碳迁移，改善异种钢熔合区的质量，保证焊接接头的质量。

3.4.4 表孔弧形闸门制造工艺

1. 闸门的结构特点

泄洪表孔弧形工作闸门共12扇，闸门采用主横梁、3直支臂结构，门叶采用主横梁面板实腹式同层布置，支臂为箱形截面。门叶两侧各设置5套侧轮。与液压启闭机连接的吊耳布置在下主横梁两端后翼缘板上。支铰支承在悬出两侧墙的混凝土牛腿上，门叶与支臂、支臂与支铰、支铰与埋件均采用螺栓连接。门叶的吊耳孔组焊后整体镗孔，以满足闸门整体组装要求。

表孔弧形闸门制造重点、难点及对策见表3-2。

表3-2　表孔弧形闸门制造重点、难点及对策

序号	制造重点、难点	对策
1	三直支臂整体的角度控制	先分成上、中、下及连接等几部分箱形梁构件制作，构件制作完成后进行支臂的整体组拼，为了控制三支臂的夹角采用经纬仪进行精确放样、焊接"裤衩"位置及加工后端板
2	液压启闭机连接吊耳孔的加工及同轴度、倾斜度控制	弧门整体组拼，调整合格后进行吊耳孔的放样、加工
3	门叶与支臂连接端板间隙的控制	弧门整体组拼分两次，第一次组拼放样切割支臂余量，确定前端板加工基准，然后拆除支臂进行前端板的焊接、加工，再进行第二次组拼

2. 闸门制造整体方案

门叶、支臂均分别制作，支铰整体外协，最后门叶、支臂、支铰整体组拼。组拼分两部分进行，第一部分为三主梁间的门叶进行侧向组拼（1~6节）；第二部分为顶节主梁至最顶部门叶在胎模上进行焊后、调校、组拼、检测（6~10节）。

1）闸门制造主工艺流程

门叶、支臂制作时先将 T 形梁、箱形梁单独预制。整扇门叶在弧形胎模上进行整体拼装、焊接，然后切割、解体进行单节门叶的调校。支臂分上、中、下三部分制作，然后放样组拼"裤衩"位置拼装焊接成整体，切割上支臂，加工支臂后端板。门叶、支臂、支铰单件制作完成后进行第一部分的侧向组拼，拼焊加工支臂前端板，再次组拼调整各尺寸并画出吊耳孔的加工基准线（验收、解体后进行加工），然后验收。详见表 3 - 3。

表 3 - 3 泄洪表孔弧形工作闸门制造主工艺流程表

工艺流程	工作内容	工作重点	投入主要设备
前期准备工作	● 技术准备 ● 外协外购件定购 ● 材料到货检验	● 材料材质证明复核 ● 钢材表面、内部质量检查 ● 外协件的加工尺寸及内部质量	● 探伤检测设备
构件预制	● 面板成形 ● T 形梁、箱形梁拼装，支臂梁拼装，焊接，校形	● 构件尺寸极限偏差和形位公差要求 ● 焊接顺序、焊接工艺参数、焊接变形、焊接质量	● 数控、半自动切割机 ● 埋弧焊、气保焊等焊接设备、探伤检测设备 ● 校正机、油压机
弧形胎模搭设	● 矩阵式型钢立柱网，弧门工艺曲率相适应的弧形支撑板	● 胎模的曲率半径	● 水准仪、经纬仪、钢卷尺等检测设备
门叶整体拼装	● 面板铺设、调整放样，定出主、边、次梁位置 ● 按次梁、主梁、边梁、其他附件的顺序拼装	● 门叶的外形尺寸、扭曲、弧度、直线度 ● 支臂的外形尺寸、开口弦长、扭曲、直线度	● 水准仪、经纬仪、钢卷尺等检测设备 ● 龙门吊
焊接、校形	● 次梁、主梁、边梁组合焊缝焊接、校形 ● 支臂组合缝焊接、校形	● 焊接顺序、焊接工艺参数、焊接变形、焊接质量 ● 局部不平部、龟背、直线度	● 气保焊等焊接设备 ● 探伤检测设备 ● 油压机
放样、加工	● 门叶与支臂连接板平面及连接螺孔、止水螺孔 ● 侧轮座与门叶配钻螺孔 ● 支臂放样组拼后端板加工	● 连接板平面度、底侧止水螺孔距离偏差 ● 三支臂之间夹角、弧长等	● W200 镗床 ● 6m 平面铣床、磁座钻
整体大拼	● 支臂、支铰、门叶整体拼装 ● 支臂前端板加工，吊耳孔加工 ● 出厂验收	● 门叶组装总体尺寸 ● 铰轴孔、吊耳孔同轴度、倾斜度等 ● 端板把合间隙	● 水准仪、经纬仪、钢卷尺 ● 龙门吊 ● 自制动力头
门叶防腐、包装	● 表面预处理、热喷涂、涂装 ● 按产供货状态包装、标识	● 表面预处理质量、环境情况控制、涂层质量 ● 标识、附件保护及数量	● 表面预处理、喷涂设备 ● 温湿度仪、涂层测厚仪等 ● 龙门吊
发运	● 装车	● 装车牢固、平稳	● 龙门吊

2）工艺流程注意事项

（1）前期准备工作。做好技术准备工作。技术及制造人员充分熟悉图纸、合同有关内容，校核好图纸尺寸，编制材料采购计划和制造工艺流程，绘制工艺图纸，编写制造工艺措施。做好材料进厂的检验和保管工作。做好外购外协件厂家的比选，明确技术要求，严格质量控制。

（2）构件预制。为减少整体焊接时的变形，对弧门的 T 形隔板、箱形梁、面板进行预制。

（3）弧形胎模搭设。弧门门叶的整体组拼需要在弧形胎模上进行，弧形胎模的制备具体如下：

胎模结构采用矩阵式型钢立柱网（各型钢之间用角钢进行连接加固），并用与弧门工艺曲率相适应的弧形槽钢直接支撑门叶结构。各支撑点与弧门隔板、横梁位置相对应。拼装平台根据面板的弧度要求搭建成对应的弧度曲面平台，为了减小焊接收缩的影响，胎模的曲率半径适当进行放大，以保证门叶焊后满足弧度要求。在胎模四个角位置设检测标高，以进行弧门拼装、焊接过程监测。同时在胎模上设门叶纵、横向中心线及分节位置线，并做醒目标记。

（4）门叶整体拼装。门叶在弧形胎模上整体拼装，要注意拼装步骤顺序。先将面板吊上胎模，将胎模上的中心线和面板上的中心线对准后固定；整体面板拼制完成后，在面板上放出主梁、次梁等的组装线，打上样冲并标出面板周边余量；根据面板上的拼装线，吊装主梁、纵隔板、次梁，并控制主梁中心跨距；最后拼装其他小附件。

对拼装质量检查合格后，对所有焊缝进行一次工艺性的加固焊。

（5）支臂的拼装。支臂为箱形焊接结构，先进行单元预制。支臂拼装按支臂立视位置进行。拼装时，在拼装平台上画出支臂结构中心线及其交点位置，并以此作为拼装基准。支臂尺寸经检查达到要求后才可进行焊接。

焊接完后，按图纸以支臂中心为基准采用经纬仪放出三支臂间的夹角，以及"裤衩"端板位置，然后吊装三根支臂进行整体组拼，"裤衩"的拼装、焊接，然后放出后端板的加工样点，进行平面加工，与支铰的螺孔采用套模配装。

（6）门叶、支臂的焊接。门叶、支臂材料均为 Q345B，钢板对接主要采用埋伏焊（直径 $\phi 4mm$、牌号 $H08Mn_2$ 焊丝），其他采用 CO_2 气体保护焊（直径 $\phi 1.2mm$，牌号 $H08Mn_2SiA$ 焊丝）。

重视焊接准备，严格焊接程序和焊缝检验。

（7）加工。加工内容：主横梁与支臂结合面、支臂与支铰连接面，门叶的吊耳轴孔，侧止水座、侧轮座螺孔。

加工基准线及加工线的确定：①门叶焊接完成后进行门叶的调校，根据门叶组拼时的中心线确定主梁与支臂结合面的加工；支臂前端板在弧门整体组拼时进行放样，支臂后端板在支臂整体组拼放样。②门叶整体组拼、调整合格后以支铰中心及门叶主梁中心为基准进行放样。③以门叶中心为基准进行放样、拼装配钻螺孔。

加工方式与加工设备：门叶主梁与支臂的连接面采用 6m 平面铣床进行加工；支臂前、后端板采用 W200 落地镗床进行加工；吊耳孔采用动力铣削头进行加工；螺孔配装采用磁座钻加工。

（8）弧门整体组拼。由于弧门按图整体组拼后的高度尺寸达 28m，给吊装及安全防护带来很大的困难。为了保证产品的质量，减少吊装及安全问题，弧门分成两部分进行组拼。第一部分三支梁之间的门叶（1～6 节）侧向组拼，第二部分第三主梁与顶部门叶（7～10 节）在弧形胎模上组拼检测。弧门组拼见图 3－17。

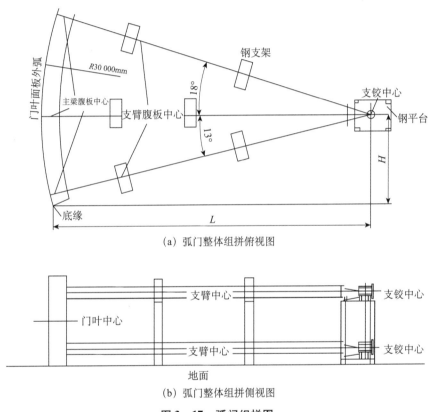

（a）弧门整体组拼俯视图

（b）弧门整体组拼侧视图

图 3－17　弧门组拼图

3.4.5　门式启闭机出厂验收

1. 概述

每台门式启闭机的组成包括小车、门架结构、大车运行机构、防撞测距报警装置、门机轨道和阻进器及二期埋件、夹轨器、防风锚定装置及埋件、液压抓梁（抓斗）及存放支架、电力拖动和控制设备等。

门式启闭机的出厂验收分为门架结构（含行走台车）验收、小车验收、电控设备验收和液压抓梁（抓斗）验收。

同类型首台设备的出厂验收由业主组织，一般由特邀专家、业主、工程设计单位、运行单位、安装单位、制造监理和制造单位参加，其他设备由监理部组织出厂验收。

2. 出厂试验要点

门式启闭机出厂试验至少应包括下面几点。

（1）各机构、总成装配的正确性及完整性检验，包括：①小车预拼装；②门架整体预拼装；③大车运行机构预拼装；④液压清污抓斗预拼装；⑤液压自动抓梁预拼装；⑥平衡吊梁预拼装。

（2）各机构及总成动作的正确性（包括夹轨器）。

（3）各机构试运转和各运动副的跑合。

（4）重要受力构件的焊缝质量检测。

（5）液压清污抓斗静平衡试验和水密试验。

（6）自动抓梁的静平衡试验和水密试验。

（7）平衡吊梁静平衡试验。

（8）门机外观和涂装质量检测。

（9）电气试验包括：①电气设备外观、盘柜内器件、配线检查；②电气参数与绝缘性能检测；③设备配置和接口检验；④电源测试、电压降测试；⑤PLC、变频调速装置性能和参数设置试验；⑥操作控制功能试验；⑦液压清污抓斗控制功能试验、电缆卷筒力矩整定试验；⑧液压自动抓梁控制功能试验、电缆卷筒力矩整定试验；⑨电气传动控制系统性能试验；⑩保护功能试验、显示面板功能试验、检测装置性能试验。

3. 结束语

严把出厂验收关是设备到工地顺利安装与安全运行的有利保障，是制造质量管理的集中体现，应高度重视。门式启闭机的出厂验收主要包括：检查和验证设备的主要技术参数和供货范围是否满足合同要求；检查设备的制造质量是否满足合同、标准和施工设计图样的要求；验证设备各主要部件和附件等装配的正确性、功能的符合性、技术资料的完整性等。

3.4.6 液压启闭机出厂验收

1. 概述

每台液压启闭机的组成包括油缸总成（包括油缸、支承、联门轴及相应附件、支铰轴承等）、机架及相应埋件、行程检测和指示装置、行程限位装置、液压泵站、液压管路系统、电气控制系统以及专用检修工具。按专业一般分为主机部分、液压系统、电控系统三部分，一般由三家单位分别制造（也有两家单位或一家单位承担的情况），合同主体为主机厂。

液压启闭机的出厂验收包括油缸出厂试验、液压泵站出厂试验、电气设备出厂试验，各类型首台液压启闭机出厂还需在主机厂进行机、电、液联调试验。

同类型首台设备的出厂验收和机、电、液联调试验由业主组织，一般由特邀专家、业主、工程设计单位、运行单位、安装单位、制造监理和制造单位参加，其他设备由监理部组织出厂验收。

2. 出厂试验要点

1）油缸总成出厂验收

油缸出厂前至少应进行如下试验：空载试运行试验、最低启动压力试验、内泄漏试验、外泄漏试验、耐压试验、油液清洁度检验。

2）液压系统出厂验收

液压泵至少应经过如下试验：气密性试验、排量试验、容积效率试验、总效率试验、超载试验、冲击试验、外泄漏试验。

液压系统出厂前至少应经过如下试验：泵站试验前，所有阀件应单独通过出厂试验；空载试运行；在工作压力下模拟启闭动作试验（液压站功能试验）；耐压试验；泄漏试验；油液清洁度检验。

3）电控系统出厂验收

电控系统出厂前至少应经如下试验：电气设备外观、盘柜内器件、配线检查；电气参数与绝缘性能检测；设备配置和接口检测；PLC 性能检测；操作功能试验；保护功能试验；信息采集功能试验；检测装置性能试验；其他试验。

4）机、电、液联调试验

每种型号的液压启闭机首台套在进行完出厂验收后必须进行一次机、电、液联调试验，以验证电、液及其执行元件接口关系是否正确。机、电、液联调试验必须在液压启闭机油缸出厂试验、液压泵站出厂试验、电气试验验收合格的基础上进行。

机、电、液联调试验的目的是：检验液压油缸、液压泵站、电控现地控制系统的技术参数、性能是否符合合同、设计规定的各项技术要求，检验各系统接口及整体运行可靠性、动作准确性等情况；对现地控制系统硬件和软件进行测试，检验系统运行的正确性、易操作性；对电气控制、液压系统的准确性、可靠性进行检验；验证液压控制原理、电气控制原理和程序动作的正确性；验证各控制元件动作的准确性。

3. 结束语

液压启闭机的各单项验收和机、电、液联调试验是工地安装联调试验的基础，在设备制造过程中尤为重要，要严格把关。出厂验收和机、电、液联调试验前试验大纲需经过监理和业主审查，设备需经过自检和监理复检合格。

出厂验收时除重视试验过程外，还应重视过程资料的检查，以利于安装资料和竣工资料的整理。

第4章 安装管理与总结

4.1 主要组织方式

4.1.1 管理机构

1. 组织结构形式

向家坝水电站金属结构和启闭机设备安装在向家坝工程建设部*领导下，由物资设备部负责设备的采购管理，技术管理部负责监理和设计管理，设备现场的安装管理由各项目部管理，其中地下工程项目部负责右岸地下电站的金属结构设备安装管理，厂坝项目部负责其他设备的安装管理。三峡金属结构质量监督检测中心作为甲方的质量检测机构，负责金属结构制造及安装过程的抽检，参与出厂验收等工作（见图4-1）。

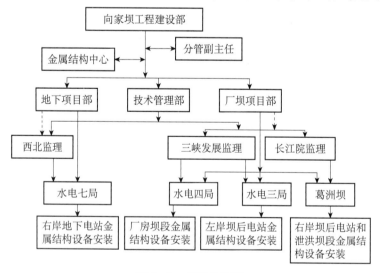

图4-1 组织结构图

---

* 向家坝工程建设部：结合工程进展，该项目部已于2016年5月正式更名为向溪建设部或者向溪工程建设部。

2. 设计和监理管理

设计和监理管理归口在技术管理部，由技术管理部与设计院和监理单位签订委托设计和委托监理合同，并对其进行考核。但是在项目施工过程中，各项目部与设计和监理联系紧密。

4.1.2　过程管理

1. 事前监控

（1）设计图纸出具后，设备安装前进行设计交底，充分理解设计意图、施工难点和质量控制关键。

（2）监理单位编制监理实施细则，明确检测项目和质量管理停止点。

（3）安装单位上报安装施工组织设计和安装方案，由监理组织参建四方讨论，批准后才能开始安装，关键项目由项目部组织方案审查。

（4）安装单位开始安装前，组织施工队伍进行技术交底。

2. 过程质量控制

（1）过程控制以监理为主。主要包括工艺审查、原材料、各工序、外购外协件等全面控制。深入生产第一线，对重要工序、控制停止点、工序转换点等重要环节实行旁站监督、跟踪监督，关键零部件及装配尺寸进行旁站检测、随机抽查，实行监理签证制，过程检验不合格，严禁转序。

（2）委托集团金属结构质量监督检测中心对安装过程进行抽检（主要是焊缝和涂装质量）。

（3）关键项目的安装控制点、线，由测量中心复核测量。

（4）监理每周召开一次监理协调例会，每月召开一次月生产计划会。

（5）向家坝工程建设部每月召开一次专业质量例会。

（6）项目部不定期召开专题会，如设计交底会、专题协调会和专题质量会等。

4.2　实施效果

向家坝水电站金属结构及启闭机设备安装进度、质量总体受控。电站蓄水发电和运行情况证明，设备安装质量满足合同和规范要求。

（1）建立规范的工作程序、规章制度和考核办法。设备安装前期，项目部印发了一批设备安装管理办法，要求监理和施工单位执行，效果较好。

（2）充分利用合同内的质量专项奖金编制专业质量奖励条款，对监理和施工单位的质量进行考核管理。

（3）响应建设部号召，争创样板仓、样板工程，编制了多项样板工程检验标准，并顺利评为样板工程。

4.3 改进及建议

（1）加强设计管理。由设计院出具的设备详图，虽然经由设计院内部进行了审签，但仍有一些设计错误，造成一定的经济损失。建议引入设计监理制度，对设计图纸把关。

（2）加强监理管理。目前给各监理单位的取费费率较低，监理单位很难聘请到高素质的监理队伍，监理人员普遍经验不够，责任心不强。另外，业主给的权限也较小，不利于监理成长。建议加大对监理的投入，要求监理单位聘用高素质监理人员，业主也应维护监理权威，让监理充分发挥现场监督职能。

（3）项目部管理应更宏观，主要依靠监理力量，可考虑增加考核和激励环节，加强监理的主动性和积极性。

（4）设备移交管理。设备安装完成后，如何移交给电厂？考核合适的条件和时机移交，可考虑与接收单位联合编制设备移交管理办法等加强移交管理。

4.4 具体案例

4.4.1 地下电站尾水管检修门、密封盖板及启闭机布置研究

1. 工程概述

向家坝水电站是金沙江梯级开发中的最后一个梯级，位于四川省与云南省交界处的金沙江下游河段，坝址左岸下距四川省宜宾县的安边镇4km、宜宾市33km，右岸下距云南省的水富县城1.5km。工程以发电为主，同时改善通航条件，结合防洪和拦沙，兼顾灌溉，并且具有为上游梯级进行反调节的作用。发电厂房分设于右岸地下和左岸坝后，各装机4台，单机容量均为800MW，总装机容量为6400MW。

2. 尾水管闸门和尾水洞的布置（见表4-1、表4-2）

尾水管闸门的中心线距离尾水管出口14.307m，闸门尺寸为16m×20.65m（宽×高），闸门启闭室置于主变洞下游侧并与主变洞合并，主变洞跨度由20m增加为26m，两者以1.0m厚的混凝土隔墙分开。闸门启闭室高程为279.00m，低于下游最高水位294.48m。为防止在下游高水位以及发生水位波动时尾水由闸门槽涌出，闸门孔口处用密封盖板覆盖，并在闸门槽下游设置$\phi800mm$的通气孔与尾水隧洞上方（高程为296.00m）的尾排廊道相连。

表4-1 尾水管闸门参数表

序号	项目	参数	备注
1	孔口尺寸	16m×20.65m	共4扇闸门，每扇7节
2	闸门形式	叠梁平面滑动	

续表

序号	项目	参数	备注
3	设计最高尾水位	291.82 m	底坎高程 229.934m
4	设计水头	61.886 m	
5	密封盖板高程	279.00 m	
6	启闭机容量及扬程	2×80t，52.0m	

尾水管出口起为尾水支洞，断面为 16m×20.65m（宽×高）的城门洞形，混凝土衬砌厚度 1.0m。5~8 号机尾水支洞长度分别为 93.7m、123.16m、93.7m、123.16m。尾水支洞由有压隧洞进入变顶高尾水隧洞，隧洞洞宽由 16m 渐变为 20m。变顶高尾水隧洞的起点在 6 号、8 号机闸门井后 28.90m 处，每两条尾水支洞接入一变顶高尾水隧洞，变顶高尾水隧洞采用城门洞形。变顶高尾水隧洞出口断面为 20m×34m（宽×高）的城门洞形，控制尾水的最大出口流速不超过 4m/s，尾水隧洞的出口底部高程为 244.00m，出口顶部高程为 278.00m。7 号、8 号机变顶高尾水隧洞长 263m，断面高度 31.37~34.00m；5 号、6 号机变顶高尾水隧洞长 199m，断面高度 32.00~34.00m。

在变顶高尾水隧洞出口布置有 4 扇尾水洞出口检修门，门型为叠梁门，由尾水平台的双向门机启闭（为了达到快速启闭门的条件，尾水出口的闸门改为整体门，由 4 台固定卷扬式启闭机启闭）。

表 4-2　尾水洞闸门参数（原设计）

序号	项目	参数	备注
1	孔口尺寸	10m×34m	每孔 2 扇闸门，每扇 5 节
2	闸门形式	叠梁平面滑动	
3	设计最高尾水位	291.82m	底坎高程 244m
4	设计水头	47.82m	
5	启闭机容量	2×200t	
6	启闭机扬程	60m	双向门机

3. 问题的提出

2007 年 10 月，金属结构设计审查时专家要求，地下电站尾水管检修门应按 4 扇布置，并尽可能减少每扇门的吊装分节数量，门库布置做相应调整。按此要求，可将整扇闸门锁定在孔口，检修时可整扇闸门一次下闸、提闸到位，节省操作时间。

2008 年 9 月，金属结构设备招标时，由于受到土建结构的限制，上述专家意见未能落实。现设计如下：受到土建空间的限制，门槽密封盖板的高程为 279.00m；尾水管闸门采用 7 节叠梁门，单节门叶高度为 3m；启闭机的支承跨距仅 5.5m，有效净空高度仅 5m，容量仅 2×80t。闸门分节数量多，不能整扇下闸、提闸，导致操作程序复杂、占用时间长。

进一步分析发现，现设计方案存在一定的安全风险，闸门操作复杂、占用时间长，导致发电损失较大。

4. 尾水管闸门的主要问题及分析

1）存在一定的安全风险

尾水管闸门门槽井口的设计高程为 279.0m，考虑尾水涌浪 5m，则对应的安全尾水位为高程 274.00m，相应的流量为 7150m³/s，相当于 8 台机组同时发电的流量。当枢纽下泄流量大于 7150m³/s 时，尾水位超过高程 274.00m，就不能开启门槽密封盖板，只能进行尾水洞闸门的下闸、提闸来形成检修的条件。根据设计资料，一年有 3 个月的平均流量大于 9500m³/s，则每年有约 3 个月在遇到检修时必须进行尾水洞闸门的下闸、提闸操作来进行检修。

闸门井口密封盖板平面尺寸为 18.3m×3.75m，面积高达 68.6m²，密封比较困难，存在漏水的风险。尾水管的闸门、盖板、廊道密封门等操作程序较复杂，占用时间长，有一定的安全风险，若采用尾水洞和尾水管闸门联合操作来实现检修条件，则操作程序更为复杂，稍有不慎就可能发生水淹厂房的重大事故。现设计方案布置示意图见图 4-2。

2）检修闸门的操作程序复杂、时间长

按现设计方案，考虑电站尾水的布置条件，机组检修可以采用尾水管闸门、尾水洞闸门、尾水洞+尾水管闸门联合操作等三种方式来实现检修条件，相关操作方式的时间估算如下。

（1）启闭方式一：当尾水位低于 274.0m 时，尾水管检修闸门单独操作。

闸门操作程序：打开廊道密封门→打开密封盖板→启闭机进行 7 节闸门（7 次）的下闸（或提闸）→关闭密封盖板→关闭廊道密封门。每次检修或检查，均需要按上述程序操作两次，即下闸、提闸各一次。

操作时间统计：每次闸门操作约需 10.5h，机组每检修一次需操作闸门 2 次，共需 21h。尾水管排水、充水时间 11h。因此，尾水管闸门每次检修或检查，操作时间共计约 32h（不计机组检修时间）。

（2）启闭方式二：当尾水位高于 274.0m 时，尾水洞检修闸门单独操作。

尾水洞检修闸门的操作程序：尾水洞检修门下闸→排水→检修或检查→充水→提闸。

下闸和充水时间统计：每次下闸需 8h，提闸也为 8h；检修前的排水时间为 39.9h，检修后的充水时间为 28h。因此，汛期进行一次检修或检查，需下闸、排水、充水、提闸各一次，总的操作时间约为 83.9h。由于两台机组共用一个尾水洞，当一台机组停机时，共用尾水洞的相邻机组必须停机，影响时间为 83.9h+检修时间。

（3）启闭方式三：当尾水位高于 274.0m 时，为了减少一台机组检修时对相邻机组的影响，可采用联合操作尾水洞、尾水管闸门的方法来实现检修的条件。

闸门操作过程：尾水洞下闸→尾水管下闸→尾水洞提闸→相邻机组可发电→尾水管排水→检修→尾水管充水→尾水洞下闸→尾水管提闸→尾水洞提闸。

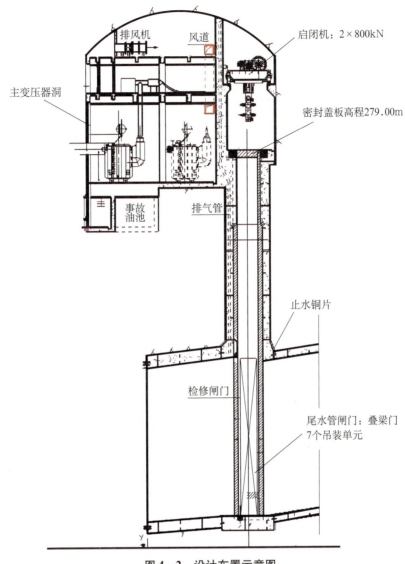

图 4 - 2　设计布置示意图

操作时间统计：尾水洞检修门下闸需 8h，共洞的相邻机组停止运行；尾水管检修门下闸需 10.5h；尾水洞检修门提闸需 8h，相邻共洞的机组投入运行；尾水管排水、尾水管充水需 11h；机组检修或检查的时间另计；尾水洞检修门下闸需 8h，相邻共洞的机组停止运行；尾水管检修门提闸需 10.5h；尾水洞检修门提闸需 8h，相邻共洞的机组投入运行。因此，采用尾水洞、尾水管闸门联合操作的总时间为 64h。共用尾水洞的相邻机组必须停机至少 53h。

3）操作方式的比较

三种操作方式与常规操作对比情况见表 4 - 3。

表4-3 三种操作方式与常规操作对比情况表

序号	操作方式	操作时间（h）	备注
1	常规方式	15	下闸2h、排水6h、充水5h、提闸2h
2	方式一	32	操作过程复杂，使用条件有限，只能在尾水位低于274.0m时才能采用
3	方式二	83.9	操作时间最长，对共洞的机组影响极大，使之无故停机时间在83.9h以上
4	方式三	64	操作过程最复杂，安全风险最大，对共洞的机组影响大，使之无故停机至少53h

检修时间的延长，必然会带来发电量的损失和公司经济利益的减少。

5. 尾水管闸门布置方案研究

1）解决思路一（彻底解决的方案）

（1）改进思路及要点。

将4个尾水管检修闸门井的孔口高程由279m抬升至315m，取消门槽密封盖板。将启闭机廊道抬升到315m，形成独立的启闭机廊道。在每个门槽孔口增加一套锁定梁，取消门库。启闭机容量增大到2×350t（原为2×80t），使启闭机的容量可满足整体进行下闸、提闸操作的条件，但整扇闸门的组装仍在孔口利用锁定装置逐节进行。共设4扇尾水管闸门，每扇由7节减少到3~4节，不检修时，整扇闸门锁定在孔口；检修时，启闭机能将整扇闸门一次下闸、提闸到位。改进后的方案见图4-3。

（2）分析意见。

本改进思路及方案的优点是：①安全可靠，不受尾水位的影响，不存在水淹厂房的安全风险；②检修时，尾水管闸门下闸、提闸操作简便、速度快，每次操作时间可控制在2h内；③检修过程中下闸、提闸的时机不受下游水位限制，也不影响相邻机组的正常运行；④检修过程的发电损失最小，技术经济性能好。

本方案存在的缺点是：①主变压器洞开挖已经完成，围岩施工、加固已完成（锚杆、锚索、网喷混凝土），改变土建结构有较大难度，也增加了土建工程量，尤其闸门门槽的开挖宽度达20m，可能对主变压器洞顶拱现有受力结构影响较大；②启闭机容量增加。

综合考虑，本方案虽然有一定难度，但带来的安全和经济利益最大，并且操作简单、可靠，应优先考虑。

2）解决思路二（部分解决的方案）

（1）改进思路及要点。

将4个尾水管检修闸门井的孔口高程由279.00m抬升3m，达到282.00m，仍保留门槽密封盖板。将启闭机廊道抬升到310.00m，高于最大尾水位，形成独立的启闭机廊道。在启闭机廊道与闸门井之间需钻打2个φ3m吊钩孔，对应闸门启闭的双

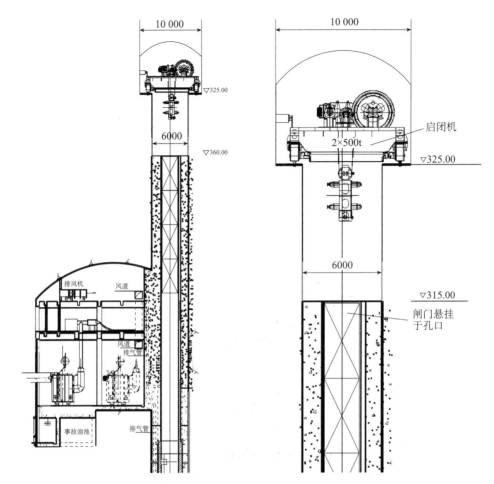

图 4-3 方案一布置示意图（高程单位：m；尺寸单位：mm）

吊点。在每个门槽孔口增加一套锁定装置，将闸门整扇锁定在孔口，取消门库。启闭机容量增大到 2×350t（原为 2×80t），使启闭机的容量可满足整扇闸门下闸、提闸操作的条件。整扇闸门的组装在孔口利用锁定装置逐节进行；在 282m 高程设置一个闸门运输台车，辅助进行闸门的组装。共设 4 扇尾水管闸门，每扇由 7 节减少到 3~4 节，不检修时，整扇闸门锁定在孔口；检修时，启闭机能将整扇闸门一次下闸、提闸到位。改进后的方案见图 4-4。

闸门的组装程序为：由轨道台车将闸门逐节运至闸门槽，启闭机进行逐节组装（不使用抓梁）并锁定在孔口，组装完成后封闭门槽盖板。

检修时，闸门启闭程序为：打开封闭盖板，整扇闸门下闸或提闸，关闭盖板。

（2）分析意见。

本方案的优点是：①将门槽盖板的防洪标准由 7150 m³/s 提高到 10 540 m³/s，减少了水淹厂房的风险；②检修时，尾水管闸门下闸、提闸操作比较简便、速度快，每次操作时间可控制在 2~3h；③减小了检修过程中影响相邻机组的概率；④基本

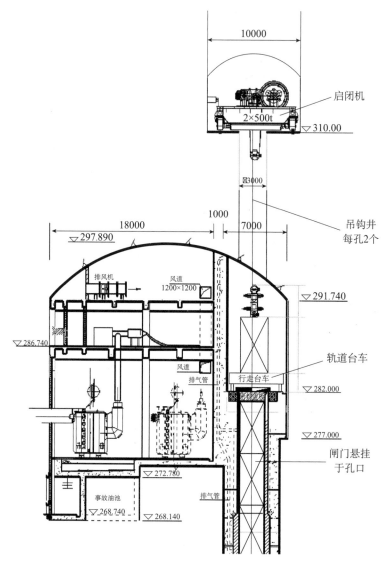

图4-4 方案二布置示意图（高程单位：m；尺寸单位：mm）

不破坏主变压器洞现有的土建受力结构；⑤检修造成的发电损失大大减小。

本方案存在的缺点是：①增加了一定的土建工程量；②启闭机容量增加；③闸门的组装过程比较复杂；④安全风险虽然减小，但没有彻底消除。

综合考虑，本方案实施的难度相对较小，也带来较大的安全和经济利益。虽然闸门组装过程较复杂，但不影响下闸、提闸，也不影响机组发电。在主变压器洞结构改变遇到困难时可采用此方案。

3）解决思路三

改进思路及要点保持尾水管闸门形式和主变压器洞尾闸井结构不变，重点改造尾水洞出口检修闸门的启闭形式，达到快速启闭的效果。

将尾水出口检修闸门由叠梁式改为整体门，1 台尾水单向门机改为 4 台固定卷扬式启闭机，分别操作 4 扇闸门，保证启闭时间小于 2h。

6. 结束语

因受主变压器洞附近地质条件限制，主变压器洞和尾闸井的结构形式已经无法改变，其对应的闸门、启闭机的操作方式也很难优化。为了减少闸门操作时间，降低安全风险，将尾水出口闸门和启闭机做较大的修改，基本达到了预期的效果。

目前按照"解决思路三"已经改造完毕，地下电站 4 台机组已经发电，机组检修时，以尾水出口检修闸门操作为主，尾水管检修闸门操作为辅，基本实现了快速下门的目标。

4.4.2　右岸电站尾水出口检修闸门及启闭机布置研究

1. 概述

向家坝右岸地下厂房共布置 4 台 800MW 的发电机组，尾水洞出口检修闸门为平面滑动钢闸门，4 台机组共 2 条尾水主洞，各尾水主洞设置 2 套检修闸门，共 4 套。尾水出口检修闸门均由 3 大节共计 11 小节组成，小节之间采用连接板焊接和对接缝焊接止水，大节间采用轴连接水封止水，闸门的启闭利用布置于尾水塔顶部的固定式启闭机启闭。单套闸门重量约为 359.071t，4 套闸门总重量为 1436.284t。

2. 安装关键和经验教训

1）闸门特点

该闸门为超大型钢闸门，安装场地小，吊装手段有限，不具备整体组装的场地条件。闸门整体焊接后，没有可靠的吊装手段下闸。鉴于以上问题，闸门安装时采用分阶段安装的方式，在门槽内组装焊接。

2）安装关键点

闸门在门槽内组焊，利用门槽主轨作为安装基准面，将闸门顶向门槽主轨一侧，保证闸门滑块面的平面度，并利用门槽与闸门的空隙，吊线锤检验闸门安装垂直度和直线度。

因在孔口内安装，部分焊缝无法焊接，需等固定卷扬式启闭机安装调试完成后，利用该永久设备将闸门提出孔口，再焊接剩余的焊缝，并安装水封等附件。

3）经验教训

闸门安装前，检查闸门吊耳焊接空间小，吊耳腹板的组合焊缝不具备焊透条件。经设计同意后，允许 4mm 未焊透。为达到焊接强度，增加角焊缝。

安装水封时，水封表面的聚四氟乙烯易起皱，检查水封抗拉强度不够，更换新水封后，有所改善。

闸门下闸后，有部分过焊孔未封堵，导致漏水；另外，反向滑块和弹性滑块的螺栓漏水。

3. 总体安装方案

使用 220t 汽车吊装车，由平板拖车运到施工现场，现场由 300t 履带吊进行吊装作业。门叶节间连接焊接采用现场手工电弧焊方式，焊接时严格按照焊接工艺执行。尾水闸门安装主要工序流程为：设备到货检查→施工准备→运输→吊装→安装（主滑块等附件先安装）→焊接（同期进行土建排架施工）→整体提升→焊接、水封安装→验收。

因闸门整体组装后无可靠的吊装手段，必须采用永久的固定卷扬式启闭机进行整体提升，因此闸门分两个阶段安装。

第一阶段：尾水塔浇筑到高程 296.0m，门槽安装回填完成。采用 300t 履带吊将 11 个制造单元节逐节入槽，在门槽内安装。本阶段闸门安装主要包括闸门运输、吊装、槽内组装、槽内焊接等。

第二阶段：启闭机排架柱浇筑完成，固定卷扬式启闭机安装调试完成，具备运行条件后，开始进行第二阶段闸门安装。本阶段闸门安装主要包括闸门整体提升、剩余焊缝焊接、水封安装等。

4. 施工准备

（1）认真学习相关施工图纸、技术文件及规范、生产厂家提供的有关技术性能参数及说明。如有缺陷和错误，及时书面通知监理工程师。

（2）施工作业前，所有参与人员应认真熟悉相关图纸和资料、措施等，并对班组进行详细的技术和安全交底，使每位作业人员了解整个施工过程的质量、安全技术要求。

（3）参加由业主组织的闸门出厂验收，对重要的控制要素进行必要的检测。

（4）对到货构件检验其出厂合格证、出厂资料，并进行清点、检查，妥善保管。对构件状态进行评估，必要时应对损伤部位进行全面外观检查和内部探伤检查，有问题及时报监理工程师，并按监理要求进行相应处理。

（5）完成闸门安装所需要的材料、工具、设备的配备，对所用的仪器、钢卷尺、盘尺等进行校核。

（6）在安装现场，闸门安装位置附近布置工具房、配电柜等。

（7）闸门直接运输到安装现场尾水洞出口检修门孔口附近，即 296m 高程平台。

5. 施工方案

1）运输方案

运输路线：新田湾存放场→5 号公路→9 号公路→3 号公路→金沙江大桥→8 号公路→12 号公路→尾水出口 296.00m 高程平台。

在新田湾堆放场利用 220t 汽车吊装车，闸门门叶运输采用单节装车拖运。装车时采用四点吊装，并在钢绳与门叶受力摩擦处垫管皮或破布，重心、中心分配合理，用钢绳采用四点将闸门封车。闸门门叶单节最重为 37.041t，使用 40t 拖车运至安装现场。

2）吊装方案

闸门运输至尾水出口 296m 高程平台门槽孔口附近，利用 300t 履带吊进行吊装，吊装前在闸门上安装焊接 4 个吊装吊耳。吊耳示意图见图 4−5。

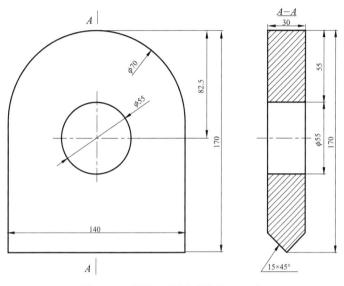

图 4−5　吊耳示意图（单位：mm）

为保证吊装的安全，吊耳的计算如下。

闸门最大吊装单元重量为 37.041t，动载系数考虑 1.5 倍，则吊耳的设计最大承重力应为 37.041 × 1.5 ÷ 4 = 13.89t。吊耳材料选择 Q345，厚度为 30mm。

根据 DL/T 5039—1995《水利水电工程钢闸门设计规范》中关于吊耳计算公式，该吊耳的强度校核如下。

吊耳孔壁承压应力：$\sigma_{cj} = p / d\delta \leqslant [\sigma_{cj}]$

$\sigma_{cj} = 13.89 \times 10^3 \times 9.8 \div 30 \times 10^{-3} \div 55 \times 10^{-3} = 82.49$（MPa）$< [\sigma_{cj}] = 155\text{MPa}$，满足要求。

吊耳孔拉应力：$\sigma_k = \sigma_{cj} (R^2 + r^2) \div (R^2 - r^2) \leqslant [\sigma_k]$

$\sigma_k = 82.49 \times (70^2 + 27.5^2) \div (70^2 - 27.5^2) = 112.6$（MPa）$< [\sigma_k] = 220\text{MPa}$，满足要求。

吊耳与主梁腹板焊缝采用 45°"K"形坡口，焊接位置选在腹板与隔板焊缝位置最近处，焊接完成后进行 100% 无损检测。

3）安装方案

闸门的拼装采用立式方式，1 号、4 号孔考虑直接将闸门放入门槽底部；2 号、3 号孔根据土建交通运输的需要，在底部预留一个 4.5m 高的通道，故在门槽内两侧各增加一个钢支撑平台，最下节闸门门叶放在钢支撑平台上。闸门门叶按从下到上的顺序运输至安装槽孔适当位置后，利用 300t 履带吊卸车，再翻身竖立吊入孔口内，按出厂定位装置进行拼装，在止水座板处挂线，测水封座板面垂直度。合格后进行定位焊接。依次进行各节的吊装工作。门叶安装完成后用固定卷扬机整体提升，将节间剩余焊缝焊接完成，安装反向滑块、侧轮、底水封、侧水封、顶水封。

（1）安装场地。

尾水塔浇筑到296m高程后与12号公路形成一个平台，由于300t履带吊形体尺寸较大，而该平台场地较窄，300t履带吊需开到合适位置，在保证主臂能180°平稳旋转后才能开始吊装。

（2）安装流程。

设备安装前的检验→吊装设施准备→闸门运输→主滑块安装→最下节闸门门叶吊装、调整→按各节门叶从下到上顺序依次吊装、调整→过程中大节间水封安装、小节间连接缝焊接、探伤检查→门叶安装完成后整体提升→剩余节间连接焊缝焊接、探伤检查→反向滑块、侧轮、水封安装→闸门清扫、补漆→待启闭机安装完成后，进行闸门启闭试验→施工期运行、维护→验收移交。

（3）安装前检查。

①对闸门门叶及附件的数量、质量和外形尺寸进行全面检查，看是否符合设计图纸的尺寸要求。

②焊接安装用吊耳，吊耳的位置相对于门叶重心对称。

③认真学习有关施工图纸、技术文件，编制切实可行的施工措施，对施工人员进行技术交底和培训。

④事先准备好施工所需的运输、起吊、测量设备，以及拉紧器、压缝器、拉板、脚手架等，使之处于良好的工作状态。

（4）安装措施。

①闸门门叶按从下到上的顺序运输至高程296m尾水出口平台适当位置后，利用300t履带吊卸车，再翻身竖立吊装。

②将最底节闸门门叶吊入门槽底部，再按从下到上的顺序依次吊装调整，按出厂定位装置进行拼装，挂线找正，检验合格后进行定位焊接。

③定位焊位置应距焊缝端部30mm以上，其长度应在50mm以上，间距为400~800mm，厚度不宜超过正式焊缝高度的1/2，最厚不宜超过8mm。

④施焊前，认真检查定位焊质量，如有裂纹、气孔、夹渣等缺陷应及时清除干净。

⑤闸门焊接时，应尽量布置偶数焊工进行对称施焊，注意预留一定的反变形量。所有焊缝尽量保证一次性连续施焊完毕，严格按焊接工艺进行所有焊缝的焊接。

⑥闸门焊接完毕后进行焊缝探伤检查，检查合格后对闸门进行检测，对焊缝变形部位进行矫正处理。

⑦橡胶水封按水封制造厂粘接工艺进行粘接，再与水封压板一起配钻螺栓孔。螺栓孔采用专用钻头使用旋转法加工，而且孔径应比螺栓直径小1mm。

⑧利用启闭机将闸门放入槽孔底部，进行透光检查，检查底水封与底坎、左右水封与主轨接触面、顶水封与门楣的接触情况，保证门叶封水严密。然后再对闸门进行无水试验，无水试验采用自来水喷淋止水面进行润滑。

6. 闸门焊接

1）焊接环境要求

尾水洞出口检修闸门门叶节间对接焊缝、边梁翼板、腹板均为二类焊缝，焊接环境出现下列情况时，应采取有效防护措施，如无防护措施应立即停止焊接工作。

（1）风速：手工电弧焊大于 8m/s。

（2）环境温度在 -10℃以下、相对湿度在 90%以上时。

（3）雨天和雪天的露天施焊。

2）焊接方法

闸门节间安装调整完成，并经过检查合格后，压缝，定位点焊边梁、边梁后翼板、面板，定位点焊的焊接长度为 50mm 以上，间距为 400~800mm，焊厚不超过板厚的 1/2，且最厚不超过 8mm，定位点焊后应清除焊渣和飞溅，检查点焊质量，如有裂纹、气孔和影响焊接的焊瘤等缺陷应清除，重新点焊。焊接前，应在滑块附近采用钢丝线进行监控，焊接过程中严格控制焊接变形。

3）焊接顺序

焊接热输入不均会导致焊接残余变形增大，因此在施焊过程中尽量对称焊接，采用"先中间，后两边"原则。细化为：施工准备→焊缝定位加固焊接→面板节间连接板（从中间往两边施焊）和闸门背面支撑板焊接同时进行→边梁翼板焊接→超声波检查→闸门整体提升后，边梁腹板节间连接板焊接→边梁腹板焊接→焊缝修整打磨→超声波检查→工序终检。

4）焊接工艺

（1）线能量控制：在焊接过程中控制线能量指标的最直接方法是控制焊接速度和电流，并尽量减少焊条的横向摆动幅度，使焊条摆动幅度不大于 2~3 倍焊条直径。

（2）层间温度控制：层间温度控制不得高于 200℃。

（3）采用手工碳弧气刨清根，直至焊缝露出金属光泽。

（4）施焊过程中严格执行分段、多层、多道的焊接工艺，焊工必须认真执行。

5）焊接检验

（1）闸门施焊过程中，在单个焊接部位完成后，对闸门水封的尺寸及闸门平面度和倾斜度进行检测。

（2）焊接结束后，焊工必须清除焊渣、飞溅，并进行自检。检查焊脚尺寸和焊缝外观质量，发现不允许存在的外观缺陷时应及时补焊（见表 4-4）。

（3）角焊缝的焊脚尺寸应符合焊接工艺文件或图纸的要求。

表 4-4 焊缝外观质量标准

序号	项目		焊缝类别（单位：mm）		
			I 类	II 类	III 类
			允许缺陷尺寸		
1	裂纹		不允许		
2	表面夹渣		不允许		深≤0.1δ，长≤0.3δ 且 <15
3	咬边			深不大于 0.5mm，连续咬边长度不大于焊缝总长的 10%，且不大于 100，两侧咬边累计长度不大于该焊缝总长的 15%；角焊缝不大于 20%	≤1
4	表面气孔		不允许	直径不大于 1.0mm 的气孔在每米范围内允许 3 个，间距不小于 20	直径不大于 1.5mm 的气孔在每米范围内允许 5 个，间距不小于 20
5	焊缝余高 Δh	手工焊		$\delta \leq 12$ $\Delta h = 0 \sim 1.5$ $12 < \delta \leq 25$ $\Delta h = 0 \sim 2.5$ $25 < \delta \leq 50$ $\Delta h = 0 \sim 3$ $\delta > 50$ $\Delta h = 0 \sim 4$	$0 \sim 2$ $0 \sim 3$ $0 \sim 4$ $0 \sim 5$
		埋弧焊		$0 \sim 4$	$0 \sim 5$
6	对接接头焊缝宽度	手工焊		盖面每边坡口宽度 2~4，且平缓过渡	
		埋弧焊		盖面每边坡口宽度 2~7，且平缓过渡	
7	角焊缝厚度不足（按设计焊缝厚度计）		不允许	不小于 $0.3 + 0.05\delta$ 且不小于 1，每 100 焊缝长度内缺陷总长不大于 25	不小于 $0.3 + 0.05\delta$ 且不小于 2，每 100 焊缝长度内缺陷总长不大于 25
8	角焊缝焊脚 K	手工焊		$K < 12 \, {}^{+2}_{-1}$, $K > 12 \, {}^{+3}_{-1}$	
		埋弧焊		$K < 12 \, {}^{+3}_{-1}$, $K > 12 \, {}^{+4}_{-1}$	

（4）焊缝内部质量检测（见表 4-5）。

表 4-5 I、II 类焊缝无损探伤检查比例表

序号	钢种	碳素钢			
	焊缝类别	I 类		II 类	
	板厚（mm）	≥32	<32	≥32	<32
1	超声波探伤（%）	100	50	50	30

超声波按 GB/T 11345—1989《钢焊缝手工超声波探伤方法和探伤结果分级》标准评定，I 类焊缝 B I 级为合格，II 类焊缝 B II 级为合格。

6）缺陷返修

外观检查和无损检测发现的不允许缺陷都必须按原焊接工艺进行返修处理至合格。

（1）焊缝外观缺陷。焊接人员焊完后必须进行外观质量自检，自检发现的气孔、咬边等应及时补焊，对于表面裂纹应上报质检部门和技术人员及总工，进行分析找出原因，制订可靠措施后方可进行处理。处理时应按正式焊接的工艺施焊。

（2）焊缝内部缺陷。对于无损检测发现的内部缺陷采用碳弧气刨或砂轮磨片将缺陷清除并刨成便于焊接的凹槽，不得使用电焊和气割的方法清除。

7. 闸门防腐

涂装工艺要求以厂家提供为主。

（1）涂装前，将产品质量合格证、使用说明书等提供给监理，符合要求后进行涂装。

（2）涂装前，将涂装部位的铁锈、氧化皮、油污、焊渣、灰尘、水分等污物清除干净。

（3）当空气相对湿度超过 85%，钢材表面温度低于露点以上 3℃时，不得进行表面预处理。

（4）经预处理合格的钢材表面应尽快涂装底漆，涂装时严格按批准的涂装材料和工艺进行涂装作业，涂装的层数、每层厚度、逐层涂装的间隔时间和涂装材料的配方等，均应满足施工图纸和涂料制造厂使用说明书的要求。

（5）涂装后外观质量：涂层表面应光滑、颜色均匀一致，无皱皮、起泡、流挂等缺陷，涂层厚度应基本一致，不起粉状。

（6）在有雨、雾、雪、风沙及灰尘较大的户外环境中禁止进行涂装作业。

（7）不得使用超过保质期的涂料。由于贮存不当而影响涂料的质量时，必须重新检验，并经监理同意后方能使用。

（8）涂装完成后进行漆膜的厚度及外观检查。

8. 质量控制

（1）闸门安装前进行门叶高度、水封中心距离的检查。

（2）侧轮安装完成后检查侧轮装置的跨距。

（3）门叶安装完成后进行门叶的垂直度、平面度、倾斜度、扭曲、正向滑块与水封座板间距、节间错牙、节间拼装间隙、水封座板平面度、侧轮直线度检查；门叶全部拼装完成后进行顶底水封尺寸的检查。

（4）门叶节间焊前进行焊缝处油漆等杂物的检查，焊接完成后进行焊缝外观检查及内部质量探伤检查。

9. 闸门验收

1）试验前的检查

闸门安装完毕后，应对闸门进行检查，检查内容如下：

（1）最低位置止水是否严密。

（2）门叶上和门槽内所有杂物是否已清除。

2）无水情况下做全行程启闭试验

试验过程检查滑道的运行有无卡阻现象，在闸门全关位置，检查水封橡皮有无损伤，漏光检查是否合格且水封予压量是否符合图纸要求，是否止水严密。在试验的全过程中，必须对水封橡皮与不锈钢水封座板的接触面采用清水冲淋润滑，以防损坏水封橡皮。

3）静水情况下的全行程启闭试验

本项试验在无水试验合格后进行。试验、检查内容与无水试验相同。

4）验收

闸门安装完成并检验合格后，通知监理进行整体验收。

4.4.3　右岸电站进水口拦污栅及拦污栅槽安装工艺

1. 工程概况

进水口建筑物总长160m，塔宽31m（灌溉塔宽37m）。顺水流方向依次布置有拦污栅、检修闸门、工作闸门。拦污栅为平面直立式，由塔顶门机吊运，采用机械清污。每台机进水口设6扇4.2m×36m（宽×高）的拦污栅，顶部封栅板高程为360.00m，底部高程为324.00m。

右岸地下厂房进水口共设置4个引水隧洞，每个引水隧洞设置6孔（4.2m×60m）拦污栅槽及清污导槽，共计24孔，规格为4.2m×60m−4m，每孔重量69.687t，共计1672.497t。共设置27扇拦污栅，拦污栅为平面直立露顶式，底部高程为324.00m，单孔拦污栅由20节组成，各节间采用连接轴连接，总高度为60.15m，拦污栅总体由塔顶1000kN清污门机启闭。单扇拦污栅重量为59 281.21kg，27扇拦污栅共重1600.593t。其中，单节最大外形尺寸为4.634m（长）×0.61m（宽）×3.48m（高），最大吊装重量为2.964t。进水口栅槽平面布置见图4−6。

2. 设计方案建议

1）关于栅槽的建议

（1）右岸电站进水口设备安装工期较为宽松，且地下电站进水口与左岸大坝和泄洪大坝不同，其不在关键工期线路上，因此，拦污栅槽可采用二期安装，避免一期安装带来的不利影响和投资增加。

（2）采用一期安装后，为防止埋件浇筑时变形，增加栅槽的刚度，中南院在设计栅槽时将栅槽和导槽设计为整体，大大增加了栅槽本体的重量。

2）关于栅叶的建议

中南院设计的拦污栅从高程324.00m到384.00m，栅叶高度为60m，栅槽全断面均布置有栅叶。另外，土建在高程360.00m处设计了封栅板。从栅叶的功能上来说，封栅板以上没必要再布置栅叶，属于功能重复。

3. 栅槽安装工艺

1）方案简介

栅槽埋件用20t载重汽车运至进水口平台上，用MQ900B门机等将其卸车，由

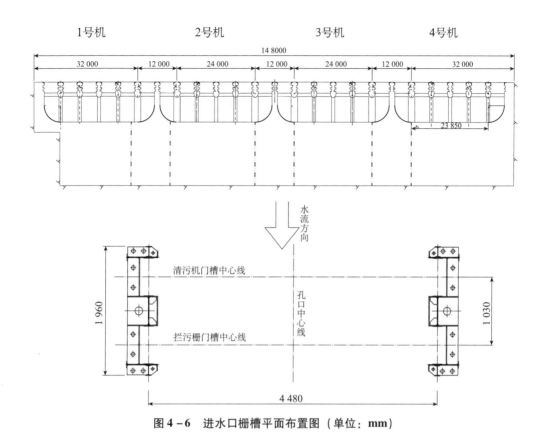

图 4 - 6　进水口栅槽平面布置图（单位：mm）

下向上逐节吊至栅槽孔口内进行安装和调整，待所有栅槽安装验收完毕且一期混凝土回填强度达到要求后，即可进行拦污栅栅体的拼装。

　　首先放出栅槽基准样点——孔口中心线、门槽中心线，以及控制高程点，并用红铅油标示。吊入端坎进行安装，调整端坎中心、高程、工作面平面度、扭曲等各项指标符合规范要求，然后进行加固，加固完毕进行复查。合格后，移交土建进行混凝土回填。然后再吊装底节栅槽埋件，调整栅槽的中心、工作面平面度、扭曲等各项指标符合规范要求，由于埋件安装未预留二期混凝土，需采用特殊加固措施，加固完毕进行复查，经自检、班组复检、质量部终检三检合格后做好记录。然后请监理工程师检查，检查合格后移交土建单位回填一期混凝土。

　　最后依次继续向上安装栅槽及锁定埋件，并回填一期混凝土。

　　2）安装流程

　　栅槽安装顺序为先安装端坎，然后从底节开始逐节向上安装，最后安装锁定装置。栅槽安装施工程序见图 4 - 7。

　　3）栅槽运输

　　栅槽在新田湾堆放场采用 50t 汽车吊将其吊装至 20t 东风汽车上，并使用钢丝绳及倒链等绑扎牢靠，然后进行运输。

　　栅槽埋件运输线路：左岸下游新田湾渣场金属结构存放场→9 号公路→3 号公路→

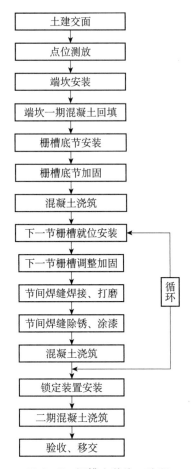

图 4 - 7　栅槽安装施工流程

金沙江大桥→8 号公路→12 号公路→厂房进水口底板 314.50m 高程平台。

4）安装控制点测量

埋件安装前先用全站仪在门槽部位按照点位示意图（图 4 - 8）放出门槽中心线（AB）及孔口中心线（CD 和 EF），底坎安装高程直接用水准仪放出。栅槽安装控制点位见表 4 - 6。

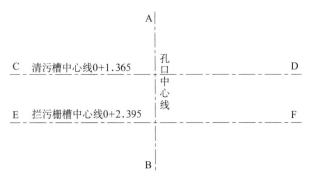

图 4 - 8　点位示意图

表 4 - 6　栅槽安装控制点位表

孔号	孔口中心线	清污栅槽里程	拦污栅槽里程	备注
1	引 H0 - 14.75	引 0 + 1.365	引 0 + 2.395	
2	引 H0 - 8.85	引 0 + 1.365	引 0 + 2.395	
3	引 H0 - 2.95	引 0 + 1.365	引 0 + 2.395	
4	引 H0 + 2.95	引 0 + 1.365	引 0 + 2.395	
5	引 H0 + 8.85	引 0 + 1.365	引 0 + 2.395	
6	引 H0 + 15.05	引 0 + 1.365	引 0 + 2.395	
7	引 H0 + 20.95	引 0 + 1.365	引 0 + 2.395	
8	引 H0 + 27.15	引 0 + 1.365	引 0 + 2.395	
9	引 H0 + 33.05	引 0 + 1.365	引 0 + 2.395	
10	引 H0 + 38.95	引 0 + 1.365	引 0 + 2.395	
11	引 H0 + 44.85	引 0 + 1.365	引 0 + 2.395	
12	引 H0 + 51.05	引 0 + 1.365	引 0 + 2.395	
13	引 H0 + 56.95	引 0 + 1.365	引 0 + 2.395	
14	引 H0 + 63.15	引 0 + 1.365	引 0 + 2.395	
15	引 H0 + 69.05	引 0 + 1.365	引 0 + 2.395	
16	引 H0 + 74.95	引 0 + 1.365	引 0 + 2.395	
17	引 H0 + 80.85	引 0 + 1.365	引 0 + 2.395	
18	引 H0 + 87.05	引 0 + 1.365	引 0 + 2.395	
19	引 H0 + 92.95	引 0 + 1.365	引 0 + 2.395	
20	引 H0 + 99.15	引 0 + 1.365	引 0 + 2.395	
21	引 H0 + 105.05	引 0 + 1.365	引 0 + 2.395	
22	引 H0 + 110.95	引 0 + 1.365	引 0 + 2.395	
23	引 H0 + 116.85	引 0 + 1.365	引 0 + 2.395	
24	引 H0 + 122.75	引 0 + 1.365	引 0 + 2.395	

5）栅槽安装

（1）安装检查与准备。在埋件装车运输之前应对同类埋件认真清点，在每根轨道的内侧都做出标记，符合相关的记录后方能吊运。

①按施工图纸逐项检查各安装设备的完整性和完好性。

②逐项检查设备的构件、零部件的损坏和变形。

③按施工图纸和制造厂技术说明书的要求，进行必要的清理和保养。

④对上述检查和清理发现的缺件、构件损坏等情况，以书面文件报送监理工程师，并负责按施工图纸要求进行修复和补齐处理。

（2）点位测放。①门槽埋件安装使用的测量器具应经过国家计量单位按规定的检定周期进行检定，测量时应计入修正值，以保证测量成果的准确性、可靠性。②埋件安装前应按监理工程师确认的安装基准网络点测放埋件安装控制点，测放后应进行复检，测量成果上报监理，其点位交监理工程师检查、验收，合格后方可使用。③施工班组应根据测量点位（包括孔口中心线点、底坎中心线点和底坎安装高程点，以防脱落），返出安装施工需要的点和线。

（3）端坎安装。拦污栅端坎安装时应重点注意其高程和平面度，端坎中心应与孔口中心平行，到孔口中心线的垂直距离应保证在 ±5mm 以内，整体高程需要控制在 ±5mm 以内。加固完毕进行复查，经自检、班组复检、质量部终检三检合格后做好记录，然后请监理工程师检查，检查合格后移交土建单位回填一期混凝土。回填完毕经复测尺寸无误，并且具备一定强度后才能进行底节栅槽埋件的安装。

（4）首节安装。端坎一期混凝土浇筑完成后，吊装底节栅槽埋件，调整栅槽的中心、工作面平面度、扭曲等各项指标符合规范要求后加固完毕，进行复查。经自检、班组复检、质量部终检三检合格后做好记录。然后由监理工程师检查，检查合格后移交土建单位回填一期混凝土。安装时，先安装中墩拦污栅槽，两个中墩拦污栅槽进行加固后再安装边墩拦污栅槽。

（5）其余节安装。底节栅槽一期混凝土浇筑完成后，吊装第二节栅槽埋件，调整栅槽的中心、工作面平面度、扭曲等各项指标符合规范要求后加固完毕，进行复查。经自检、班组复检、质量部终检三检合格后做好记录。然后由监理工程师检查，检查合格后移交土建单位回填一期混凝土。安装时，先安装中墩拦污栅槽，两个中墩拦污栅槽进行加固后再安装边墩拦污栅槽。

（6）栅槽安装偏差（见表4-7）。

表4-7　栅槽安装极限偏差表

项目	设计值	允许偏差（mm）
里程	引0+1.365	±5
	引0+2.395	±5
端坎顶面高程	324.00m	±5
主轨对栅槽中心线		-2～+3
反轨对栅槽中心线		-2～+5
对孔口中心	2240mm	±5
端坎工作面平面度	工作范围内	2
工作表面组合处的错位	工作范围内	1

加固完毕后再复测中心、高程、里程、倾斜，做好安装记录。

（7）栅槽加固。

①端坎加固（见图4-9）。

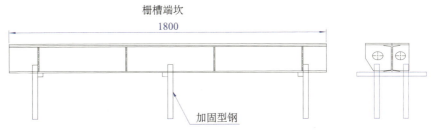

图 4 - 9　端坎加固（单位：mm）

②栅槽埋件内侧支撑加固。由于栅槽直接浇筑到一期混凝土内，栅槽安装完成后，需采用特殊措施加固栅槽，以防止栅槽在一期混凝土浇筑过程中变形移位。

栅槽加固时，应尽量避开钢筋，栅墩与栅槽相关的钢筋布置如图 4 - 10 所示。

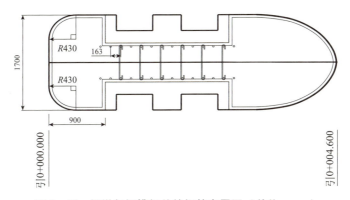

图 4 - 10　栅墩与栅槽相关的钢筋布置图（单位：mm）

根据以上钢筋布置，采用型钢加固，如图 4 - 11 所示。

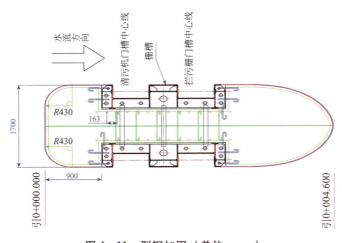

图 4 - 11　型钢加固（单位：mm）

调整完成后的同一个栅墩的栅槽之间利用型钢进行连接加固焊接。型钢采用 12 槽钢，在每个断面上加 3 根，每节栅槽加固 6 个断面。槽钢焊接在栅槽的筋板上。

如图 4 – 12 所示。

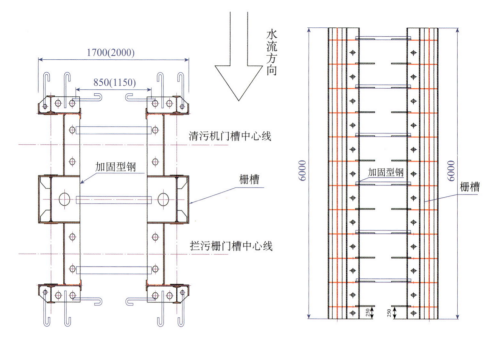

图 4 – 12 槽钢焊接（单位：mm）

③栅槽埋件外侧支撑加固。拦污栅内侧支撑加固完成后，再进行外侧支撑加固。拦污栅外侧支撑采用 ϕ159 钢管进行加固，每个断面加固 3 根。每根 6m 拦污栅槽加固两个断面（见图 4 – 13）。

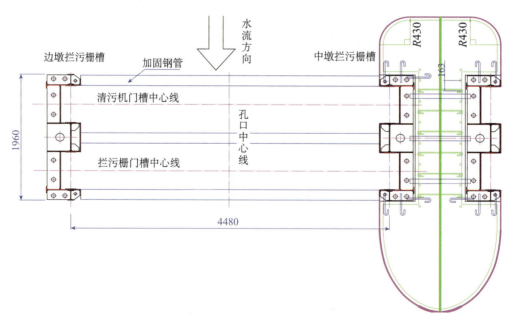

图 4 – 13 埋件加固（单位：mm）

外侧支撑可以重复利用，考虑 24 孔同时上升时无法拆除的情况，需要准备 $24 \times 3 \times 2 = 144$ 根，需要周转 10 次，损耗率初步估算为 50%，因此，共需准备 $144 \times 1.5 = 216$ 根。

④外侧支撑的周转。每一层栅槽混凝土浇完（6m），向上安装一层栅槽（6m），安排起重工 4 人和金属结构安装工 4 人，采用圆筒门机吊装拆除下层栅槽的外侧支撑，根据损耗程度及时进行补充。待栅槽安装调整完毕，内支撑加固完成，再采用圆筒门机吊装并安装外侧支撑。

⑤增加的加固工程量估算（见表 4 - 8）。

表 4 - 8　栅槽安装加固工程量

序号	名称	规格（mm）	数量（根）	重量（t）	备注
1	角钢	$\angle 50$，$L = 400$	288	0.434	端坎
2	槽钢	[12，$L = 1000$	3060	36.901	栅槽内侧
3	槽钢	[12，$L = 1350$	1080	17.582	栅槽内侧
4	钢管	$\phi 159 \times 8$，$L = 4215$	216	27.13	栅槽外侧
小计				82.047	

⑥栅槽加固受力计算。

根据土建拦污栅槽轨道的混凝土浇筑情况，其最大侧压力取 34.7kN/m^2。则单个支撑点的受力为：$F = 34.7 \times 2 \times 1 \div 3 = 23.1$（kN）

支撑型钢的柔度：$\lambda = 0.5 \times 1350 \div \sqrt{\dfrac{374\,000}{1536.2}} = 43.3 < 100.6$

查表得稳定系数为：$\phi = 0.887$

强度：$\sigma = \dfrac{23.1 \times 1000}{0.887 \times 1536.2} = 16.95$（MPa）$< [\sigma] = 215 \text{MPa}$，满足要求。

6）栅槽焊接

（1）焊接材料按要求进行烘焙，烘焙温度符合规范规定，焊条放在保温桶内随用随取。焊条的重复烘焙次数不超过两次。

（2）焊前将坡口两侧各 50 ~ 100 mm 范围内的氧化皮、铁锈、油污及其他杂物清理干净，每一焊道焊完清除焊渣后再施焊。

（3）定位焊位置距焊缝端部 30mm 以上，其长度在 50mm 以上，间距为 400 ~ 800mm，厚度不宜超过正式焊缝高度的 1/2，最厚不宜超过 8mm。施焊前，认真检查定位焊质量，如有裂纹、气孔、夹渣等缺陷及时清除干净再施焊。

（4）端坎与预埋锚筋的搭焊长度不得小于 60mm。

（5）焊缝检验：栅槽节间焊缝为 Ⅲ 类缝，焊接完成后，按要求进行焊缝外观检验。

7）锁定装置安装

锁定装置为二期埋件，待栅墩浇筑到顶后，根据栅槽孔中心进行安装。

8）移交、回填

栅槽每安装焊接完成约6m并检验合格后交土建施工单位进行混凝土浇筑。

9）防腐涂装

涂装前，将涂装部位的铁锈、氧化皮、油污、焊渣、灰尘、水分等污物清除干净。

经预处理合格的钢材表面应尽快涂装底漆。涂装后的构件外观表面光滑，颜色一致，无皱皮、起泡、流挂、漏涂等缺陷。

涂装后外观质量：涂层表面应光滑、颜色均匀一致，无皱皮、起泡、流挂等缺陷，涂层厚度应基本一致，不起粉状。

10）安装验收

栅槽防腐处理完成后，由监理单位和业主单位进行联合验收。

11）栅槽的安装检查

（1）栅槽安装质量检查。

栅槽安装主要检查里程、高程、对栅槽中心线距离、对孔口中距离、组合处的错位、表面扭曲等。

（2）栅槽焊接质量检查。

①焊前检查。

a. 栅槽焊接前检查栅槽的安装位置是否符合规范和设计图纸规定，并且应该可靠加固。

b. 检查栅槽节间焊缝间隙是否均匀并符合设计图纸的规定，若过大应先用焊条堆焊至符合要求。

c. 检查焊接设备性能是否稳定，焊接电源是否可靠，确保电源稳定和连续供电。

d. 检查焊条烘干箱内烘焙的焊条是否与栅槽主材材质相适应，烘焙温度是否达到规定值。

e. 检查焊缝坡口两侧的铁锈、油污和其他杂质是否清理干净。

②过程检查。

a. 检查焊条牌号、规格是否适用于当前焊缝的焊接，焊接电源是否稳定。

b. 检查是否有未熔合、夹渣、气孔等缺陷出现。

c. 检查焊工所用的焊条是否是经烘焙后装在保温桶内随用随取。

③外观检查。

a. 检查焊缝有无表面夹渣、未焊满、表面气孔、飞溅和焊瘤等缺陷存在。

b. 检查焊缝宽度是否符合规范要求。

c. 检查焊缝余高是否符合规范要求。

d. 检查焊缝两边咬边是否超标。

（3）防腐质量检查。

现场防腐结束后，进行自检，自检合格后会同监理工程师对栅槽表面的防腐质量进行检查和验收。不合格的进行返修，重新处理再检验直至合格。

（4）栅槽一期和二期安装对比。

①条件变化。

根据招标文件及投标文件要求，左岸进水口拦污栅槽安装为二期埋设，安装条件为：埋件在左岸下游新田湾金属结构存放场用 25t 汽车吊装车，用 20t 载重汽车经 9 号公路、3 号公路、金沙江大桥、8 号公路、12 号公路运至厂房进水口底板高程 314.50m 上，并用土建 C7050 塔机吊入孔内安装位置进行悬挂，再用卷扬机和吊笼将门槽由下至上逐节进行安装和调整，门槽埋件在制造厂分部位、分段（节）制造，故其安装采用预设安装基准点，并通过挂钢丝线分段（节）控制相对尺寸的方法进行安装。先将底坎和首节主、反轨安装完毕，经监理工程师验收合格后交土建进行二期混凝土回填。

进水口金属结构设备安装在混凝土浇筑坝顶高程 384.00m 后进行安装，先用土建 C7050 塔机吊装门槽（含栅槽）二期埋件，门槽二期埋件用塔机、卷扬机及滑车组、吊笼等进行施工。

现进水口拦污栅槽安装改为一期埋设，与原招投标文件相比发生了以下变化。

a. 原方案为采用 C7050 塔机吊入孔内安装位置进行悬挂，再用卷扬机和吊笼将门槽由下至上逐节进行安装和调整；现方案采用 MQ900B 圆筒门机进行吊装和调整。

b. 原方案采用吊笼进行安装；现方案在土建上升以前进行安装，须预先搭设架管进行栅槽的安装。

c. 由于栅槽直接浇筑到一期混凝土内，栅槽安装完成后，需采用特殊栅槽加固措施——安装栅槽内部支撑、外部支撑，外部支撑拆除及周转安装等。

d. 由于栅槽直接浇筑到一期混凝土内，无法一次正常直接将拦污栅槽全部安装完毕，只能采用安装一节（6m）然后进行一次混凝土回填，再安装一节的方式交替进行安装，安装工效明显降低，安装工期延长。

e. 原方案栅槽为一次性安装验收完毕；现方案分两次安装，栅槽安装完毕后土建进行钢筋安装，钢筋安装完成后再进行栅槽与钢筋的焊接，然后移交土建浇混凝土。

f. 增加测量及验收次数。原方案每孔可以一次性安装，一次性测量验收完成，一次性复测；现方案只能单节测量验收，每孔需要内部测量验收 10 次，工作量增加 10 倍。

另外，根据进水口浇筑施工情况，建议增加 1 台 25t 汽车吊，采用 MQ900 门机吊装到闸墩上安装栅槽，避免与土建施工干扰，确保栅槽安装进度。

②工程量变化。

改为一期后与原施工方案对比，主要有以下几个工程量变化。

a. 原方案"采用 25t 汽车吊装车，用 20t 载重汽车运至厂房进水口底板高程 314.50m 上并用土建 C7050 塔机吊入孔内安装位置进行悬挂"；现方案"采用 50t 汽车吊装车，用 20t 载重汽车运至厂房进水口底板高程 314.50m 上并用土建 C7050 塔机卸车，然后吊装就位进行安装，等安装加固完成才能松钩"。原方案塔机吊装时间为 1.15 台时；现方案单根栅槽卸车、翻身、吊装、加固、钢绳拆除，估计塔机吊装时间约为 7.5h，单根栅槽重 3.476t，卸车在原有基础上每根栅槽增加塔机使用台时每吨约 1h。

b. 原方案采用吊笼进行安装；现方案在土建上升以前进行安装，须预先搭设架管进行栅槽的安装。现方案在原有基础上增加脚手架、爬梯、竹制马跳板等搭设。

c. 由于栅槽直接浇筑到一期混凝土内，栅槽安装完成后需采用特殊栅槽加固措施——安装栅槽内部支撑、外部支撑、外部支撑拆除及周转安装等，在原合同基础上增加内部支撑约 54.483t，安装后埋入一期混凝土内，无法进行周转。

d. 外部支撑的安装拆卸：外部支撑 27.13t，预计周转使用 10 次。每次安装及拆除均使用塔机进行吊装，外部支撑直接使用共 114 根，每根安装拆除估计塔机吊装时间 1h，共计周转 10 次，加上损耗及补充，塔机使用时间为：$114 \times 10 \times 1.5 = 1725h$。人工使用见外部支撑的周转。

e. 由于栅槽直接浇筑到一期混凝土内，无法一次正常直接将拦污栅槽全部安装完毕，只能采用安装一节（6m）然后进行一次混凝土回填，再安装一节的方式交替进行安装，安装工效明显降低，安装工期延长，窝工现象严重。

f. 原方案栅槽为一次性安装验收完毕；现方案分两次安装，栅槽安装完成后土建进行钢筋安装，钢筋安装完成后再进行栅槽与钢筋的焊接，然后移交土建浇混凝土。单根栅槽安装工程量增加 50%。

g. 增加测量及验收次数。原方案每孔可以一次性安装，一次性测量验收完成，一次性复测；现方案只能单节测量验收，一般配测量人员 3 人、配合人员 3 人，每孔需要内部测量验收 10 次，测量及人员配合工作量增加 10 倍。

4. 拦污栅安装工艺

1）安装流程

拦污栅安装主要施工程序：施工准备→运输→试槽→组装（含检验）→吊装下放→检查、验收。

2）拦污栅吊运

拦污栅运输路线：业主设备仓库→5 号公路→9 号公路→3 号公路→金沙江大桥→8 号公路→10 号公路→4 号公路→右岸进口高程 384 平台。

拦污栅存放在新田湾存放场，在新田湾采用 25t 汽车吊分节吊至载重汽车上直接运输到右岸进口 384 平台，在 384 平台采用清污门机卸车。

3）试槽

为保证拦污栅的正常下放，在拦污栅下放前对每孔栅槽进行试槽以检验拦污栅和栅槽间的匹配情况。具体方式为：单节拦污栅运输至现场后将主滑块及反向支承滑块装配好后，利用清污门机将单节吊装至栅槽内并下放到底，检查有无卡阻现象以及是否有异常声音。对于出现异常的栅槽在拦污栅吊起后，采用吊笼将人员缓慢下放并进行相应的检查、清理及处理。

4）拦污栅组装

拦污栅运输至右岸进口 384 平台后，在清污门机轨道之间将单节拦污栅栅叶与栅条等部件进行组装并检查装配是否完整及连接情况是否良好。组装完成后，使用 1000kN 清污门机将单节拦污栅吊装至栅槽并锁定，再吊装第二节拦污栅并缓缓置于下节上方进行组装和连接，连接好并完成整体检查后，用清污门机将两节吊起 100mm 左右，解开锁定，再将这两节栅叶下放并锁定在栅槽顶部锁定装置上。

采用同样的方法依次完成后续拦污栅的组装，最后将顶节拦污栅叶锁定在栅槽孔口顶部。

5）拦污栅下放

拦污栅叶按以上方式组装成整体后，单套拦污栅重量为 59.281t，采用清污门机进行整体下放。

拦污栅下放的检查：下放过程中，检查拦污栅下放是否平稳、有无卡阻现象及异常声音。

6）拦污栅试验

拦污栅下放完成后，应对拦污栅进行整体升降 1 次的试验检查。检查栅槽有无卡滞情况，检查栅体动作和各节的连接是否可靠。

7）验收

拦污栅安装完成并检验合格后，通知监理进行整体验收。

4.4.4　右岸电站进水口启闭机安装工艺

1. 工程概况

向家坝水电站右岸地下厂房进水口共设 4 台发电机组，每台机组事故闸门由一台液压启闭机进行启闭操作。单台液压启闭机设备包括机架、液压缸总成、闸门开度检测装置、液压泵站、管路系统等，单台重量约为 82t。

油缸安装在高程为 382.700m 的启闭机闸室内，上端与机架相连，油缸的下端与闸门的充水阀相连，油泵房布置在高程为 384.000m 的泵房室内。进水口事故闸门液压缸总成为立式安装，尾部球面支承，使油缸能够自由摆动，以满足启闭闸门时液压缸的动作要求，同时适应闸门及启闭机的制造和安装误差。其主要技术参数见表 4-9。

表 4-9 液压启闭机技术参数

项目	名称	技术参数
1	启门力（kN）	4000
2	启门计算压力（MPa）	12.2
3	持住力（kN）	8500
4	持住力计算压力（MPa）	25.9
5	油缸内径（mm）	760
6	活塞杆直径（mm）	400
7	最大行程（mm）	17 200
8	工作行程（mm）	17 000
9	启闭速度（m/min）	0.6
10	闭门时间（min）	≤3

液压启闭机安装在事故闸门孔口高程 381 平台，采用 3200kN 塔顶双向门机吊装至安装位置。油缸安装支座混凝土达承重强度后方可进行油缸吊装，液压启闭机安装完成并经试运转检查合格后方可与闸门连接。其吊装单元重量见表 4-10。

表 4-10 吊装单元重量及尺寸

序号	部件名称	数量（套）	单重（t）	长（m）	宽（m）	高（m）
1	油缸	1	65.928	21.38	1.4	1.4
2	泵站	1		5.0	2.58	2.56
3	油缸支架	1	15.27	4.5	2.4	1.5

2. 关键点和经验教训

1）关键点

（1）机架安装中心控制。机架安装重点是控制机架的中心和高程，为确保液压启闭机吊点与闸门吊耳吊点重合，测放机架中心时应以门槽安装的实际中心为基准。

（2）油缸吊装。油缸为超长超细件，吊装时应采用抬吊的方式卸车和翻身，确保油缸不变形。另外，油缸吊装前应将活塞杆与缸体连接牢固，防止油缸下滑。

（3）高压油管装配。高压油管原则上应在场内焊接完毕，且应通过打压验收，现场仅进行法兰装配。但实际施工时受现场安装条件限制，厂家设计时很难保证完全准确无误，必然会有少量现场安装焊缝。如现场有高压油管需要焊接，焊后应进行打压试验、酸洗和冲洗，确保油管装配满足规范要求。

（4）调试。厂家提供的调试大纲较粗糙，不能用于指导现场调试。调试前，安装单位应编制更为详细的具有可操作性的调试大纲。

2）经验教训

（1）电机和油箱基础处理。由于设计院与厂家沟通不畅，设计院未出具电机和油箱基础埋件布置图，导致电机和油箱安装时不便于安装加固。

（2）油缸顶部设备防雨。在油缸顶部布置有缸旁阀块和少量监控设备，厂家未设计防雨设施。

（3）滤芯选型。液压启闭机运行时均出现吸油滤油器报警问题，检查滤芯并未堵塞，为错误报警，建议滤芯选型时选用大直径的滤芯，但过滤等级不变。

3. 工艺流程（见图 4 - 14）

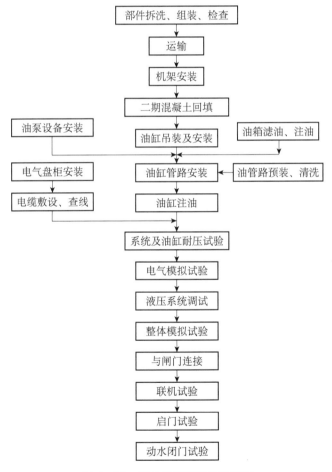

图 4 - 14　启闭机安装工艺流程图

4. 安装准备

1）技术准备

（1）认真学习相关施工图纸、技术文件及规范、生产厂家提供的有关技术性能参数及说明，如有缺陷和错误，及时书面通知监理工程师。

（2）施工作业前，熟悉相关图纸和资料、措施等，并对班组进行详细的技术和安全交底，使每位作业人员了解整个施工过程的质量、安全技术要求。

（3）参加由业主组织的启闭机出厂验收，对重要的控制要素进行必要的检测。

（4）对到货构件检验其出厂合格证、出厂资料，并进行清点、检查，妥善保管。对构件状态进行评估，必要时应对损伤部位进行全面外观检查和内部探伤检查，有问题及时报监理工程师，并按监理要求进行相应处理。

（5）完成对启闭机及安装所需要的材料、工具、设备的配备，对所用的仪器、钢卷尺、盘尺等进行校核。

2）施工现场准备

（1）根据设计图纸和厂家到货清单清点设备到货情况，如有漏缺，应立即向监理工程师提出。

（2）启闭机在运输前对各部件的外形尺寸进行检验，看是否符合设计要求。

（3）在安装现场位置附近布置工具房、配电柜、焊机房、氧气房、乙炔房。

（4）用全站仪、钢卷尺、吊线铅锤等对各安装中心和基准控制点进行检测验证。

（5）对启闭机进行检查、保养，必要时分解清洗油缸。

（6）清洗油缸各部位的轴承、轴颈，安装时注入润滑脂。

（7）施工作业前，相应施工的班组技术人员及班组成员必须认真熟悉有关图纸及资料、安全技术措施，并由工程部向班组进行详细的安全技术交底，使每位参与作业人员了解整个施工过程和安全质量要求。

5. 运输方案

液压启闭机存放在存放场，采用平板拖车运输至安装现场，即高程384平台。

运输路线：运输路线先后经过存放场→5号公路→9号公路→3号公路→金沙江大桥→8号公路→10号公路→4号公路→高程384平台→交通桥→4号塔。

运输前，安排专业拖车司机空车按照以上路线进行探路，检查路上的转弯部位及路旁的电线杆、路牌等，看能否满足液压启闭机超长超大件的运输，如有障碍，及时协调解决。

液压启闭机部件存放在存放场，装车后，采用钢丝绳和吊带捆绑，并用手拉葫芦或简易捆绑装置将设备捆绑牢固；超长、超宽、超高件运输时在拖车两侧悬挂醒目标志，并在拖车前方设置开道车；运输路线上各交叉路口应有专门人员警戒，指挥过往车辆和行人避让。装车时合理分配重心、中心，并在与钢丝绳相接处加垫管皮、破布、胶皮等，捆绑牢固可靠，经检查确认后方可行驶。

液压启闭机重大件为油缸缸体，油缸部件总长为21.38m，宽度为1.4m，单件重量约为66t，采用平板拖车单件装运。首先在平板拖车上垫方木，然后吊装油缸缸体摆放于拖车上，油缸缸体上部（与机架连接端）朝向拖车头部；利用钢丝绳结合手拉葫芦封车，将油缸缸体固定牢固可靠，运输至高程384平台，在拌和系统平台调头，采用倒车的方式通过与进水口塔体连接交通桥将拖车箱板倒车至4号塔。

6. 吊装方案

进水口事故闸门液压启闭机存放在金属结构堆放场和机电仓库，金属结构堆放场的设备采用50t汽车吊和60t门机进行装车，机电仓库内的油缸采用220t汽车吊进行装车，然后运输至进水塔高程384平台。

由于油缸长度达21.5m，采用坝顶3200kN双向门机直接卸车和吊装，油缸因无法直接运输到坝顶，只能采用220t汽车吊装卸车。然后采用3200kN塔顶双向门机和220t汽车吊同时进行翻身，翻身后利用3200kN塔顶双向门机吊入机架。

其余部件采用已经安装具备运行条件的3200kN坝顶双向门机进行卸车和吊装。

3200kN塔顶双向门机吊离高程384平台面最大距离为24.5m，油缸缸体总长为21.28m，满足吊装要求。

220t汽车吊参数见表4-11。

表4-11　220t汽车吊参数表

吊重能力（t）	臂长（m）	回转半径（m）	备注
70	27.2	8	

液压启闭机吊装及翻身钢丝绳选择：液压启闭机最大重量约为66t，采用3200kN双向门机2点4股吊装，钢丝绳选用ϕ40mm（6×37，1670MPa）钢丝绳。启闭机吊装示意图见图4-15。

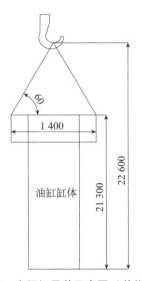

图4-15　启闭机吊装示意图（单位：mm）

吊装钢丝绳强度校核：ϕ40mm（6×37，1670MPa）钢丝绳单根最小破断拉力为951kN，采用4根1.5m长钢绳，吊点之间的距离为1.4m，故钢丝绳的安全系数计算如下：

$K = 951 \div (66 \times 9.8 \div \sin60° \div 4) = 5.1 > 5$，满足吊装安全要求。

7. 安装方案

1）安装位置

启闭机安装中心线里程为 $0 + 24.86\text{m}$，坝左右桩号与闸门中心重合，详见表 4 – 12。

表 4 – 12　启闭机安装位置

序号	名称	顶部高程（m）	中心里程（m）	中心桩号（m）	备注
1	1 号机启闭机	381.2	24.86	108	
2	2 号机启闭机	381.2	24.86	72	
3	3 号机启闭机	381.2	24.86	36	
4	4 号机启闭机	381.2	24.86	0	

2）安装措施

（1）机架安装。

①检查安装现场埋件控制尺寸、数量、高程等是否满足设计要求，设备安装位置是否清理干净，所需支墩、工器具等是否准备齐全。

②根据机架设计安装高程，先用水平仪测量出基准点，安装基础支座预埋螺栓。机架安装应严格按门槽实际中心和高程，机架的横向中心线与起吊中心线的距离不应超过 ±2mm，高程偏差不应超过 ±5mm。

③机架与推力支座的组合面不应有大于 0.05mm 的间隙，其局部间隙不应大于 0.1mm，深度不应超过组合面宽度的 1/3，累积长度不超过周长的 20%，推力支座面的水平偏差不应大于 0.2/1000。

（2）液压缸安装。

①安装前对液压启闭机各部件进行清扫、检查，检查活塞杆是否变形。

②根据启闭机油缸安装和管路布置图，定位液压缸机架和安装支承座并固定。

③利用液压缸缸体两侧的吊耳，用门机将液压缸垂直吊装在机架上的支承座上。

（3）液压泵站安装。

①根据液压启闭机油缸管路安装图，泵站膨胀螺栓加固焊接。

②安装前对油缸总成进行外观检查，并对照制造厂技术说明书的规定时限确定是否应进行打开清洗。

③定位液压泵站并固定，确认泵站出口截止阀处于关闭状态。

（4）管路配置与安装。

①配管前，油缸总成、液压站及液控系统设备已正确就位，所有的管夹安装完好。

②按施工图纸要求进行配管和弯管，管路凑合段长度应根据现场实际情况确定。

管路布置应尽量减少阻力，布局应清晰合理、排列整齐。

③管材下料应采用锯割方法，不锈钢管对接的焊接应采用氩弧焊，弯管应使用专用弯管机，采用冷弯加工。

④对于在工地进行的管路切割与弯制以及管子端部焊接坡口，采用砂轮机打磨或其他机械加工。

⑤管端的切割表面必须平整，不得有重皮、裂纹。管端的切屑、毛刺等必须清理干净（包括管子端部焊接坡口）。

⑥管端切口平面与管轴线垂直度误差不大于管子外径的 1%。

⑦管子弯制后的外径椭圆度相对误差不大于 8%，管端中心的偏差量与弯曲长度之比不大于 1.5mm/m。

⑧管子安装前，须对所有的管子做外观检查，不得有显著变形，表面不得有凹入、离层、结疤、裂纹等缺陷。

⑨预安装合适后，拆下管路，正式焊接好管接头或法兰，清除管路的氧化皮和焊渣，并对管路进行酸洗、中和、干燥处理。

⑩高压软管的安装应符合施工图纸的要求，其长度、弯曲半径、接头方向和位置均应正确。

⑪管道连接时不得用强力对正、加热、加偏心垫块等方法来消除对接端面的间隙、偏差、错口或不同心等缺陷。不得使污物混入管内，管道安装间歇期间须严格密封各管口。

（5）系统注油。

①液压管路系统安装完毕后，应使用冲洗泵进行油液循环冲洗。冲洗时间不少于 8h，循环冲洗时将管路系统与液压缸、阀组、泵组隔离（或短接），循环冲洗流速应大于 5m/s。

②液压系统用油牌号应符合施工图纸要求。油液在注入系统以前必须过滤后使其清洁度达到 NAS 1638 标准中的 8 级。

（6）其他部件安装。

①液压启闭机电气控制及检测设备的安装应符合施工图纸和制造厂技术说明书的规定，电缆安装应排列整齐，全部电气设备应可靠接地。

②根据设计图纸，正确安装行程指示及开度装置、限位装置、各种仪表等附件。液压启闭机其他安装技术要求见制造厂的设备安装使用说明书。

8. 试运转

液压启闭机安装完毕后，承包人应会同监理人进行以下试验。

（1）电气控制设备应先进行模拟动作试验正确后，再做联机试验。

（2）油泵第一次运行，应连续空转 30~40min，油泵不应有异常现象。

（3）油泵正常后，开始向管路系统注油和排气。

（4）对液压系统进行耐压试验。液压管路试验压力：杆腔 $P_{\text{试}}=16.75\text{MPa}$，无

杆腔 $P_{\text{试}} = 0.75\text{MPa}$。在试验压力下保压 10min，检查压力变化和管路系统漏油、渗油情况，整定好各溢流阀的溢流压力（具体要求参照施工图纸和安装使用说明书）。

（5）在活塞杆吊头不与闸门连接的情况下，做全行程空载往复动作试验三次，用以排除油缸和管路中的空气，检验泵组、阀组及电气操作系统的正确性，检测油缸启动压力和系统阻力。活塞杆运动应无爬行现象。

9. 吊头和闸门的连接

（1）油缸挂装完毕，液压启闭机空载试验，耐压试验后与门叶连接。

（2）打开液压缸和泵站间的连接球阀。

（3）调节液压缸活塞腔的初设压力，使其达到开启平衡阀的最小压力，调节电磁溢流阀和溢流阀，以控制活塞杆下降速度。

（4）做闭门动作，此时液压缸活塞杆应平稳向下伸出，闸门吊耳处应有防护措施，以免吊头下降过快造成事故。

（5）调整吊头方向，使销轴轻松穿入并固定。

10. 液压启闭机调试

1）试运行

液压启闭机安装完毕试运转时，会同制造厂、监理人等做试运转试验。

（1）电器控制设备模拟动作试验正确后，对管路系统进行耐压试验，试验压力分别按设计要求各种工况选定。在各试验压力下保压 10min 以上，检查变化和管路系统漏油、渗油情况，整定好各溢流阀的溢流压力。

（2）油泵第一次启动时，应将油泵溢流阀全部打开，连续空转 30~40min，检查油泵有无异常现象。油泵空转正常后，在监视压力表的同时将溢流阀逐渐旋紧使管路系统供油，充油时应排除空气。分别使油泵在工作压力的 75%、100%、110% 情况下连续运转 15min，检查其振动、杂音、温度。

2）无水调试运行

（1）门叶与启闭机连接完成并检查合格后，应在无水情况下做全程启闭试验，启闭前须清除门叶杂物，仔细检查门叶与侧轨面有无焊接处和焊疤等，启闭时应在止水胶皮处浇水润滑。

（2）在活塞杆吊头与闸门连接而闸门不承受水压力的情况下，进行启门和闭门工况的全行程往复动作试验三次，检查油泵、电动机、阀组、油箱等工作状况。检查闸门运行是否有卡阻和异常响声。调整好闸门开度传感器，行程极限开关及电、液元件的设定值，检测电动机的电流、电压和油压的数据及全行程启闭的运行时间。

（3）手动操作升降闸门一次，以检验缓冲装置减速情况下闸门有无卡阻现象。

（4）调整高度指示装置，然后根据其高度调整充水开度值。

（5）第一次快速闭门时，应在操作电磁阀的同时做好手动关闭阀门的准备，防止闸门过速下降。

（6）将闸门提起上限位，在 48h 内，闸门因活塞油封和管路系统的漏油量产生的沉降量不应大于 150mm。

3）有水启闭试验

在闸门承受水压力的情况下，进行液压启闭机负荷下的启闭运行试验。检测电动机的电流、电压和系统压力及全行程启、运行时间；检查启、闭过程有无超常振动，启、停有无剧烈冲击振动现象。闸门全关闭观察闸门水封漏水情况。检查门叶有无卡阻，油泵、电动机、仪表、阀组、电气部分工作情况。

11. 验收移交

启闭机安装完成并自检合格后，通知监理工程师进行整体验收。

4.4.5　左岸电站尾水闸门和门机快速安装工艺

左岸电站尾水金属结构设备安装项目为向家坝二期下游基坑进水的重要控制性项目，项目包括 8 套尾水检修闸门及门槽、1 台尾水检修门机，金属结构设备安装工程量共计约 3100t。受外部条件影响，左岸电站尾水金属结构设备安装一开始就面临安装工期紧张、工作量大、吊装手段制约等困难。计划总工期 6 个月，实际开工时进度已滞后 2~3 个月，工期十分紧张。

高峰时段需在 2 个多月内完成 2700t 金属结构设备的安装，特别是尾水门机的安装周期不足 3 个月，且需在 4 月短短一个月内完成 6 扇尾水检修闸门的安装，工作任务十分艰巨，必须实施赶工措施方能保证按期完成安装工作。

（1）采取安装方案优化措施。各方积极优化安装方案，采取了一系列优化措施，如尾水门机采用 H 形门腿整体拼装、吊装的方式加快了安装进度；将尾水闸门的下部 4 节门叶两两一组在下游副厂房高程 280.74m 平台进行拼装、焊接，由上海 MQ6000 门机吊入门库后拼焊，加快了闸门安装进度。安装方案优化措施的实施在保证安装质量的同时，有效地加快了安装进度。

（2）加大资源组织力度。加大资源投入是实施赶工措施的基础。项目部组织核算了安装需投入的人力、设备数量，据此协调安装单位水电三局及时从其他工地抽调了大量安装技术骨干和电焊机，满足了安装所需。

（3）加大现场协调力度。项目部每天组织现场协调会，协调吊装手段，督促安装单位合理组织安装工序、优化资源配置，及时沟通、协调解决安装过程中的各项问题。

在各方的协同努力下最终提前完成了安装工作，满足了下游基坑进水形象要求。尾水金属结构安装项目各单元工程安装质量均评定为优良，且保证了安装过程的安全。

4.4.6　中孔弧门及启闭机安装工艺

1. 工程概述

向家坝水电站泄水坝段位于河床主河槽中部略靠右侧，前缘总长 248m，共分为

13 个坝段，标准泄水坝段宽 20m。共设有 12 个表孔、10 个中孔，采用溢流表孔与泄水中孔间隔布置形式，高低坎底流消能，溢流表孔跨横缝布置。

泄水坝段共有 10 孔泄水中孔，每个中孔出口处设置 1 扇弧形工作闸门，闸门由门体、支臂、支铰座、水封装置、侧轮及附件等组成。门叶尺寸 6m×11.259m，支铰中心高程为 306.50m，弧门门叶分 2 节制造，立式组装，节间采用高强螺栓连接。支臂为箱形结构，由上下支臂组成，分节处采用螺栓连接。支铰采用自润滑轴承。闸门由 1 台 5500kN/1000 kN 液压启闭机动水启闭，弧门单件最大重量为 53.4633t，弧门总重量为 339.177t。

泄水中孔布置 3 道闸门控制，其中出口布置由液压启闭机控制启闭的弧形工作门。启闭机容量 5000kN/2000kN，工作行程 11.41m，通过油缸活塞杆操作弧门。每台液压启闭机设备由油缸、固定机架、摆动机架、液压控制系统（包括泵站、阀架、缸旁阀块、高位油箱、液压管路）、电气控制系统（包括泵站控制柜、机旁控制柜、开度仪、位置检测装置）等部分组成。

2. 弧门安装工艺

1）安装总体程序

结合土建分层情况，中孔弧门总体安装顺序见图 4－16。

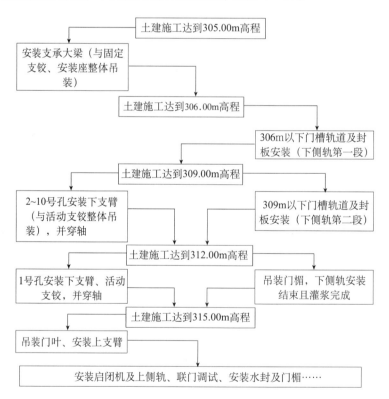

图 4－16　中孔弧门总体安装顺序图

2）弧门的预拼及组装

为方便现场安装，在金属结构厂内对弧门部分构件进行组装。其中，在厂内将支承大梁安装座、支承大梁及固定支铰拼装为一个吊装单元。在坝面将 2～10 号孔的活动支铰与下支臂拼装为一个吊装单元。

由于弧门在制造厂内经过大拼验收后分解再运至工地，但固定支铰与活动支铰及支铰轴未拼装，以及第一批到货的 4 套固定支铰和支承大梁未在制造厂内大拼。在安装前，需完成下列工作：

（1）在金属结构厂完成固定支铰、活动支铰与支铰轴间的选配工作。设备到货后对固定支铰、活动支铰及轴进行孔径测量，选配后进行预拼组装。

（2）首扇弧门下支臂与固定支铰间的接合面进行预拼。

（3）首扇弧门上下支臂间接合面进行预拼。

3）弧门安装

（1）安装准备。

①弧形门的各制造分块、支臂与主梁连接端头、支臂与活动支铰座的连接端头的定位基准，均应检验核对连接样冲标记。这些中心线标记是现场安装、对位、测量基准的标志。

②各主要部件的组合处应设置定位斜块，以利吊装时各构件迅速可靠地对位。

③对构件进行必要的加固并设置吊耳，方便构件的运输和吊装。

④弧形门安装基准为弧门支铰中心，该点由工作门底坎安装基准点引出，在闸门安装前应予以复核。

⑤根据施工实际检查支铰中心至底坎的曲率半径偏差，并比较左右两边的偏差方向和大小，底坎上的孔口中心点应打上连续样冲标记，以利今后查找。

⑥工装制作。

a. 设计、制造弧形工作门吊装时用的钢箱梁及配套的卷扬机、滑轮组等起重装置，且调试完毕。

b. 支铰座安装平衡梁设计、制作。

c. 穿轴托架及工作平台制造及安装。

d. 水封热胶合专用模具设计、制作。

e. 闸室底坎上、下游相应的部位搭设工作平台。

f. 支臂与活动支座连接部位搭设临时作业平台。

g. 门叶支墩设计、制作。

（2）支承大梁安装及下侧轨安装。

弧形工作门安装主要吊装手段参数如下：

2 号 MQ2000 吉林门机轨道中心里程为 0～026m，轨道布置在坝右 0 + 058m 至 0 + 236m 范围内，其吊装能力 36m 范围内为 63t，40m 范围内为 50t，50m 范围内为 40t，60m 范围内为 30t，71m 范围内为 20t。

单台缆机吊装能力为30t，控制面为坝上0～19.5m至坝下0～152m。双机抬吊并车距离为10m，最大起吊能力为55t。

弧形门支承大梁布置在坝下0+41.5m，单重为17.3t，单个固定支铰重为16t，单个支承大梁安装座约为1t。该构件在后方金属结构厂进行大拼后总重为51.3t左右，拖运至缆机起吊平台（左岸384m坝顶或右岸380m授料平台，下同）进行双机抬吊。双机抬吊到位后，利用预埋在305m高程的埋件对支承大梁进行加固及调整，调整验收标准为本方案第3.3节中第1～5项。

由于弧门吊装前，工作门下侧轨及封板必须施工完毕，且下侧轨安装临时排架对弧门支臂吊装有较大影响，因此，工作门下侧轨安装穿插在土建进度中进行。根据土建施工升层及轨道分节情况，工作门门槽埋件分两段进行安装，其中当大坝混凝土浇筑至306m高程时，工作门下侧轨安装至306m高程（第一、二节）并完成二期混凝土浇筑；当大坝混凝土浇筑至312m时，下侧轨安装完成并完成二期混凝土浇筑。上侧轨安装在土建到达315m以后，且启闭机安装前完成。

（3）2～10号下支臂、活动支铰安装及穿轴。

①土建达到309m高程后，在已安装就位的固定支铰座上安装穿轴工装设施，并将支铰轴（$\phi850\times1440mm$，重6.4023t）预先安置在待装位置。待混凝土达到龄期后，开始进行2～10号下支臂、活动支铰安装。

②2～10号弧门下支臂、活动支铰在仓面拼装后整体吊装。拼装前，预先在仓面设置拼装用支墩。弧门下支臂重为38.5t，采用两台缆机抬吊到仓面支墩上。活动支铰单重为23t，采用2号吉林门机仅能将其吊装至0+39m（幅度65m，吊重25.4t）左右仓面内部位与上支臂拼装。

③拼装后，弧门下支臂、活动支铰总重为61.5t，吊装手段为两台缆机与2号吉林门机抬吊。起吊后，门机配合缆机向下游方向移动至安装部位，将构件吊装就位。

④吊装调整就位后，穿入支铰轴，然后缆机松钩退出，由吉林门机将下支臂下端放置在钢垫梁上再拆除穿轴架。

（4）1号下支臂、活动支铰安装及穿轴。

①由于2号吉林门机吊装能力限制，1号孔下支臂、活动铰座单独进行安装。为了调整下支臂与活动支铰对接时活动支铰的角度，在310m左右高程埋设4个锚钩，其承载力为15t，材料采用$\phi36mm$的圆钢。土建浇筑至312m高程并达到龄期后进行活动支铰安装。

②1号孔活动支铰采用单台缆机吊装。吊装时，应使用配重架和5t手动葫芦来控制铰座的上翘角度，以利轴孔对位。吊装就位后首先进行穿轴作业，然后10t导链从缆机上脱钩并悬挂在310m高程上埋设的锚钩上。待活动支铰与下支臂接合面倾斜角调整至要求后，拆卸平衡梁并吊出。

③使用两台缆机将下支臂吊入，并使用布置于312m高程的10t卷扬机调整下支

臂角度与活动铰座进行对接。对接完成后，先松开 10t 导链，然后缆机松钩，再由滑轮组将下支臂上游端缓慢放置在后底钢衬表面的支墩。

（5）门叶吊装。

①门叶吊装在土建浇筑至 315m 高程下侧轨安装完成后进行。门叶吊装前要准备两个钢支墩，钢支墩高度为 700mm，便于门叶吊入孔内后施工人员上下游通行。

②门叶沿纵向左右对称分为两片制造，两片之间采取高强螺栓连接。单片门叶重为 53.5t，总重为 107t。安装中采用缆机抬吊。

③用 2×50t 起吊钢梁将下支臂起吊一定的高度，将门叶吊至安装部位时缓慢调整门叶角度，使门叶与下支臂连接螺孔对位。各螺孔对位后，应迅速装配螺栓连接，若有错位的螺孔采用过冲对孔。门叶与下支臂螺栓对接时，门叶应落在钢支墩上，同时缆机还提有一定载荷。2×50t 起吊钢梁调整下支臂上游段的高度与门叶对位，门叶与下支臂连接螺栓全部紧固后，起吊钢梁侧吊点先落钩，随后缆机松钩退出。钢支墩须在底坎封板焊缝部位装焊挡板（用不锈钢焊条），门叶上部在门楣处支撑牢固后方可松钩。

④门叶落入闸室内，可采用在门叶底梁挂 3t 的手动葫芦通过下游已埋设的预埋件来调整门叶的倾斜度。缆机和 2×50t 起吊钢梁摘钩前，门叶顶部在门楣的位置应采用两根 [16 的槽钢支撑牢固后方可松钩。

（6）上支臂、支撑杆件及附件安装。

①上支臂重为 21.8744t，支臂竖向杆件重为 2.92t，上支臂水平横向杆件（1/2 数量）重为 0.75t，总重为 25.54t，采用上游吉林门机分别吊装。上支臂吊装到安装部位时利用吊绳上挂的手动葫芦调整支臂的倾角，以利用上支臂后端板螺孔定位。

②上支臂与"裤衩"连接后，调整上下支臂端头中心距，并将上支臂前端板与门叶上部端板连接，同时检查、调整支臂与门叶的总体控制尺寸，符合规范要求后装配并紧固所有螺栓紧固件。

③上下支臂的竖向支撑杆件应先进行安装。左右片支臂间的上下两层横向杆件，先安装下层横向支撑杆件，待调整螺栓紧固后，再安装上层横向支撑杆件，最后进行其他附件安装。安装时采用 1~2t 手动葫芦配合。

（7）水封安装、闸门焊接及防腐。

①水封安装工作在液压启闭机联门调试完成后进行，由启闭机将门叶提至检修位后安装止水橡皮。

②水封装置安装前需清点有关部件，核对编号，止水橡皮直接利用门叶水封压板的螺孔进行号孔。橡皮水封孔径需比螺栓直径小 1mm，需钻孔的橡皮要摆放平顺，两头留适当余地，如有接头应事先粘接。

③水封橡皮应先在止水压板接头部位开始穿入螺栓，并分几遍逐步拧紧。紧固时应均匀，对未达到压缩量的侧向水封应多次紧固螺栓，以增加压缩量。

④为便于操作，门叶上游面宜搭设简易的脚手架，下游面需准备专用套筒卡子，而由上游面人员使用 T 形扁头起子紧固止水螺栓。

⑤底止水安装时要注意与侧止水的结合部位，另须保证其底止水平直度。安装门叶的顶止水要等门叶落到底坎上，对顶止水位置进行确定后再顶起门叶最后安装顶止水。水封装配严禁烫孔。

⑥闸门现场焊缝均属于Ⅲ类焊缝，其中门叶纵向的密封焊缝采用不锈钢焊条进行焊接，其余部位焊缝均采用 J507 焊条进行焊接。

⑦闸门安装完成后，对现场焊缝影响区域用手动工具进行除锈，除锈等级为 st2 级，涂装厚度为 $300\mu m$。闸门现场防腐面漆由业主提供，防腐厚度为 $50\mu m$。

3. 液压启闭机安装工艺

1）安装流程

设备安装工艺流程为：设备清点、检查→基础埋件安装→机架安装→油缸安装→泵站及电控设备安装→液压管路配管→液压管路打压→液压管道酸洗→液压管路循环冲洗→液压管路回装→系统注油→电气调试→启闭机空载调试→油缸吊头与弧门连接→弧门水封安装→启闭机联门调试。

2）安装工艺

（1）设备安装前的准备。

①液压启闭机有关图纸和资料应齐全，并熟悉其内容。

②检查液压元器件，不得出现变形、擦伤、摔伤、划痕、锈蚀等现象。

③对压力继电器和压力表进行校验。

④对安装部位进行清理并符合要求。

⑤箱装设备必须业主、监理、施工方三方在场方可开箱。

（2）基础埋件安装。

①埋件安装前，应根据弧形工作门槽孔口中心线和底坎里程确定启闭机安装中心线及启闭机安装基准点线，经监理工程师复核确认合格后再进行埋件安装。

②启闭机的机架埋件布置在一期现浇大梁上。为保证启闭机机架埋件安装精度，先将预埋螺杆组装成锚栓架形式整体安装。埋件安装加固完成后，对埋件的安装位置和尺寸检查合格后浇筑混凝土。

③为确保启闭机机架中心与弧门门槽孔口中心线之间的安装精度，机架的垫板埋件采取二期混凝土方式进行浇筑。采用 $\delta = 8mm$ 聚苯乙烯和胶合胶在基础板（含剪力板）与混凝土接触部位进行粘接，并设置 1 根灌浆管。基础板一期安装并浇筑混凝土后，拆除基础板，清除聚苯乙烯，基础板进行二次安装并调整到位后进行灌浆。同时，将启闭机机架地脚螺栓孔由原 $\phi51mm$ 扩大至 $\phi64mm$，以便保障机架安装精度达到规范要求。机架地脚螺栓在弯钩端剪短 250mm，并在截断端加工 M48 螺纹，增加配套螺母及垫圈。

（3）启闭机机架及油箱吊装。

启闭机机架总重 16.095t，采用缆机或吉林门机吊装就位。由于此时吉林门机吊装受大坝甲块高程影响，无法直接吊装就位，可采用在仓面布置 25t 汽车吊转吊就位的方式进行。

机架吊装就位后调整其高程及中心，要求高程偏差小于 ±5mm，中心偏差小于 ±2mm。摆动机架是启闭机承重的关键构件，油缸在摆动机架上可双向摆动，具有"十"字铰的功能。摆动机架应转动灵活无卡阻。

高位油箱在高位油箱平台形成后，顶部预制盖板吊装前安装就位。

（4）油缸吊装。

油缸总成自重 45 944.9kg，长度为 17.25m，安装位置的中心为 0 + 30.000m，采用两台缆机抬吊吊装就位。

将油缸水平放置于专用支架上，由 50t 平板拖车运至 380m 高程缆机授料平台，用缆机卸车。为防止吊装过程中油缸活塞杆外伸，在油缸吊装前用钢丝绳将活塞杆吊头通过专用工装与油缸体连接，锁定活塞杆。

油缸吊装时由 2 台缆机抬吊油缸上端，一台 50t 汽车吊抬吊油缸下端，配合卸车至竖直状态后，50t 汽车吊松钩并拆除油缸下端起吊钢丝绳，由 2 台缆机将油缸吊入安装部位。油缸就位后用 4 根钢丝绳将油缸靠近上端并固定在预埋在液压启闭机室内墙侧的 4 个锚环上，防止油缸倾倒。

（5）泵站设备安装。

油泵、电机、油箱、阀架及泵站内油管路等设备均在启闭机室底板形成后采用 2 号 MQ2000 门机吊装（MQ2000 拆除后采用缆机吊装）。按图纸尺寸放样安装就位，调整电机与油泵之间的联轴节，使之符合设计要求。

（6）供电系统敷设。

根据施工局基坑进水后施工用电规划，液压启闭机供电电源取自右非六坝后 4 号临时供电点，经右非⑦高程 322m 廊道口进入高程 322m 廊道。电源采用双回路，分别取自田坝和马延坡变电所，确保中孔启闭机一线正常运行。为了满足液压启闭机调试及运行需要，供电容量按 350kW（可满足两台液压启闭机同时运行）配置。为满足今后临时供电系统与永久供电系统无缝切换的需要，建议业主在廊道内合适部位布置分电箱，临时供电点至分电箱内采用临时供电线路，分电箱至启闭机房采用永久供电线路，确保永久电缆一次敷设到位，提高液压启闭机供电的可靠性。

（7）液压管路安装。

液压管路除凑合节在现场配置外，其余均在工厂制作并清洗完毕。凑合节油管在工厂只焊一端法兰，另一端法兰在工地现场根据实际尺寸而定（凑合节油管长度在工厂下料时按图纸名义尺寸已预留 300mm 余量）。按现场管路实际位置，确定凑合节最终下料尺寸。凑合节下料切割后，对其端面进行平整处理，除去油管内外壁的毛刺、油污、铁锈及其他杂物，要求切口平面与油管中心轴线垂直度小于1/1000管外径。凑合节在管路中装配使两轴线重合，并使法兰对正进行定位焊后拆下进行氩弧焊接。为防止焊接时油管内部氧化，管内充氩气进行保护。要求焊缝不得有气孔、夹渣、裂纹或未焊透等缺陷。

凑合节焊接完毕后，要先打压检查焊缝有无缺陷，然后再酸洗。酸洗工作在专业工厂内或现场采用酸洗膏进行。

（8）液压管路的冲洗及打压。

凑合节酸洗完成后，将各凑合节管道与冲洗设备连成闭合回路进行循环冲洗。根据合同约定，冲洗设备、冲洗用油及滤芯等均由业主提供。首先，采用过滤精度为10μm的过滤小车将冲洗液加入冲洗装置的油箱中至正常工作范围内。点动油泵电机，确认电机的转向是否正确，温度计上限设置为65℃，所有电气操作控制系统应正常。

启动冲洗设备油泵，先使冲洗油液在被冲洗管道内循环起来，当管路充满冲洗油液后，油箱内液位应在正常工作范围内。启动加热器加热冲洗液直至油温上升到50~60℃，调整系统溢流阀至正常的工作压力。在冲洗过程中采用改变液流方向或对管道对接处轻轻敲打、振动等方法加强冲洗效果。管道循环冲洗清洁度检测由便携式颗粒计数器完成。当油液清洁度达到NAS 8级以上后即可停止冲洗，并将凑合节管路回装到位。

凑合节管道回装到位后，应用加压泵对整个管路系统进行压力试验。压力试验介质选用系统所使用的46号抗磨液压油，高压油管试验压力为系统工作压的1.25倍（25.75MPa），低压油管试验压力为其工作压的1.5倍（3.75MPa）。试验压力保持10min，检查管路系统所有焊缝和接口应无泄漏，管道应无永久变形。

（9）液压系统调试。
①系统注油及排气。

全开油泵进口阀门，调整系统溢流阀处于全开位置，按要求给油泵加入100~200ml液压油。点动油泵电机，确认其转向正确。启动油泵空载连续运行30min，应无异常现象。调整溢流阀，使油泵在工作压力的25%、50%、75%和100%工况下分别连续运行15min，油泵应无振动、杂音或温升过高现象。

系统注油采取电控手动操作，注油压力不大于2.0MPa。注油时系统溢流阀调整在2.0~2.5MPa时动作。打开油缸无杆腔上排气阀，向有杆腔内注油，当液压油从排气阀喷出后，即可停止注油并关闭排气阀。然后启动油泵继续注油至活塞杆全部进入油缸，停止注油，拆除活塞杆锁定装置。在注油过程中要随时对油箱中的油液进行补充，确保油位在规定的范围内。

为避免油缸吊头与弧门干涉，将油缸固定钢丝绳换成导链葫芦，调整油缸上端向上游倾斜约5°。全开有杆腔进油阀，缓慢开启缸旁阀块上的手动阀，使活塞杆升出油缸到最大位置。启动油泵，手动操作启闭机，控制活塞杆全行程往复运行3次以上，确保油缸内的气体排出。

②系统耐压试验。

系统耐压试验采取调整系统溢流阀的方法。首先调整单台油泵输出流量为额定流量的 60%；将系统 25MPa 压力表换为 40MPa 的压力表，将阀架上与油缸无杆腔相连的 6MPa 压力表换为 10MPa 压力表，其他压力表全部拆除；退出所有压力继电器，系统溢流阀完全松开，并将阀架上其他溢流阀完全关闭。耐压试验按每台启闭机液压控制回路，油缸有杆腔、无杆腔连接管路及油缸组成的单元回路逐个进行。

启动单台油泵，打开需做耐压试验的单元回路的控制阀，调整系统溢流阀，逐级升压。油缸有杆腔回路按 25%、50%、75%、100%、125% 的额定工作压力分别逐级进行，无杆腔回路按 50%、100%、150% 的额定工作压力分别逐级进行，每个级别压力分别保压 10min。系统各部分应无异常现象，且无泄漏即为合格。

③液压系统保护试验。

系统超压保护：启动油泵，不进行启、闭动作，调节系统溢流阀，当系统压力达到 22.66MPa 时，调整相应的压力继电器，使电控系统发出系统超压报警信号并停机。

启门超压保护：启动油泵，电控系统发出启门命令，油缸执行启门动作。油缸活塞杆全部缩回，此时系统压力上升，调节溢流阀，当启门压力达到 21MPa 时，调整相应的压力继电器，使电控系统发出启门超压报警信号并停机。

启门失压保护：启动油泵，电控系统发出启门命令，油缸进行启门动作，调整溢流阀将启门压力调至 1.5MPa 并调整相应的压力继电器，延时 8s 后，使电控系统发出启门失压报警信号并停机。

闭门超压保护：启动油泵，电控系统发出闭门命令，油缸进行闭门动作，当活塞杆全部伸出后，调节溢流阀将闭门压力调至 2.5MPa，调整相应的压力继电器，使电控系统发出闭门超压报警信号并停机。

（10）启闭机联门调试。

手动操作启闭机运行，控制启闭机油缸活塞杆伸出长度，精确调整吊头与门叶吊耳间的相对位置后，将销轴穿入并锁定。

①闸门全关位置的调整。将电气控制柜上的转换开关切换至手动位置，操作弧门下降至距全关位置约 1.0m 处停机。缓慢打开缸旁阀块上的手动阀，弧门因自重降至全关位置。调整位置检测装置的全关位置接触开关，直到接触开关的指示灯由亮变灭的临界位置时，将接触开关锁住。调定后在此位置将开度仪数字显示器清零。按上述方法反复调整，直至弧门全关位置的重复精度小于 3mm。

②全开位置的调整。将电气控制柜上的转换开关切换至手动位置，操作弧门由全关位置进行启门运行，当弧门开度达到 8.94m（全开位置）时停机。调整位置检测装置的全开位置接触开关，直到接触开关的指示灯在由亮变灭的临界位置时，将

接触开关锁住。

③闸门下滑200mm复位试验。弧门在全开位时，缓慢打开缸旁阀块上的手动阀，当油缸下滑至200mm时（通过开度仪显示面板读数）关闭该阀。调整位置检测装置下滑200mm的接触开关，直到接触开关的指示灯在由亮变灭的临界位置时，将接触开关锁住。切换电气控制柜上的转换开关至自动位置，此时启闭机自动开机将弧门提升至全开位置。

4.4.7 表孔弧门及启闭机安装工艺

1. 工程概况

向家坝水电站泄水坝段位于河床主河槽中部略靠右侧，前缘总长248m，共分为13个坝段，标准泄水坝段宽20m。共设有12个表孔、10个中孔，溢流表孔与泄水中孔采用间隔布置形式，高低坎底流消能，溢流表孔跨横缝布置。表孔布置两道闸门控制，其中出口布置由液压启闭机控制启闭的弧形工作门。

泄洪表孔共12孔，每个泄洪表孔设置1扇弧形工作门，单套弧形工作门总重328.356t，单件最大重量35.62t（下支臂与"裤衩"）。弧门孔口宽度为8.0m，门叶高度为27.215m，底板高程为353.285m，支铰中心高程为367.000m。弧门门叶分10节制造，上中下三节支臂，现场焊接。止水装置采用"L"形水封橡皮。弧门在两侧闸墙上布置有2×3200kN双缸同步摆动式液压启闭机进行表孔弧形工作门的启闭。

溢洪道表孔安装有12套液压启闭机，操作启闭12扇弧形工作门，启闭机总体布置形式为双吊点，两端铰接方式，采用现地控制与中央集中控制。启闭机可全程或局部开启。

每套启闭机的组成包括：两套油缸总成（包含优质陶瓷活塞杆及集成式行程检查装置、闸门行程限位装置、缸旁保压安全阀块）、尾部支铰座、油缸全关位支撑、联门轴、液压油箱及相应附件、油泵电机组、控制阀台、液压管路、电力拖动和控制系统等。

2. 主要技术参数

主要技术参数见表4-13。

表4-13 溢洪道8.0m×27.215m-26.715m弧形工作门主要技术参数

序号	名称	技术参数
1	弧门形式	露顶式
2	孔口尺寸	8.0m
3	闸门高度	27.215m
4	弧门压力角	—
5	支铰中心距	5m

续表

序号	名称	技术参数
6	设计水头	26.715m
7	总水压力	28965kN
8	面板曲率半径	30.0m
9	启闭机形式	液压启闭机
10	启闭机容量	2×3200kN
11	孔口数量	12

弧形工作门布置的位置及桩号见表 4－14。

表 4－14　溢洪道 8.0m×27.215m－26.715m 弧形工作门布置位置及桩号

序号	孔口中心线桩号	底坎中心线	支铰轴心
1	坝右 0+260		
2	坝右 0+280		
3	坝右 0+300		
4	坝右 0+320		
5	坝右 0+340	坝下 0+011.858m 高程 353.275m	坝下 0+038.500m 高程 353.275m
6	坝右 0+360		
7	坝右 0+378		
8	坝右 0+398		
9	坝右 0+418		
10	坝右 0+438		
11	坝右 0+458		

弧形工作门主要工程量见表 4－15。

表 4－15　溢洪道 8.0m×27.215m－26.715m 弧形工作门主要工程量

序号	名称	重量(kg)	外形尺寸(mm) L×W×H	序号	名称	重量(kg)	外形尺寸(mm) L×W×H
1	门叶第1节	20333.5	7960×3324×2456	11	支铰装置（左）	22809.4	3000×1300×1800
2	门叶第2节	10246.5	7960×2750×1764	12	支铰装置（右）	22809.4	3000×1300×1800
3	门叶第3节	16864.7	7960×3100×1776	13	上支臂（左）	19970.29	23146×1060×1052
4	门叶第4节	10460.3	7960×3100×1764	14	中支臂（左）	18611.4	21530×1060×1052
5	门叶第5节	10544.5	7960×3200×1764	15	下支臂（左）	16959.89	19567×1060×1052
6	门叶第6节	16952.2	7960×3150×1776	16	"裤衩"部分（左）	18654.5	8000×3800×1160
7	门叶第7节	6758.9	7960×2500×1758	17	上支臂（右）	19970.29	23146×1060×1052
8	门叶第8节	8133.3	7960×2800×1758	18	中支臂（右）	18611.4	21530×1060×1052
9	门叶第9节	8510.1	7960×2950×1758	19	下支臂（右）	16959.89	19567×1060×1052
10	门叶第10节	7854.8	7960×2750×1758	20	"裤衩"部分（右）	18654.5	8000×3800×1160

启闭机主要技术参数见表4-16。

4-16 启闭机主要技术参数

名称	技术参数
系统额定工作压力	20MPa
单油泵流量设定值	2×120L/min
主泵电机	2×55kW，1470r/min
系统使用传动介质	美孚超凡46号抗磨液压油
系统清洁度要求	NAS 1638 8级
额定启门力	2×3200kN
额定闭门力	闸门自重
启门活塞速度	0.6m/min
闭门活塞速度	0.6m/min
油箱容积	6500L
油缸内径/外径	520/620mm
活塞杆径	220mm
油缸工作行程	10 700mm
油缸最大行程	11 000mm

启闭机安装设备清单见表4-17。

表4-17 单孔液压启闭机安装设备清单

序号	名称	尺寸（mm×mm）	数量	单重（kg）	总重（kg）	备注
1	埋件		若干	6000	6	
2	油缸支铰	2800×1450×2375	2	5930	11 860	
3	油缸托架		2	199	3980	
4	油缸	14212	2	14 500	29 000	
5	电机泵组	1750×1300×1000	2	1800	3600	
7	油箱	2850×2500×1210	1	2300	2300	不含油
8	阀台单元		1	800	800	
	合计				53 820	

3. 弧门安装方案

1）安装施工总体程序

表孔弧形工作门槽安装：单孔弧门门槽拟分两个阶段进行安装，在混凝土高程到达374m后，安装374m以下部分门槽；在混凝土到顶后再进行374m高程以上部分门槽安装。混凝土浇筑至382m高程时，弧形门槽埋件直接安装至384m，大坝混凝土整体浇筑至384m高程（即382～384m采用一起混凝土浇筑）。

表孔弧形工作门安装：表孔弧形工作闸门支铰装置在大坝上升过程中进行吊装，

弧门支臂与"裤衩"在后方车间进行预拼装。弧形门门体及支臂在大坝混凝土浇筑到顶（384.00m 高程）后，在闸室现场以全关的位置采用敞孔立式方式进行拼装、焊接。考虑目前土建的形象，表孔弧形门安装顺序可参考采用 3 个工作面同时展开安装，土建和金属结构之间以相互分段交面方式进行。埋件安装除支铰锚栓架、液压启机支座和油缸拖臂座为一期埋件施工外，其余均为二期混凝土安装。施工埋件安装及施工临时设施均采用缆机和混凝土仓面吊（8～25t）作为吊装手段，有 3 孔门叶和支臂的安装需缆机吊装，并需一根 2×25t 起重梁及相配套的卷扬机、滑车组作为辅助起吊手段。其他弧形门安装直接采用坝顶门机作为起吊手段。

2）吊装运输

（1）所有中孔工作弧门在后方金属结构制造厂存放、清点归类。根据安装进度计划运输到施工现场。

（2）弧形门运输。弧门小型构件及附件运输采用 5～8t 平板汽车。弧门支铰装置，第 1、3、6 节门叶，支臂采用 40t 平板拖车，其他门叶采用 8～17t 平板汽车。装车采用 20t、50t 龙门吊，25t、50t 汽车吊。在缆机吊装区域，弧形门构件由后方金属结构制造厂二次转运至右岸 384.00m 吊物平台。在坝顶门机吊装区域，弧形门构件由后方金属结构制造厂二次转运至右非 1 坝面。

（3）弧形门吊装。弧门支铰装置单元重量为 22.81t，全部采用单台缆机吊装。坝顶门机形成前，拟 4 扇弧形门（5、10、11、12 号孔）全部采用 30t 缆机吊装，其余 8 扇弧形门的门体、支臂均由坝顶门机吊装。下支臂与"裤衩"组装单元重量为 35.62t，采用缆机吊装需用两台缆机抬吊。采用缆机吊装的弧形门安装另需辅助 2×32t 起吊钢梁一根，协助进行支臂挂装。

3）表孔弧形门安装工艺

（1）表孔弧形门安装工艺流程。

①采用缆机吊装表孔弧形门安装工艺流程：施工准备→设备到货清点和复检→支铰装置临时加固→支臂拼装平台搭设→支臂预拼（3 个吊装单元）→支铰装置安装→下支臂（含"裤衩"）吊装，与活动支铰连接→起重钢梁就位→底节门叶吊装调整，与下支臂连接→第 2 节门叶吊装调整→中支臂吊装调整加固→第 3 节门叶吊装调整，与中支臂连接→底、中臂竖向撑杆安装→中支臂焊接→第 4 节门叶吊装调整及加固→第 5 节门叶吊装调整及支撑加固→上支臂吊装调整加固→第 6 节门叶吊装调整，与上支臂杆连接→中、上臂竖向撑杆安装→上支臂焊接→门叶（1～6 节）焊接→第 7～10 节门叶吊装，调整及支撑加固→第 7～10 节门叶焊接→启闭机油缸联门→门体水封等附件安装→整体调试→监理工程师确认→门体防腐→监理工程师终检。

②采用坝顶门机吊装表孔弧形门安装工艺流程：不采用临时起重钢梁，坝顶门机副钩吊门叶，主钩挂中孔事故闸门的自动抓梁配合吊左右下支臂同时进行起落，其他安装工艺流程相同。

（2）弧形门安装应具备的条件及准备工作。

①弧形门安装应具备的条件。

弧形工作门埋件安装验收、二期混凝土龄期已达到要求。

门槽埋件混凝土浇筑后的尺寸复测。

清除施工现场杂物或对安装有影响的临时设施。

大坝混凝土上升到384.00m高程。

安装部位的弧形门支臂部分拼装完毕，具备运输条件。

②安装前的技术准备。

a. 中心线标记。弧门基准控制点：弧门埋件及弧门安装的基准点主要是弧门支铰圆心点和弧门底坎上的孔口中心点，这些点由测量人员做出，安装前予以校核。孔口中心点应在二期混凝土后的底坎面上做出连续样冲标记；支铰中心点必须妥善保护，避免安装和验收过程中多次重复返点带来累计误差，液压启闭机支铰中心点亦以此为基准点。各基准点在安装前应相互复核。

弧形门的各制造的分块、支臂与主梁连接端头、支臂与活动支铰座的连接端头、支臂竖向杆件的定位基准，均应打上明显、易找的连接样冲标记。这些中心线标记是现场安装、对位、测量基准的标志。

b. 定位块。各主要部件的组合处应设置定位块，以利吊装时各部件迅速可靠地对位。

c. 运输和吊装过程中的加固措施。

d. 现场焊缝。现场拼装焊缝特别是Ⅰ、Ⅱ类焊缝剖口质量及形式是否满足设计及施工要求，否则要加以改进并对焊缝剖口进行清理，以满足设计及施工要求。

③安装基准控制点。

a. 弧形闸门的主要安装基准控制点是弧门支铰圆心中心点和弧门底坎上的孔口中心线（点），这些控制点由测量队做出，但在安装闸门前应予以复核，也可用校验的钢盘尺量对角线方法校核其控制点的准确度。

b. 复核支铰中心至底坎的曲率半径偏差，并比较左右两边的偏差方向和大小，底坎上的孔口中心点应打上连续样冲标记，以利今后查找。

④安装前的工装准备。

a. 设计、制造弧形工作门吊装时用的钢箱梁及相配套的卷扬机、滑车组起重装置，且调试完毕。

b. 支铰装置临时加固焊接。

c. 支铰调整、安装及支臂与活动支座连接部位使用的工作平台安装。

d. 水封热胶合专用模具设计、制作。

e. 闸室底坎在下游相应的部位搭设临时工作平台。

f. 支臂拼装、焊接工作平台搭设。

g. 支臂安装钢支墩设计、制作。

h. 门叶安装上下各层临时工作平台、爬梯制作。

i. 专用吊耳布置。

支臂和门叶吊装前需设置专用吊耳，门叶设置 4 个，分别装焊在面板内侧和隔板后翼板外侧，如制造厂拼装用吊耳便利，也可采用加强后使用。支臂吊耳布设应计算重心位置后对称布置，其吊耳方向应顺着支臂轴线，并加设筋板。

（3）弧形门安装。

①支铰链检查及加固。弧形门的支铰链装置采用偏心轴套，为总成到货，安装时宜整体吊装。支铰链到货后，需进行各部位尺寸的检查达到设计要求，将活动支铰转动到图纸要求的压力角度，在支铰装置上下各布置两根 I25a 工字钢（长度约 2700mm），将固定和活动支铰进行焊接、加固，以便于下支臂的对装。

②弧门支臂与"裤衩"预拼装及焊接要求。弧形门各支臂与"裤衩"拼装在工地后方金属结构制造厂进行，主要工作是将上、中、下三片支臂与"裤衩"进行拼装。拼装达到设计要求后，下支臂与"裤衩"和下杆件进行焊接。上、中支臂与"裤衩"不进行焊接，支臂与"裤衩"分解为三个运输吊装单元。

弧形门支臂与"裤衩"拼装前，需用 I18 工字钢搭设简易临时拼装平台，在平台上放出单片支臂轮廓大样及各杆件中心线，同时在支臂上按支臂的尺寸在拼装平台放大样及各杆件中心线，同时在支臂上做出相应的标记。吊装时，先吊"裤衩"，依次中、下臂架及杆件，支臂采用卧式拼装，支臂内侧面（闸室方向）朝上。支臂的开档尺寸系采用 φ114mm 左右钢管焊 M48 拉紧器进行调整，杆件竖向间距以控制负偏差为宜，便于闸室组装时现场对位。支臂与"裤衩"焊接见专项焊接工艺。

支臂拼装完成后，仔细检查支腿主支杆直线度，支臂长度（以控制在 +3mm 以内为宜）及各开档尺寸合格后，将"裤衩"与下支臂焊接，上、中、下杆件与各支臂进行定位，并与中、上支臂焊接为三个吊装单元。

"裤衩"与下支臂的焊接采用两人对称焊方式进行。焊接前应清理焊缝剖口，焊接时先焊支臂腹杆立缝，再焊上下翼板角焊缝，最后将支臂翻身后焊上、下翼板立缝。以上焊接完成，进行吊耳布置焊接。

③支铰装置安装调整。

a. 在表孔闸墩混凝土浇筑 370.0m 高程，其强度达到安装要求后，进行支铰装置的吊装。

b. 支铰装置总成重量为 22.81t，采用单台 30t 缆机进行吊装。

c. 吊装前需检查和清理固定支铰与锚栓架法兰面及螺孔的污物，并将固定支铰的法兰面上下左右分出中心线，且采用样冲做出明显的标记。

d. 左右支铰轴孔同心度，在底坎孔中位置架设全站仪进行控制孔中方向，左右闸墙侧支铰轴孔同心度在支铰轴的中心圆点挂线锤，全站仪通过测量垂线控制支铰中心的里程及高程。

e. 支铰装置就位后，采用 32t 千斤顶和 5t 手动葫芦进行调整固定支铰的法兰面上下左右各中心线与锚栓架相对应的中心线，且基本要吻合。若固定支铰与锚栓架相对应的中心线误差较大，应微调锚栓与固定支铰螺孔的间隙，直到满足要求为止。

f. 支铰装置调整时，必须根据支铰锚栓架安装经二期混凝土浇筑后复测的数据，对左右两端支铰装置相应进行调整。

g. 左右支铰装置调整达到要求并螺栓紧固后，对法兰配合间隙用塞尺进行检查。

④弧形工作门安装（缆机吊装）。

弧形门的门叶、支臂及支铰装置采用30t缆机吊装。

弧形门的门叶、支臂及支铰装置18大件需用缆机从左岸或右岸缆机吊物平台处吊至闸室。下支臂（含"裤衩"）采用双台缆机抬吊，其余所有的构件采用单台缆机吊装。左右支铰装置与支臂和门叶在安装位置进行组拼时，需利用 $2 \times 32t$ 起吊钢梁与单台缆机配合吊装进行螺栓连接。

⑤下支臂安装调整。

a. 在闸墩混凝土浇筑至369.0m高程（距固定支铰顶面约2m）以支铰纵向轴线的位置，左右共埋设 2×2 个槽钢，其总承载力约为40t，对应单边的两个的间距为400mm。

b. 在距底坎下游约2m位置预先放置一钢支墩高度1.0m（利用中孔弧门钢支墩），采用∟70×6角钢两根与底坎结构临时焊接牢固，并装焊挡板。

c. 下支臂（含"裤衩"）单重35.62t，在后方金属结构制造厂组装一个吊装单元，采用2台缆机抬吊，按两台缆机工作状况最小间距不小于10.6m的要求布置挂绳。当下支臂吊入闸室，门叶位置采用单台缆机抬吊的一端，一般支臂前端不宜离地面太高，保持在2m左右即可定位不动，让支铰端的缆机缓慢起吊，并调整角度。

Ⅰ. 活动支铰的法兰座顶部（有筋板）左右相应位置焊接两个吊耳，通过挂10t的手动葫芦与锚栓架顶部预埋的锚环来调整活动支铰的倾角。

Ⅱ. 下支臂与支铰装置螺栓连接后，应解除支铰链的加固装置。

d. 下支臂由缆机、支臂与支铰上各布置的手动葫芦通过拉拢、调整使螺栓孔对位，装配螺栓，按要求锁紧螺母。

e. 下支臂与活动支铰初步对位，采用∟70的角钢在下支臂与活动支铰连接位置的底部搭设临时吊平台，以满足支臂与活动支铰的安装。

f. 待下支臂螺栓紧固达到要求，支臂前端的缆机先起钩将支臂处于水平状态，支铰装置部位的缆机和10t手动葫芦先同时、配合松钩后，支臂前端的缆机缓慢下落，直到下支臂前端全部受力于闸室底部上预先放置的钢支墩，即可摘钩。

g. 另一片下支臂吊装前，其安装程序同上。

h. 两片下支臂吊装完毕，将用于调整支臂的 $2 \times 32t$ 起吊钢梁需吊至384.00m

高程，坝下 0 + 016.40 位置待用。

⑥门叶安装调整。

a. 门叶吊装前的工作。

Ⅰ. 检查设置的侧轮装置是否装好，否则加以完善。

Ⅱ. 检查处理门叶运输和吊装过程中的接缝部位的变形。

Ⅲ. 装焊吊装吊耳，门叶面板内表面上和主梁后翼板内表面各设两块斜向吊耳。

Ⅳ. 底坎、侧轨工作面清理干净，测量基准点（孔中点设置）。

Ⅴ. 对接焊缝剖口清理干净，露出金属光泽。

Ⅵ. 起升钢梁具备提升支臂条件。

Ⅶ. 准备足够的拼装"马子板"及门叶与门槽加固定位角钢、螺栓。

b. 门叶第 1、2、3 节及中支臂安装。

Ⅰ. 门叶底节吊装采用单台缆机，以 4 点挂绳进行吊装。吊装时，按门叶的重量不同分别挂装 2 个 5 ~ 10t 手动葫芦，用以调整门叶的就位倾角和水平。将底节门叶放在底坎上时，使门叶中心对正孔口中心，用千斤顶和手动葫芦调正门叶里程及曲率半径，用已放置的 2 × 32t 起吊钢梁分别将下支臂缓缓起吊一定的高度，采用过冲使支臂与门叶定位。各螺孔对准后，应迅速装配螺栓连接。当门叶与下支臂螺栓全部连接紧固后，方可梁、机松钩。后续调整门叶底缘水平度、门叶中心、弧门曲率半径三项内容：门叶中心线与孔口中心线垂向中心线对应；曲率半径重点检查上下左右四个角点，以 0 ~ +5mm 为宜，底缘不平度小于 3mm。调整合格后，在底坎中心下游焊 5 ~ 6 块挡块，在门槽下游采用∟ 100 × 10 角钢钻 φ22 孔与止水螺孔用 M20 螺栓连接，角钢应牢焊在门槽上，角钢数量单边 4 ~ 6 块。

Ⅱ. 缆机依次吊入第 2 节门叶进行逐节立式拼装、临时加固。拼装要求孔口中心与门叶中心垂向对应，两门叶边与侧轨不锈钢面相等，间距为 20mm （ - 2、+3），门叶各拼装处错牙不大于 2mm，门叶组合间隙小于 2mm，否则进行处理，并在焊接过程中采取长肉堆焊措施，调整好后的加固同底节门叶。

Ⅲ. 用缆机将左、右、中支臂组装的单元吊入闸室与"裤衩"对接，采用手动葫芦调整对位。应检查各个尺寸，其中支臂的长度以 +2mm 控制，开口弦长应小于 +4mm，焊缝间隙为 2mm，调整好后，将支臂与"裤衩"连接焊缝用"马子"板压牢固，并在闸室、闸墙端用两个 10t 手动葫芦将支臂和"裤衩"拉牢。

Ⅳ. 门叶第 3 节的吊装同前几节，只是位置调整时应保证与中支臂的连接间隙，调整好曲率半径和节间拼缝用"马子"板压牢上支臂端板与门叶连接间隙且保证紧密接触，门叶调整好的加固方法同前。

Ⅴ. 门叶第 1 至第 3 节及支臂拼装完成后，即可组织中支臂的焊接。采取两人对称焊方式，先焊支臂对接腹板立缝、角缝，再焊上下翼板平焊和仰焊焊接，最后定位焊杆件连接焊缝。焊接时尽量避免产生大的应力，可采取"锤击法"等方法消除应力。

c. 门叶第 4、5、6 节及上支臂安装。

门叶第 4、5、6 节及上支臂调装及支臂焊接同上。第 5 节门叶吊装就位后需在中支臂与门叶之间采取支撑加固，以防门叶倾斜。支撑加固材料选用 $\phi114 \times 6mm$ 钢管配套 M90 调节螺杆，布置在中支臂上腹板支撑门叶，左右对称布置一个。以上工序完成，吊装上支臂经调整、加固后吊装第 6 节门叶。

d. 门叶第 1 至 6 节焊接。

Ⅰ. 弧形闸门面板拼装就位完毕，用样板（样板弦长不小于 1.5m）检查其弧面的准确性，检查结果符合施工图纸要求后再进行安装焊缝的焊接。

Ⅱ. 以上 6 节门叶安装及上支臂焊接后，可进行 1~6 节门叶的焊接。门体的焊接工艺另详。焊接时应设置各种焊接平台及爬梯。

e. 门叶第 7 至 10 节安装及焊接。

Ⅰ. 门叶第 7 至 10 节调装及加固形式同第 5 节门叶安装，需在上支臂与门叶之间布置支撑加固。

Ⅱ. 第 7 至 10 节门叶的焊接同上。

f. 门叶加固。

门叶吊装后，门叶之间未焊接前，采用分段点焊牢固，并焊接加劲板。左右两侧用搭接板与弧形门槽埋件焊接在一起，防止门叶施工过程中发生倾斜和位移。

⑦弧门侧轮及支臂栏杆安装。

按图纸的要求，进行侧轮装置和支臂上的拦杆安装。

⑧侧止水、锁定装置安装。

a. 闸门锁定装置的安装待闸门具备动作条件后，根据闸门锁定的实际位置安装。锁定装置在坝横 0 +015.075m、高程 384.00m，合格后交付二期混凝土浇筑。

b. 闸门侧止水安装宜在闸门全部安装焊接完成，液压启闭机形成动门条件后安装。止水安装前，需自制两副通长钢爬梯，悬挂在闸门上游侧止水边缘，需清点压板数量、编号，对压板孔位试装校核确认无误。止水橡皮安装采取直接利用门叶水封座板的螺孔进行号孔，即将止水橡皮贴紧门叶和侧轨止水面，并保证侧止水橡皮压缩 4mm，然后由人在下游对准止水螺栓孔在橡皮上号孔，钻孔时橡皮两头留适当余地，如有接头应事先粘接。橡皮钻孔完毕，可与相应压板以铁丝分段就位，利用启闭机边提门边逐段将螺栓分几遍逐步拧紧，不能从一头向另一头赶，这样容易造成孔位累积误差；紧固时应均匀，对未达到压缩量的侧向水封应多次紧固螺栓，以增加压缩量。止水安装时，底止水与侧止水的连接部位可用冷胶接方式粘接。

c. 为便于操作，门叶上游面宜搭设简易的脚手架，上游面需准备专用套筒卡子，而由下游面人员使用扳手紧固止水螺栓。

d. 底止水安装时要注意与侧止水的结合部位，另须保证其底止水平直度。

e. 水封装配严禁烫孔。

⑨闸门无水调试。

弧形闸门无水调试前，液压启闭机系统必须安装完毕，启闭机泵站、油缸体打压试验正常后方可进行启闭试验。启闭试验分三个阶段进行，一阶段基本为分段起落，主要检查在各种开度下门体、支铰、支臂、吊耳的运行情况，重点检查支铰是否灵活、闸门振动、滚轮工作情况、闸门升降有无卡阻、止水橡皮有无损伤、吊耳部位有无焊缝开裂、启闭机泵阀油压值是否正常，动作是否灵活可靠，在闸门全关位置做水封漏光检查。二阶段和三阶段分别为全程断续和连续启闭，此阶段主要检查启闭机油压值、支铰运行情况等。整个调试过程中应有专人向闸门止水橡皮浇清水，专人监视支铰等重点部位的情况。

（4）采用坝顶门机吊装弧形工作门。

采用坝顶门机吊装弧形门的安装工期在 2013 年 5 月，5 月底已进入汛期及大坝上游水位上升到高程 370m，弧门安装前应将上游事故检修门分别下闸挡水，才能进行弧门的安装。

门叶、支臂及其他装置采用坝顶门机（起重量 4000kN/1250kN/200 kN）吊装。下支臂（含"裤衩"）安装时采用主钩和副钩双钩配合吊装，底节门叶吊装时需利用坝顶门机的副钩吊门叶、主钩吊配中孔事故门自动抓梁（抓梁左右端的侧导向拆除），同时对左右支臂起落，配合安装，若左右支臂同时起落高度有偏差，可在支臂下布置 20t 千斤顶配合进行调整。弧门其他小于 18t 的构件采用坝顶门机的 20t 电动葫芦吊装。

门叶的支撑加固可利用上游事故检修闸门，其材料选 ϕ114mm 钢管及 M48 调节螺杆。

（5）弧形门焊接。

①焊缝分类。

根据 DL/T 5018—2004《水电水利工程钢闸门制造安装及验收规范》，闸门焊缝按其质量特性和重要度分为三类，结合本工程表孔弧门安装的焊缝具体分类如下。

Ⅰ类焊缝：弧门边梁、支臂的腹板及翼缘板的对接焊缝；边梁腹板和翼缘板连接的组合焊缝。

Ⅱ类焊缝：弧门面板的对接焊缝；边梁、支臂的翼缘板与腹板的组合焊缝和角焊缝；边梁与门叶面板的组合焊缝。

Ⅲ类焊缝：不属于Ⅰ、Ⅱ类焊缝的其他焊缝。

②焊接方式。

弧门安装现场焊缝全部采用手工电弧焊。

③焊条。

a. 根据弧门门叶与支臂结构材料（Q345B）选用 ϕ3.2mm 和 ϕ4mm 的 E5015（J507）低合金钢焊条。

b. 焊条应具有合格产品质量证明书且符合 GB/T 5118—1995《低合金钢焊条》规范的要求。

c. 焊条入库时，应按其相应标准的规定进行验收。对其质量有怀疑时，应进行复验，复验合格后方可使用。

d. 安装现场建立焊条库，焊条由专人保管、烘焙和发放，并应及时做好烘焙实测温度和焊条发放和回收记录。烘焙温度和时间严格按焊条说明书规定进行。

e. E5015 焊条焊前经 350℃烘焙 1h，烘焙后的焊条应放入 100～150℃恒温箱内，药皮应无脱落或明显裂纹，焊条应随烘随用。

f. 施焊时，待用的焊条应放于具有电源的保温桶中，随焊随取，并随手盖好筒盖。焊条在保温桶内的时间不宜超过 4h，否则应重新烘焙。重复烘焙次数不宜超过两次。

④焊接。

a. 焊前准备。

Ⅰ. 焊缝组对前，焊缝坡口面及坡口两侧各 10～20mm 范围内的毛刺、铁锈、氧化皮、油污等应用角向磨光机清除干净，直至露出金属光泽。

Ⅱ. 焊缝对缝以外壁对齐为准，弧门面板对接缝以外缘对齐为准，允许错缝量不大于 2mm。

Ⅲ. 焊缝坡口应符合 GB/T 985—2008《气焊、手工电弧焊及气体保护焊焊缝坡口的基本形式与尺寸》规定，当焊缝局部组对间隙超过 5mm，允许做堆焊处理，堆焊要求如下：

严禁填充异物。

堆焊后应达到规定的组对间隙，并修磨平整，保持原坡口形式。

Ⅳ. 定位焊应符合下列规定。

定位焊的施工工艺和对焊工的要求与正式焊缝相同。

对规定要求预热的焊缝，定位焊时应在焊缝中心两侧 150mm 范围内进行预热，预热温度较焊缝规定预热温度高出 20～30℃。

定位焊起始位置应距焊缝端部 30mm 以上，长度应在 50mm 以上，间距 100～400mm。定位焊厚度不宜超过正式焊缝厚度的 1/2，且最厚不超过 8mm，应具有足够的强度，确保在封底焊接过程中不开裂。

定位焊的引弧和熄弧点应在坡口内，严禁在母材其余部位引弧（正式焊缝焊接同样严禁在母材其余部位引弧）。

定位焊尽可能在清根侧进行，以便清根时清除；如果焊接在正缝侧，则不得有裂纹、未熔合、气孔和夹渣等缺陷，否则均应清除。

Ⅴ. 焊接衬垫。

当焊缝组对间隙太大，如大于 10mm 时，可在背面加装临时工艺衬垫，待正缝焊接完毕后，在背缝清根时将工艺衬垫刨除。

b. 焊接。

Ⅰ. 基本要求。

当出现下列任一情况时，应采取有效的防护措施，方可焊接。

雨、雪、大雾天气的露天施焊。

现场风速大于 8m/s（5 级）。

环境温度低于 –10℃。

相对湿度大于 90%。

Ⅱ. 严格执行开焊申请制度，必须在上道工序完成并检测合格后，才能开始焊接作业。焊前应检查焊缝坡口情况，清理焊缝及焊缝两侧 10～20mm 范围内的油污、铁锈、毛刺等杂物，并打磨至露出金属光泽。

Ⅲ. 焊工应按照焊接作业指导书的规定施焊，对焊缝应控制焊接线能量，其线能量不应超过 40kJ/cm。严禁在非焊接部位的母材上引弧、试电流，并应防止地线、焊接电缆线、焊钳与母材接触打弧擦伤母材。

Ⅳ. 焊接时，应将每道焊缝的熔渣和飞溅清理干净，各层各道间的焊接接头应错开 50mm 以上。焊接过程中应控制层间温度不高于 200℃。

Ⅴ. 焊接完毕后应将焊缝表面打磨光滑且平滑过渡。

Ⅵ. 采用碳弧气刨清根或清除焊接缺陷后，应用角磨机清理气刨表面和修磨刨槽，除去渗碳层。

Ⅶ. 每条焊缝焊接完毕后，焊工应仔细清理焊缝表面，检查焊缝外形尺寸和外观质量是否符合要求，并按要求在焊缝附近记下焊工代号。

Ⅷ. 工卡具的拆除应采用碳弧气刨去除，并将残留疤痕修磨平整，不得伤及母材，且不得采用锤击方法拆除。

Ⅸ. 门叶、支臂各部位焊缝的焊接顺序以及控制焊接变形的措施，根据实际拼装组对情况综合制定，由工程师现场交底。

Ⅹ. 所有Ⅰ、Ⅱ类焊缝必须保证 100% 焊透。

⑤表孔弧门门叶及支臂焊缝部位示意图。

a. 门叶焊缝部位示意图（见图 4 – 17）。

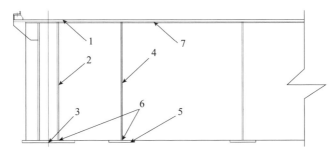

图 4 – 17　门叶焊缝部位示意图

1. 门叶面板对接焊缝；2. 边梁腹板对接焊缝；3. 边梁后翼板对接焊缝；

4. 隔板对接横焊缝；5. 隔板后翼板对接焊缝；6. 边梁腹板、隔板与后翼板组合焊缝；

7. 门叶面板与水平工字钢次梁平角焊缝

b. 支臂焊缝部位示意图（见图4-18）。

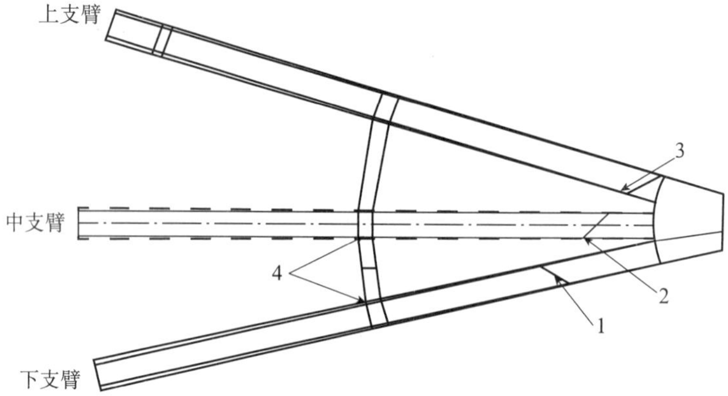

图4-18 支臂焊缝部位示意图

1. 支臂腹板对接焊缝；2. 支臂翼缘板对接焊缝；

3. 支臂腹板与翼板组合角焊缝；4. 支臂竖向支撑与支臂组合角焊缝

⑥焊接顺序。

焊接总顺序：先焊支臂，后焊门叶。焊接时，先分段退步打底封焊，待封底焊全部结束后再进行第二道焊接，待第二道全部焊接完毕后再进行第三道焊接，依此类推直至内侧全部焊接结束，然后在背部进行碳弧气刨清根（支臂腹板和翼缘板、边梁腹板采用单面焊，双面成型），打磨露出金属光泽，合格后按内侧焊缝同样的顺序焊接外侧焊缝。

a. 支臂焊接。

支臂焊接由两名焊工在同一分节处对称焊接，焊接顺序为支臂腹板对接焊缝→支臂翼缘板对接焊缝→支臂腹板与翼板组合角焊缝→竖向支撑与支臂组合角焊缝。

b. 门叶焊接。

表孔弧门门叶分10节制造，共9层焊缝，从下往上焊接，由4名焊工在同一分节处分段施焊。焊接顺序为边梁腹板与后翼缘板、门叶面板组合焊缝→边梁腹板对接焊缝→边梁后翼缘板对接焊缝→次梁腹板与次梁后翼缘板、门叶面板组合焊缝→次梁腹板对接焊缝→次梁后翼缘板对接焊缝→门叶面板与水平工字钢次梁的平角焊缝→门叶面板对接焊缝。

边梁腹板、隔板对接焊缝按图4-19至图4-21中所示顺序和方向6工位同步分段焊接。第4节与第5节门叶外侧腹板间空隙太小，孔口内无法焊接，待弧门液压启闭机安装完成后，启至孔口门槽外后焊接。

门叶面板对接焊缝按图4-22中所示顺序和方向4工位同步分段焊接。

后翼板对接焊缝，边梁腹板、隔板与门叶面板、后翼板组合焊缝，门叶面板与水平工字钢次梁平角焊缝均采用6工位同步分段焊接。

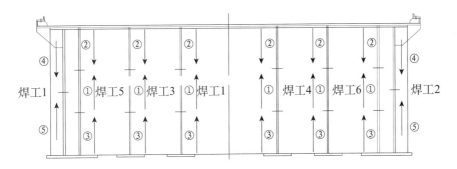

图4-19　第1节与第2节门叶腹板焊接工位及顺序图

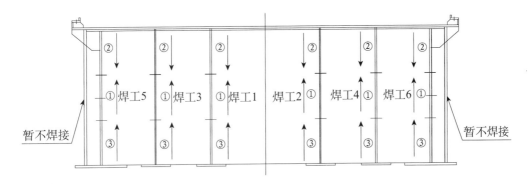

图4-20　第4节与第5节门叶腹板焊接工位及顺序图

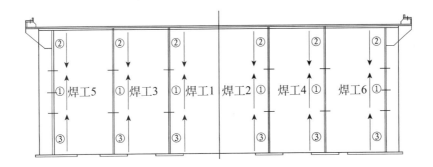

图4-21　其他节间门叶腹板焊接工位及顺序图

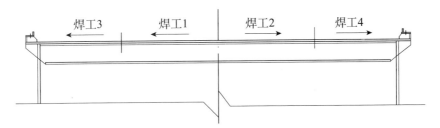

图4-22　门叶面板焊接工位及顺序图

⑦焊接控制注意事项。

表孔弧门构件拼装后应控制焊缝间隙在规范允许范围之内，如间隙过大应采取一侧先堆焊，堆焊后按原设计坡口尺寸打磨处理后再焊接。因弧门安装现场焊缝均为单边坡口，构件拼装焊接前应制作"骑马板"将焊缝进行刚性固定，减小焊接变形，"骑马板"间距为 300~500mm，间断焊焊接牢固。

弧门安装焊接过程中应随时检查支臂、门叶形体尺寸，控制焊接顺序与焊接线能量，质检人员除应对焊材和焊接环境进行管理外还应定时检查采集焊接有关的电压、电流记录焊接层间温度，分时采集焊接长度以调控焊接速度。焊缝焊接完成后用手锤沿半径由里向外锤击焊缝突起部分四周，以消散焊接应力。

金属结构厂内门叶拼装焊接时应在门叶面板后侧及后翼缘板位置挂置形体尺寸监测线锤，门叶面板外缘设置弧度检查样板，在焊接过程中随时测量数据，并将前后数据进行分析比较，为后续焊接提供参考。

⑧焊缝质量检查。

a. 焊缝外观检查。焊后应对所有焊缝进行 100% 外观质量检查。

b. 焊缝无损检测。焊缝外形尺寸和外观质量检查合格并在焊接完成 24h 后进行无损伤检查。根据焊缝分级，Ⅰ、Ⅱ类焊缝内部采用超声波探伤，探伤检验及评定按 GB/T 11345—2013《焊缝无损检测 超声检测 技术、检测等级和评定》执行，检验等级为 B 级，Ⅰ类焊缝 Ⅰ 级为合格，Ⅱ类焊缝 Ⅱ 级为合格。焊缝表面采用渗透探伤，按 JB/T 6062—2007《无损检测 焊缝渗透检测》标准执行。焊缝无损检测探伤比例如表 4-18 所示。

表 4-18 超声波探伤长度占焊缝全长百分比

钢种	板厚（mm）	超声波探伤（%）	
		Ⅰ 类	Ⅱ 类
低合金钢 （Q345B）	<32	50	30
	≥32	100	50

焊缝局部无损探伤如发现有不允许的缺陷时，应在其延伸方向或可疑部位做补充检查，如补充检查不合格，则应对该条焊缝做全部检查。

对有延迟裂纹倾向的焊缝，无损探伤应在焊接完成 24h 以后进行。

单面焊且无垫板的对接焊缝，根部未焊透深度不应大于板厚的 10%，最大不超过 2mm，长度不大于该焊缝长度的 15%。

板材组合焊缝，腹板与翼板的未焊透深度不大于板厚的 25%，最大不超过 4mm。

4. 液压启闭机安装方案

1）安装工艺流程

表孔液压启闭机安装工艺流程见图 4-23。

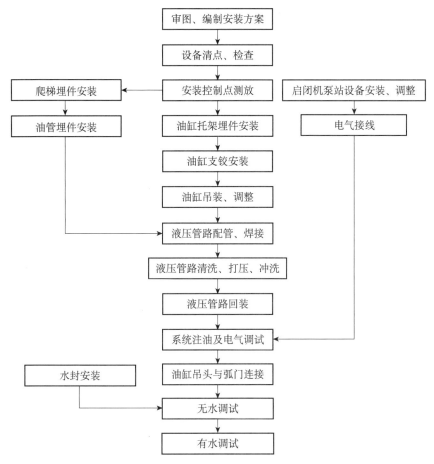

图 4 - 23　表孔液压启闭机安装流程

2）安装前的准备

（1）液压启闭机有关图纸和资料应齐全，并熟悉其内容及各项技术要求、技术性能、用途。

（2）检查设备到货情况，对压力继电器和压力表进行校验，检查电磁铁动作是否正常。

（3）箱装设备必须由业主、监理、施工单位同时开箱检查。对照装箱清单清点所用零件是否齐全、各包装有无严重破损。裸装构件应无明显变形、裂纹，油管应有相应编号及端部包装。油缸裸露的活塞杆应无磕碰、刮伤。检查液压元器件，不得出现变形、擦伤、摔伤、划痕、锈蚀等现象，各轴承、轴颈安装时要注入润滑脂。

（4）对安装部位进行清理，由专业测量人员测放安装控制点，用红油漆做好标记。

3）埋件安装

（1）埋件安装前，根据图纸桩号确定油缸托架及油缸支铰的位置布置，并对安装基准点线进行复核，经监理确认合格后，再进行安装。

（2）启闭机油缸托架分两步安装。第一步：基础埋件采取一期安装方式（油缸托架高程371.038m，坝下0＝23.635）。第二步：油缸托槽的安装。当油缸与弧门联门，无水调试完成后让弧门落于底坎上（即全关位置），将托槽与油缸贴紧进行定位、标记，然后将门提起，使油缸与托槽分离，最后再进行焊接（防止焊接时损坏活塞杆）。

（3）油缸支铰的安装。油缸支铰采用二期安装方式，大坝浇筑至高程378m在油缸支铰安装部位预留2.5m×3m×4m（宽×长×高）的二期混凝土槽，油缸支铰安装前在预留槽底部的插筋上焊接［12槽钢，伸出闸墙变线1500mm并搭设临时工作平台，用于放点、调整、验收及后期穿轴，穿轴完成后割除工作平台与支臂干扰部分，将提前制作的800mm×3000mm永久检修平台安装到位，检修平台宽度应小于1mm，以防止与支臂干扰。油缸吊装前将自制穿轴装置（摇窝）固定在油缸支铰上，将轴提前吊入摇窝并部分穿入支铰耳板。

由于表孔跨横缝布置，同一表孔闸墩混凝土浇筑进度不同，左右侧油缸支铰装置要分开安装，因此两支铰安装验收，后安装的油缸支铰要根据先安装的测量数据调整验收。

油缸支铰装置单件重约6t，每个孔设置两个支铰，以孔中线左右对称布置。油缸支铰为圆柱体结构，在现场调整时易滚动，难以控制，安装前应在金属结构厂内按设计尺寸进行调整（油缸支铰座体中心与铰轴中心连线的水平投影为856mm），并在支铰下部焊接水平托架。支铰安装时应以表孔弧门底坎为基准测放安装控制点。

4）启闭机设备安装

（1）油缸安装。油缸吊装前在中支臂上翼缘板竖向支撑下游（约坝下0＋22.000，距竖撑约2m）焊接I20工字钢，长1.5m，作为油缸吊装松钩后下端的支撑。

油缸吊装前将油缸下腔注油至活塞杆全部收回，对下腔排气之后将阀门关闭，此外用ϕ34钢丝绳（长度约5～6m）将活塞吊头与油缸下部吊耳连接固定，防止吊装时活塞杆滑出。

油缸总成自重为14 500kg，长度为14 212m，根据坝顶门机安装及坝顶公路通车时间，油缸吊装采用缆机、坝顶门机或50t汽车吊，吊装钢丝绳选用1根ϕ34mm、长约10m，1根ϕ34mm、长约16m，卸扣选用15t。采用50t汽车吊时，站位在表孔启闭机室上方，其回转搬家小于8m，臂长小于16.6m，起重量为14.5t，能满足吊装要求。

由于5号、8号、9号、10号、11号、12号表孔启闭机安装时间为2013年3月至5月，此时坝顶门机尚未形成，所以主要吊装手段采用缆机和汽车吊（缆机吊装时大钩应有15.705m的起升高度，以保证缆机松钩时油缸下端可以固定，而大钩不接触高程384m坝顶）。1号、2号、3号、4号、6号、7号表孔启闭机安装时间为

2013 下半年，此时坝顶门机已形成，油缸吊装采用坝顶门机。坝顶门机主钩、副钩起升高度均为 18m（主副钩最小间距 8.5m，主副小车不能同时动作），20t 电动葫芦起升高度为 42m，均可使用，根据现场具体情况选择使用。

为防止油缸安装后坝顶杂物坠物砸坏油缸活塞杆，油缸吊装后在弧门上支臂的上游侧搭设防护平台，待启闭机联门调试验收后将防护平台拆除。

（2）泵站设备安装。油箱、油泵及电机、控制阀台、油管等设备均在启闭机室顶部形成，室内消缺完成后进行安装。考虑到油箱在启闭机室内不便于注油，因此安装前在金属结构厂内用过滤精度为 $5\mu m$ 的过滤小车注油，注油量为 2290L（约 1654kg），油箱自重 2300kg，共计 3954kg。油箱吊装采用 25t 或 50t 汽车吊，吊装时为避免启闭机室吊物孔阻碍起升绳，钢丝绳选用 4 根，直径为 20mm，单根长度为 2154mm，与油箱夹角为 40°。启闭机室内设备吊装顺序为电气盘柜、油箱、阀台、电机，吊装就位后应及时将顶部吊物孔的钢盖板盖上，以免雨水及落物损坏设备，然后根据设计图纸及安装控制点进行尺寸调整并加固，油泵、油箱、控制阀台直径的管道应可靠连接，所有设备基础应固定牢靠且可靠接地。

（3）液压管路预装。表孔液压启闭机管路有 $\phi 42mm \times 5mm$、$\phi 48mm \times 3mm$、$\phi 18mm \times 2mm$ 等三种规格的油管，材质均为 $0Cr_{18}Ni_9$ 不锈钢，编号分别为 A、T、X，每种规格油管 15 根。液压管路除凑合节在现场配置外，其余均在金属结构厂内配管并清洗完毕。凑合节油管在金属结构厂只焊一端法兰，另一端法兰在安装现场根据实际尺寸确定（凑合节油管长度在设备出厂时已预留 300mm 余量）。按现场管路实际位置，确定凑合节最终下料尺寸。凑合节下料切割后，对其端面进行平整处理，要求切口平面与油管中心轴线垂直度小于 1/1000 管外径，然后除去油管内外壁的毛刺、油污、铁锈及其他杂物。现场凑合节装配时管道轴线应重合，并使法兰对正进行定位焊后拆下进行氩弧焊接。为防止焊接时油管内部氧化，管内充氩气进行保护。焊接时焊缝不得有气孔、夹渣、裂纹或未焊透等缺陷。

凑合节焊接完毕后，要先打压检查焊缝有无缺陷，然后再用煤油清洗管道（根据厂家交底要求，现场焊缝无需酸洗）。

（4）液管路打压及冲洗。将管路串联起来用加压泵对整个管路系统进行压力试验。压力试验介质选用系统所使用的 46 号抗磨液压油，有杆腔高压油管试验压力为其工作压力的 1.25 倍（23MPa），无杆腔回油管试验压力为其工作压力的 1.5 倍（3MPa）。液压讯号管路压力为其工作压力的 1.5 倍（10MPa），试验压力保持 10min，检查管路所有焊缝和接口应无泄漏，管道无永久变形。

将打压合格后的管道与冲洗设备连成闭合回路进行循环冲洗。首先，采用过滤精度为 $5\mu m$ 的过滤小车将冲洗液加入冲洗装置中至正常工作范围内。点动油泵电机，确认电机的转向是否正确，电接点温度计的上限设置为 65℃，所有电气操作控制系统应正常。

启动冲洗设备油泵，先使冲洗油液在被冲洗管道内循环起来，当管路充满冲洗油液后，油箱内液位应在正常工作范围内。启动加热器加热冲洗液直至油温上升到 50~60℃，调整系统溢流阀至正常工作压力。在冲洗过程中采用改变液流方向或对管道对接处轻轻敲打、振动等方法加强冲洗效果。管道循环冲洗清洁度检测由便携式颗粒计数器在回油检测口取样。当油液清洁度达到 NAS 8 级以上后继续进行循环冲洗 1h，再次对油液进行检测合格后停止冲洗，将管路拆卸下来用 2mm 塑料布将管子端头包扎好防止灰尘及杂物进入管道，为防止管道在回装前的运输搬运过程中损坏塑料布，可在塑料布外侧再包扎一层布。管路回装时应用煤油将所用工器具及密封圈清洗干净。

（5）电气控制系统安装。所有接线严格按厂家提供的端子图进行，确保接线正确。由于动力线大电流形成的强磁场不仅会干扰 CMIS 的信号传输，而且会导致 CMIS 的传感器误读，因此油缸行程检测装置不能与动力线布置在一起，CMIS 传感器应采用整根电缆而不允许有接头。电气接线完成后必须先查线并对电机进行绝缘检测，一切正常后由厂家送电调试。

5）液压系统调试

表孔液压启闭机系统调试工作均由厂家进行，我单位在调试过程中进行配合。

（1）系统注油。

全开油泵进口阀门，调整系统溢流阀处于全开位置。点动油泵电机，确认其转向正确后启动油泵空载连续运行 30min，应无异常现象。调整溢流阀，使油泵在不同工作压力的工况下分别连续运行 15min，油泵应无振动、杂音或温升过高的现象。

系统注油采取电控手动操作，注油压力不大于 2.0MPa。注油时系统溢流阀调整在 $P = 2.0 \sim 2.5$MPa 时动作。打开油缸无杆腔上排气阀，向有杆腔内注油，当液压油从排气阀喷出后，即可停止注油并关闭排气阀。然后启动油泵继续注油至活塞杆全部进入油缸，停止注油（拆除活塞杆锁定装置）。在注油过程中要随时对油箱中的油液进行观察，确保油位在规定的范围内。

为避免油缸吊头与弧门干涉，将油缸下端固定钢丝绳换成导链葫芦，调整油缸下端倾斜度。全开有杆腔进油阀，缓慢开启缸旁阀块上的手动阀，使活塞杆升出油缸到最大位置。启动油泵，手动操作启闭机，控制活塞杆全行程往复运行 3 次以上，确保油缸内的气体排净。

（2）系统耐压试验。

①空运转。启动液压泵站电机，空载运行 10~30min，观察泵站运行状况：空载运行噪声是否有异常、压力是否稳定，并检查有无漏油现象。

②压力试验。液压系统耐压试验压力为系统设计工作压力的 1.25 倍。压力试验前，应排净系统中的空气。

试验压力应按工作压力的 25%、50%、75%、100% 逐步升级，每升高一级稳压 2~3min，达到试验压力后，持压 10min，然后降到工作压力，对系统进行全面检查，系统所有焊缝和连接口应无漏油，管道无永久性变形。若有异常应立刻处理，重复试验。

系统中的液压缸、压力继电器、压力传感器等元件不得参加压力试验。

（3）压力调整。初步调整各压力阀，按照设计值整定，在各调试阶段观察压力设定值是否满足使用工况，如不符合可进行二次调整，并记录备查。

（4）液压辅件状态检查。根据设定值进行复核及调整压力发讯器。在调试阶段观察压力设定值是否满足使用工况，如不符合可进行二次调整，并记录备查。

（5）动作调整。按电控指令进行液压系统的各项动作，检查各项动作是否符合设计要求；检查各手动操纵机构动作是否正常。

（6）速度调整。本系统通过流量控制阀控制活塞杆伸出速度以及轴向柱塞变量泵控制活塞杆缩回速度来设定及调整启闭门速度。因手动变量泵已按速度要求在工厂内整定完成，一般情况下，现场不建议再次调整。

（7）下滑试验。表孔弧门在全开位时，缓慢打开缸旁阀块上的手动阀，当油缸下滑至 200mm（通过开度仪显示面板读数），关闭该阀，调整位置检测装置下滑 200mm 的接触开关，直到接触开关的指示灯在由亮变灭的临界位置时，将接触开关锁住。切换电气控制柜上的转换开关至自动位置，此时启闭机自动开机，将弧门提升至全开位置。

6）启闭机联门调试

在空载试运行正常及耐压试验合格后，油缸有杆腔充满压力油后，方可进行活塞杆与闸门的连接。连接前应做好对关节轴承、压盖、调整垫、轴端挡圈的检查与清理工作，并将穿轴工装准备好。

手动操作启闭机运行，控制启闭机油缸活塞杆伸出长度，精确调整吊头与门叶吊耳间的相对位置后，将销轴穿入并锁定。

闸门开关位置的调整见厂家调试大纲。

4.4.8　泄洪坝段 4000kN/1250kN 双向门机安装工艺

1. 工程概况

向家坝水电站泄水坝段位于河床主河槽中部略靠右侧，前缘总长 248m，共分为 13 个坝段，标准泄水坝段宽 20m。共设有 12 个表孔、10 个中孔，采用溢流表孔与泄水中孔间隔布置形式，高低坎底流消能，溢流表孔跨横缝布置。

泄洪坝段坝顶设有 1 台 4000kN/1250kN 双向门机，门机上游轨道桩号为 0 + 002.000m，下游轨道桩号为 0 + 033.000m。门架跨内设有 1 台主小车，上游悬臂段设有 1 台副小车，主梁外侧设 1 台电动葫芦吊。坝顶门机主要用于表孔事故检修门、中孔检修闸门以及中孔事故闸门的启闭操作和泄洪坝段闸门、液压启闭机及其他设备的安装、检修和维护。

2. 主要技术参数

（1）主要技术参数见表 4 - 19。

表4-19　坝顶双向门机主要技术参数

序号	名称	技术参数
1	坝顶门机形式	双向移动式
2	大车行走轨道	QU120
3	大车轨道跨距	31m
4	大车行走载荷	3000kN
5	大车行走速度	2.02～20.2m/min
6	主小车起升载荷	4000kN
7	主小车起升扬程（轨上扬程/总扬程）	18m/90m
8	主小车行走载荷	3000kN
9	主小车行走速度	0.55～5.5m/min
10	副小车起升载荷	1250kN
11	副小车起升扬程（轨上扬程/总扬程）	19.5m/103.5m
12	副小车行走载荷	1000kN
13	副小车行走速度	0.49～4.9m/min
14	电动葫芦吊额定起重重量	20t
15	起升高度	42m

（2）主要构件工程量见表4-20。

表4-20　泄洪坝段坝顶门机大件结构特性表

序号	名称	外形尺寸（mm）	数量	单重（kg）	总重（kg）	备注
1	主小车架	12 592×9200×2925	1件	58 080	58 080	
2	副小车架	12 429×5500×1510	1件	29 249	29 249	
3	主卷筒	2965×3200×3000	2套	22 314	44 628	
4	主梁1	45 000×1800×3600	1件	90 818	90 818	
5	主梁2	48 700×1800×3600	1件	91 760	91 760	
6	门腿1	18 380×2220×3700	2件	28 154	56 308	
7	门腿2	16 700×1460×1700	2件	16 130	32 260	
8	端梁1	10 815×2300×1800	1件	14 280	14 280	
9	端梁2	10 815×2300×1800	1件	16 653	16 658	
10	上横梁	15 100×2154×1460	1件	20 202	20 202	
11	中横梁1	11 200×1600×2600	1件	14 035	14 035	
12	中横梁2	11 200×1200×2600	1件	7356	7356	
13	下横梁1	15 960×1460×1312	1件	16 588	16 588	
14	下横梁2	15 960×1460×1312	1件	15 385	15 385	

3. 坝顶门机安装方案

1）运输和吊装手段

坝顶门机构件目前存放于金属结构厂，其中小型构件采用 10t 平板运输，门腿、横梁采用 50t 平板运输，主、副小车和主梁采用 100t 半挂拖车运输，金属结构场内装车采用 50t 汽车吊和 50t 龙门吊配合装车，现场卸车采用 25t、50t 汽车吊和 300t 履带吊卸车。坝顶门机吊装起吊地点均在右非 1 坝段和泄 13 坝段，25t、50t 汽车吊配合 300t 履带吊进行吊装。

300t 履带吊选配重主臂 66m，中心压载 30t，尾部配重 120t，布置在右非 1～2 坝顶。吊钩选用 160t 和 80t 两种。

2）坝顶门机安装

坝顶门机安装流程如图 4 - 24 所示。

3）预埋件埋设

坝顶门机安装用的预埋件主要有大车行走机构临时支撑基础、下横梁吊装后的加固支撑基础以及门腿吊装后的加固支撑和缆风基础。

4）轨道安装

坝顶门机轨道型号为 QU120，轨道到货后，先在金属结构厂内检查其直线度，单根直线度超过 10mm 需先矫正后再安装。另外门机轨道安装前须清除坝顶门机轨道梁预留槽内的模板和影响轨道安装的混凝土。

轨道安装方法如下：

（1）右非 1 坝段延长段临时轨道安装时以坝右桩号 0 + 241.200 为基准，向右非 1 坝段敷设轨道。待坝顶轨道梁形成后临时轨道配割后以坝右桩号 0 + 241.200 为基准往左岸方向敷设与永久轨道对接。坝顶门机投入运行且行走至泄 12 坝段以左后，将右非 1 坝段的 2 根永久轨道拆除并更换原安装的临时轨道。

（2）焊接轨道安装尺寸控制线架，由专业测量人员按设计图纸测放安装控制点。轨道安装时上游侧以坝右 0 + 234.300 为基准，下游侧以坝右 0 + 238.750 为基准。

（3）在插筋上焊接调节螺杆。首先安装轨道接头的垫板，然后依次安装中间垫板。利用水准仪、经纬仪调整轨道垫板形位尺寸。待轨道垫板粗调后焊接定位螺杆，焊接时注意螺杆丝扣预留长度 85～90mm。

（4）将轨道吊至轨道垫板上，按照测放的控制点精确调整轨道形位尺寸，符合规范要求后拧紧压板螺丝（门机安装段轨道顶部同一断面高程差应不大于 2mm），重新检查其形位尺寸合格后浇筑二期混凝土。

（5）门机轨道二期混凝土浇筑后复测形位尺寸。

（6）泄 13 坝段轨道车挡安装调整后，车挡与基座的现场焊缝暂不焊接，待二期混凝土浇筑后，拆除车挡装置。

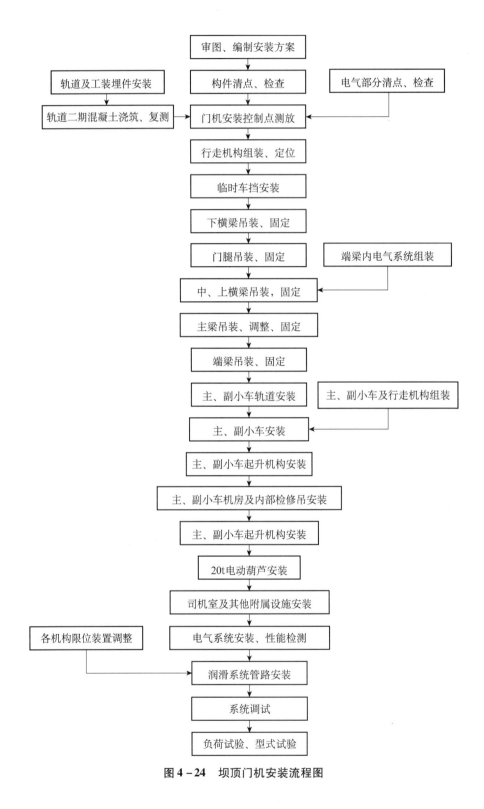

图 4 - 24 坝顶门机安装流程图

（7）临时轨道过永久车挡部位时，轨道压板按地脚螺栓的间距布置，压板与车挡基座板进行焊接，若与轨道地脚螺杆发生干扰时，可局部调整轨道压板。

（8）临时轨道拆除时，在车挡部位采用碳弧气刨将压板焊缝刨除并打磨平整，其他部位轨道拆除按有关要求进行。

5）坝顶门机安装

坝顶门机安装前，在轨道上测放门机安装控制点、线，行走机构中心控制线桩号以坝右 0 + 250.450 为中心线，分别向左右偏移 6750mm 在两轨道中心上放点。放点的高程相对偏差、跨距及对角线偏差不大于 ±2mm，详见图 4 - 25。

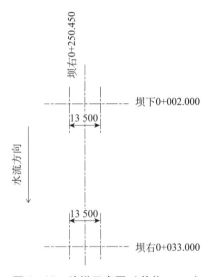

图 4 - 25　放样示意图（单位：mm）

（1）大车行走机构安装。大车行走机构台车组采用 300t 履带吊吊装，钢丝绳选用单根 ϕ36mm、长约 30m 对折挂两个吊点，卸扣选用 25t。按照构件编号依次吊装门机大车行走机构台车架。安装调整时要求控制行走机构中心线及跨度、车轮垂直偏斜、水平偏斜、台车架与下横梁组合面的高程、车轮轮缘与轨道之间的间隙基本均匀一致且不得悬空，然后用楔子板支垫固定，并用 ϕ100mm×5mm 带 M48 调节螺杆的钢管支撑加固稳定。

（2）下横梁的吊装。下横梁采用 50t 汽车吊吊装，吊装就位后，将其组合面与大车行走机构台车架的螺栓拧紧，然后用水准仪、钢尺检查底梁上与门腿相连接的组合面中心高程、平面度、跨距、对角线差值，符合要求后用 I16 工字钢将底横梁与坝面预埋工字钢进行焊接连接，使底横梁刚性固定于坝面。详见图 4 - 26。

（3）门腿及横梁的吊装。上游门腿单总 28t，下游门腿单总 16t，上游中横梁重量 14t，下游中横梁重量 7.3t，上横梁 20.2t，安装前在右非 1 坝顶将下游门腿、中横梁和上横梁组装成一个单元，总重量约 60t。由于上游门腿组拼后不利于翻身和设置吊点，故单独吊装。

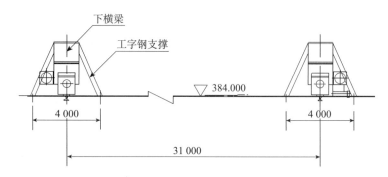

图 4 - 26 下横梁支撑示意图（高程单位：m；尺寸单位：mm）

上游门腿吊装前，在距门腿顶部 1.5m 处和中横梁下部 1m 处焊接工作平台、爬梯及缆风绳吊耳板，缆风吊耳板布置在门腿上游侧和左右岸方向，并将缆风绳（φ20mm 钢丝绳，单根长约 25m）挂好。门腿吊耳可采用门腿上原有吊耳，吊装顺序先左岸后右岸，采用 300t 履带吊装，钢丝绳选用单根 φ36mm、长约 30m 对折挂两个吊点，卸扣选用 25t。门腿吊装就位后，与底横梁组合面对正，紧固连接螺栓，同时将门腿上缆风绳与预先埋设的地锚连接，内侧考虑 300t 履带吊停放，采用带有 M90 调节螺杆的 φ168×6 钢管（2 根钢管焊接成整体）支撑，通过调节钢管和缆风绳，调整门腿中心垂直度直至符合规范要求。

下游门腿与中横梁、上横梁在非 2 坝段组装成整体后吊装，吊装前在上横梁顶部两侧支铰处焊接临时工作平台、爬梯及缆风绳吊耳板，将揽风绳挂好，并安装临时穿轴工装，同时用带有 M90 的调节螺杆的 φ168×6 钢管（2 根钢管焊接成整体）将拼装好的两门腿临时连接。门腿吊装采用 300t 履带吊，钢丝绳选用 2 根 φ52mm、长约 40m 分别对折后拴在上横梁上，为防止钢丝绳滑动，在上横梁底部焊接挡板。门腿吊装就位后，与底横梁组合面对正，装配并紧固连接螺栓，同时将拴挂在门腿上部的缆风绳与地面埋设的地锚连接，内侧采用带 M90 的调节螺杆的 φ168×6 钢管（2 根钢管焊接成整体）支撑，通过调节钢管和缆风绳，调整门腿中心垂直度直至符合规范要求。

门腿中心垂直度调整合格后，检测门腿顶部跨距、对角线差值，如有偏差，应重新调整门腿的垂直度达到设计的要求。通常门腿顶部宜向外侧偏斜，避免向内侧偏斜。

上游门腿需在上游及左右岸方向布置缆风绳，下游门腿只需下游布置即可，门腿内侧采用带调节螺杆的钢管支撑。

上游中横梁在支腿吊装完成后进行，吊耳采用原中横梁上的吊耳，吊装设备采用 300t 履带吊，吊装到位后可通过门腿的缆风绳进行精确调整，按出厂编号安装连接板和高强螺栓，高强螺栓施工应符合规范要求。

（4）主梁的吊装。主梁分两节制造，节间采用高强度螺栓连接，在坝面安装起吊位置组装后整体吊装，组装时应注意控制主梁的预拱度和旁弯。组装后主梁最大重量为 94.3t（包含柔性支腿铰座），采用 300t 履带吊单机吊装。主梁吊装顺序为：先吊装左岸侧主梁，再吊装右岸侧主梁。

左岸侧主梁在泄 13 和右非 1 坝段坝面组装，右岸侧主梁在右非 1、右非 2 坝段坝面组装。运输摆放时应注意主梁分节编号及摆放方向，摆放方向要求与拼装方向一致。组装时将相应电气柜放入，并调整电气盘柜，应按规范要求调整盘柜的水平度、垂直度，用组合螺栓紧固，电气柜安装必须可靠接地。

主梁吊装可利用出厂时的吊耳，主梁吊装设备选用 300t 履带吊，钢丝绳选用 2 根 $\phi52mm$、长约 60m 分别双对折后挂在 4 个吊耳上，卸扣选用 35t。300t 履带吊选用 SH 工况，360° 回转，回转半径 12m，中心载重 30t，臂长 66m，160t 吊钩，起重量 107t，起吊高度 60m。

主梁吊装前，20t 电动葫芦平台除检修段和中间 2 段不进行组装外，其他平台在地面与主梁整体安装固定后随主梁一起吊装。

主梁吊装前设置 2 根缆风绳，搭设端梁的临时工作平台，起吊过程中要注意内支撑钢管及缆风绳对吊车起重臂的干扰。主梁起吊至底部高度超过门腿顶部高程后，缓慢回转和落钩调整，将主梁落于门腿上时，先将下游销轴穿入（提前做好穿销工装，并将销轴吊至工装内），后将主梁落入上游定位板内。吊装过程中应保持主梁水平，并注意保持起重设备起升钢丝绳的垂直。吊装完成后将主梁与门腿顶板之间用临时搭接板及挡板点焊牢固，采用 $\delta=20mm$ 挡板在周圈布置 12 块。

右岸主梁吊装前 300t 履带吊先移至右岸主梁靠右侧部位，吊装方式与 300t 履带吊选用工况左岸主梁吊装就位方式基本相同。

（5）端梁的安装。左右侧两根主梁吊装到位后，应及时吊装端梁，将端梁与主梁的接头用螺栓连接并紧固，使其成为一个刚性框架结构。设备吊装采用 300t 履带吊，钢丝绳选用 2 根 $\phi36mm$、长约 30m 挂在 2 个吊耳上，卸扣选用 25t。随后按照图纸要求进行小车轨道安装。

用水准仪测量小车轨道面上 4 点（与门腿中心相对应的 4 个点）的高程，调整主梁高程符合要求后，方可焊接上游门腿顶板与大梁之间的组合焊缝（焊接要求见本方案中焊接工艺）。焊接完成后经过超声波探伤确认合格，再进行小车的吊装。

主梁与支腿焊接及小车轨道安装后，采用水准仪和钢尺配合，对各主梁的上拱度进行检测。

（6）小车行走机构及小车架的安装。本坝顶双向门机小车分主小车和副小车。主小车架分两段制作，总重量为 58t，将小车架与小车行走机构组装后为 67.1t。副小车架为 29.2t，与小车行走机构组装后为 31.3t，吊装设备采用 300t 履带吊，先吊副小车，后吊主小车。

副小车架及行走机构在右非 2 坝段坝顶组装完成后吊装，设备采用 300t 履带吊，配 80t 吊钩，钢丝绳选用 1 根 $\phi36mm$、长约 40m 对折后分别拴在吊耳上，卸扣选用 35t。

主小车架及行走机构在门机正下方组装后准备吊装，吊装设备采用 300t 履带吊，钢丝绳选用 1 根 $\phi52mm$、长约 40m 对折和 2 个 $\phi52mm$、长约 40m 分别拴在 4 个吊耳上，卸扣选用 25t，吊点利用小车上原有吊耳。由于组装后的主小车架为 67.1t，故 300t 履带吊仅在正前方位置起吊（回转半径 18m，主臂长 66m），起吊重量为 75t。起吊前 300t 履带吊从两主梁中间将大钩落下并在小车架上布置 2 根缆风绳，将小车架缓缓从门架中间吊起旋转 90°后落钩，将主小车放置轨道上。

（7）主起升机构设备吊装。先吊装减速器，再吊装卷筒，最后吊装电动机、制动器、自动抓梁的电缆卷筒及其他附件。

按 DL/T 5019—1994《水利水电工程启闭机制造、安装及验收规范》的有关规定进行机械部件的组装，以及同轴度齿轮啮合间隙的调整、制动间隙的调整、自动化元件的调整。

最后吊装定滑轮组，平衡滑轮组并安装固定。

（8）小车罩、风速仪、检修吊及电动葫芦的吊装。检修吊骨架及小车罩吊装前应仔细核对编号，300t 作为吊装手段。先吊副起升，后吊主起升。

首先吊装小车房检修吊骨架，检修吊骨架在地面组装焊接后整体吊装（包括安装检修吊轨道），吊至小车上后焊接成整体。焊接完成后，整体吊装检修吊、瓦楞彩板分面吊装，由左至右逐件吊装小车罩的顶盖，要求顶盖分件接缝整齐，防止漏水。

在坝面将 20t 电动葫芦吊于轨道组装，并使电动葫芦固定在上游段的中部，用 300t 履带吊依次吊装，然后安装电缆滑线纲索及电缆承码。

吊装避雷针和测风仪，同时完成小车罩窗户玻璃的安装。

（9）电气接线与试验。电气接线与试验工作在主梁焊接完成后即可展开。送电前应做好相关设备电气试验并坚持线路相序及绝缘情况，电气接线和试验可分段进行。

（10）起升钢丝绳的安装。安装吊钩滑轮组应检查注油，滑轮内不允许有异物存留。钢丝绳应去除制造时的扭劲，防止安装后动滑车扭转。此外，钢绳的长度要按设计要求的长度截取正确。只有在减速器内注油后才允许起升钢丝绳的安装施工。钢丝绳与卷筒之间的压紧螺栓要用扭力扳手紧固。在钢丝绳安装期间，可安排与主、副起升机构连接的两套自动抓梁的清扫、检查，液压系统，穿退销灵活性、可靠性的试验工作。

钢丝绳安装应按先主起升、次副起升的顺序逐项进行。

各钢丝绳缠绕起升卷筒前，宜采取门机设备上的 20t 电动葫芦配合逐根进行钢丝绳破劲处理后，方能进行穿绕起升卷筒。

（11）自动抓梁的安装与试验。在自动抓梁自身工作性能试验合格的基础上，可将其与动滑车组组合（穿销），同时将抓梁的电源线、控制线（通常为一根多心电缆）安装在与起升机构同步的电缆卷筒上。在司机室操作下，进一步核对自动抓梁的穿退销可靠性（包括信号显示正确性），自动抓梁升降全行程范围内电源及控制电缆工作同步性及抓梁入槽后运行的平稳性、水平性。

4. 门机负荷试验

1）空载试验

空载试验前应对启闭机的机械、电气部分进行全面检查，门机空载试验前检查内容见表 4 - 21；空载试验（即空载运行）的工作内容见表 4 - 22；空载试验时检查项目及要求见表 4 - 23。

表 4 - 21　门机空载试验前检查内容表

序号	门机空载试验前检查内容
1	轨道全程无障碍物
2	机械传动系统各部已注油，润滑系统工作正常
3	齿轮箱已注油，无渗油，油位正常
4	制动器闸瓦间隙合适，行程正确
5	钢绳固定牢靠，动滑轮运转正常
6	各保护装置、限位装置自动化元件完好，工作正常，信号显示正确
7	电缆卷筒转向正确
8	电气绝缘良好
9	各部件、保护装置、电气回路、限位开关模拟动作试验正确无误

表 4 - 22　门机空载试验（运行）工作内容表

序号	门机空载试验（运行）工作内容
1	大车、小车全程运行三次，限位开关动作正常
2	起升机构全程运行三次，限位开关动作正常

表 4 - 23　门机空载试验（运行）检查项目表

序号	门机空载试验（运行）检查项目及要求
1	电气元件工作可靠，各种继电器工作正常
2	电气三相电流平衡，电流值正常
3	电机元件无异常发热，接触器触点无烧灼损坏
4	限位开关动作正确
5	大车、小车的车轮不允许啃轨
6	机械运转平稳，制动轮与闸瓦不发生摩擦
7	轴承温度升高不大于 65℃
8	整机噪声在 85dB 以下
9	电缆卷筒与大车行走同步
10	自动抓梁起升速度与电缆卷筒同步

2）负载试验

坝顶门机负载试验以门机制造厂为主，安装单位负责加载工作，应先做静载试验，后做动载试验。

静负荷试验的目的是检验门机的承载能力，按 75% 额定荷载、100% 额定荷载、125% 额定荷载分三次进行。静负荷试验荷载时，按设计规定的位置，起升机构起升重物，离地面 100～200mm，时间不少于 10min，此时测主梁挠度最大不应超过 $L/700$（L 为门机轨道中心距），卸载后主梁上拱值不小于 $0.7L/1000$。

动负荷试验的目的是检查门机机械电气设备工作性能及其制动安全可靠性，按 100% 额定载荷、110% 额定载荷分两次进行。大车、小车起升机构重复进行全程行走，起升、下降、制动等工况下工作至小 1h 以上，门机的机械电气部分，各限位开关、安全保护装置，应动作可靠灵敏，符合 DL/T 5019 有关规定。试验结束后，检查门机的机电部分，自动化元件工作性能应符合 DL/T 5019 的规定。

5. 高强螺栓施工工艺

坝顶门机高强度螺栓分布在门架、主小车和副小车上，其中门架和主小车高强度螺栓为 M22，长度为 65mm、70mm、80mm、85mm、95mm 等 5 种规格；副小车高强度螺栓为 M20，长度为 65mm 和 75mm 两种规格。

1）高强度螺栓的保管和使用

钢结构大六角高强度螺栓连接副由一个螺栓、一个螺母、两个垫圈组成。工地安装时，应按当天需要高强度螺栓的规格和数量发放。剩余的要妥善保管，不得乱扔、乱放，损伤螺纹，被脏物污染，当天施工的高强度螺栓必须完成终拧。

在坝面组拼的门机结构件的高强度螺栓施工应在吊装前进行验收合格，以免吊装以后由于脚手架的原因造成验收困难。

2）高强度螺栓安装工艺

（1）按高强度螺栓规格准备 M22 和 M20 扭矩扳手（AC28-76）两把，扭矩扳手必须经过校验合格方可使用，一把用于高强度螺栓施工，另一把用于高强度螺栓复验，门机安装的高强度螺栓为 10.9S 级，螺母为 10H，垫圈为 HRC35-45。

（2）按厂家提供的试板进行高强度螺栓抗滑移系数的测定试验，由厂家到货的高强度螺栓每批抽取 8 套试件，按高强度螺栓的名义直径，安装单位进行扭矩系数 K 值的测定试验，根据试验测定扭矩系数 K 值结果，来确定高强度螺栓 M22 和 M20 施工时的扭矩值，要求 8 套的扭矩系数平均 K 值为 0.110～0.150，标准偏差不大于 0.010。

（3）门机高强度螺栓连接面是经喷锌处理的，在施工时只要清理干净即可进行组装，安装时要注意连接板方向，施工时在连接板四个角打入过冲，然后按图纸要求穿入相应规格的高强度螺栓，当全部高强度螺栓穿入后进行初拧，初拧按扭矩值的 50% 进行，而且从连接板中间往四周初拧（终拧时也相同），同时用彩色笔做好标记，防止漏拧。

（4）初拧完成后，再用初拧同样的方法进行终拧，终拧扭矩值为 100%。

（5）高强度螺栓终拧完成后，进行检查并填写记录交验。验收后，在连接板处及时用腻子封闭。

（6）高强度螺栓施工扭矩为：$T_c = KP_c d$。式中：T_c 为施工扭矩（N·m）；K 为高强度螺栓连接副的扭矩系数平均值；P_c 为高强度螺栓施工预应力（kN）；d 为高强度螺栓直径。

根据计算后的扭矩值进行施工（K 值根据第三方检测报告确定）。

（7）终拧后的检验：①要求检验时间在终拧后 1～48h，每个节点抽查 10% 且不少于 2 个。②检查时先用 0.3kg 小锤敲击每一个螺栓的螺母的一侧，同时用手指按住相对的另一侧，以检查高强度螺栓有无漏拧。③检查扭矩系数，在所要检查的节点先在螺杆端面和螺母上划一条直线，然后将螺母拧松 60°，再用扭矩扳手重新拧紧，使二线重合。如发现有不符合标准的，应再扩大检查 10%。如仍有不合格者，则整个节点的高强度螺栓重新拧紧。④高强度螺栓检查扭矩为 $M_s = KPd$（N·m），测得扭矩值应在 0.9～1.1M_s 为合格。

6. 焊接工艺

1）对焊工和焊接条件的要求

（1）所有参与该项目施工的焊工均应经过基本理论和实际操作技能培训、考试，并取得相应 I、II 类焊缝焊接的有效合格证书。

（2）所有焊工均必须接受本焊接工艺的技术交底，明确该项目的结构特点和焊接要求。

（3）所有焊工必须遵守安全操作规程。

（4）焊工必须严格执行工艺，严肃工艺纪律和工艺作风，高度重视本项目焊接质量控制的意义。

（5）考虑到本项目焊接空间较小，必须采取通风措施，防止中暑、中毒。

（6）构件焊区表面潮湿有水时，必须清理干净方可施焊。

（7）主梁必须调整合格，经过验收后方可进行焊接施工。

2）焊接检验

（1）本项目主梁与法兰盘连接的组合焊缝为 II 类焊缝，主梁上加强筋板焊缝为 III 类焊缝，焊后做 100% 外观质量检测。

（2）焊缝表面打磨圆滑过渡，并用焊缝检测尺检测焊缝尺寸。

（3）对 II 类焊缝有效焊肉进行超声波抽样检查，抽检比例为 20%，必须达到 GB 11345—1989《钢焊缝手工超声波探伤方法和探伤结果分级》规范 BII 级要求。

（4）焊工应对所焊焊缝负责，确保本人所焊接的每条焊缝质量。每条焊缝必须做上标记，其焊接情况必须载入施工记录。

3）焊接工艺要求

（1）焊前准备。坡口及两侧各 50mm 内清理干净，打磨去除毛刺、防腐涂层至露出金属光泽；焊条选用 E5015，焊条须经 350～400℃ 1h 烘焙，置于保温桶内，随用随取。

（2）定位焊。定位焊要求同正式焊缝，其焊高不大于焊缝高度的 1/2，焊长为 60～100mm，间距为 350～450mm，并应注意填满弧坑。定位焊的裂纹、气孔、未熔合、夹渣等缺陷在焊前必须彻底清除。

（3）施焊工艺。应由 4 名焊工在同一主梁的两个法兰盘处分两组进行施焊。各组焊接顺序按图 4-27 所示 1→2→3→4 顺序和方向同时分段退步焊接封底。待封底焊全部结束后再进行第二道焊接，待主梁所有第二道焊缝全部焊接完毕后再进行第三道焊接。依此类推直至内侧全部焊接结束，然后在外侧进行碳弧气刨清根，打磨露出金属光泽，进行 PT 检验，合格后按内侧焊缝同样的顺序焊接外侧焊缝。

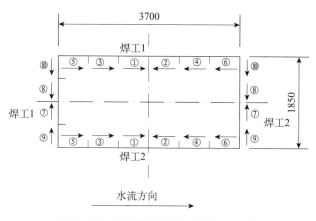

图 4-27　主梁焊接顺序（单位：mm）

①对到货主梁上现有一段未焊接的焊缝必须待主梁验收后先进行对称焊接，再进行与法兰面的焊接。

②采用多层多道焊，层间必须清理干净。每层焊道施焊，应连续进行。

③焊接电源采用直流反接形式。坡口底层焊道宜采用 ϕ3.2mm 焊条，焊接电流取 100～130A，底层根部焊道的最小尺寸应不低于 5～6mm。

④盖面必须与母材圆滑过渡。

⑤每个法兰面的四条带坡口 T 形接头组合焊缝施焊完毕后，装焊加强筋板，注意加强筋板必须与主梁及法兰盘贴合紧密。

4）焊后检查

（1）清除熔渣飞溅，必要时做打磨修整。

（2）焊缝外观检测。焊缝的焊波应均匀，不得有裂纹、未熔合、夹渣、焊瘤、咬边、烧穿、弧坑和针状气孔等缺陷，焊接区无飞溅残留物。焊缝外观检测标准见表 4-24。

（3）焊缝的外形尺寸可用焊缝检验尺检查，必须符合施工图和 GB 50205—1995

《钢结构工程施工及验收规范》的要求。

（4）根据施工图要求对 II 类焊缝有效焊肉进行超声波抽样检查。对检验不合格的焊缝，应按 JGJ 81—2002《建筑钢结构焊接技术规程》规定的办法进行返修后再进行超声波检查。

表 4 – 24　焊缝外观质量检测项目及合格标准

序号	检测项目	合格标准
1	裂纹	不允许
2	表面夹渣	不允许
3	咬边	不允许
4	气孔	不允许
5	角焊缝焊脚尺寸 K	$K = 6 + ^{1.5}_{0}$
6	角焊缝余高	$0 \sim +1.5$
7	电弧擦伤	不允许
8	残留飞渣	不允许
9	焊疤	不允许
10	漏焊	不允许

5）焊接变形的监控

考虑到主梁与法兰的焊接会产生焊接变形，其变形必将对主梁的几何控制尺寸产生影响，为此，在焊接过程中必须加强过程的监控。焊接监控的主要措施是采用监测的数据进行分析，必要时对主梁焊接工艺进行合理调整，以达到满足主梁焊接变形控制的要求。待封底焊缝焊接全部结束后，及时加设水准仪检测主梁四个法兰处的焊接变形相对差，若无明显差距，可进行主梁各法兰处的第二道焊缝焊接。若变形相对差较大，需分析原因及时调整焊接工艺参数和顺序，以保持主梁四个法兰面焊缝收缩的一致性。待主梁所有第二道焊缝全部焊接完毕后也需及时检测其焊接变形。依此类推，每焊接一道都需进行检测，并做记录，发现变形异常需及时调整和处理，直至全部焊接结束。

7. 质量标准

1）门架安装技术要求

（1）高强度螺栓连接结合面抗滑移系数≥设计值。

（2）高强度螺栓安装工艺、扭矩抽查及扭矩扳手误差应符合 GB 50205—1995 中的要求。

（3）螺栓连接的端面或法兰连接面局部间隙，未装螺栓前≤0.3mm，间隙面积≤总面积的 30%，周边角变形≤0.8mm，螺栓拧紧后，螺栓根部无间隙。

（4）门腿在跨度方向的垂直度（倾斜方向应对称，且门腿下部宜向内倾斜）≤1/2000 门腿高度，即刚性腿≤8.0mm，柔性腿≤6.0mm。

（5）门架跨度（门腿下端测量）±8.0mm。

（6）门架跨度相对差≤8.0mm。

（7）侧门架对角线相对差≤5.0mm。

（8）上部结构框梁中心对角线相对差≤4.0mm。

（9）上部结构框梁中心扭曲≤4.0mm。

（10）主梁跨中上拱度（0.9~1.4）$L/1000$ L；主梁跨度，即 29~45mm。

（11）有效悬臂的上翘度（0.9~1.4）$L/350$ L；有效悬臂长度，即 23.3~36.2mm。

2）大车运行机构质量要求

（1）门机跨度偏差 ±8.0mm。

（2）两侧跨度相对差≤8.0mm。

（3）大车车轮与轨面接触状况，不允许有车轮不着轨现象。

（4）车轮垂直偏斜≤$L/400$（只允许车轮下轮缘向内倾斜），即≤1.75mm。

（5）车轮水平偏斜≤$L/1000$，即≤0.8mm。

（6）车轮同位差，同一平衡梁下≤1.0mm，同侧车轮之间≤3.0mm。

3）轨道安装技术要求

（1）轨道中心线与基准中心线偏差≤3.0mm。

（2）轨道的轨距偏差 ±5.0mm。

（3）轨顶工作面纵向倾斜度≤1/1500，且不大于2mm。

（4）轨道顶工作面高程偏差 ±4.0mm。

（5）同一断面轨道轨顶高低差≤8.0mm。

（6）轨道的侧向局部弯曲≤1/2000。

（7）轨道接头处的侧向错位≤1.0mm。

（8）根据环境温度考虑（-10℃~5℃间隙为6mm，10℃~20℃间隙为4mm，25℃~40℃间隙为2mm）。

（9）两轨道的接头错开距离≠车轮基距。

（10）车挡安装位置，要求两侧轨道车挡与缓冲器均能接触。

4）小车架与小车运行机构安装技术要求

（1）小车跨度偏差 ±3.0mm。

（2）小车两端跨度相对差≤3.0mm。

（3）小车架安装后，四个对角顶点相对高差≤5.0mm。

（4）全长范围内空载小车车轮工作面与轨道顶面间隙，4000kN 主小车≤10.0mm，1250kN 副小车≤6.0mm，主动轮必须与轨道接触。

（5）小车轮垂直倾斜≤$L/400$，只允许车轮下轮缘向内倾斜，即≤1.25mm。

（6）小车轮水平倾斜≤$L/1000$，即≤0.6。

（7）同侧车轮同位差≤3.0mm。

5）起升机构安装技术要求

（1）卷筒中心线与定滑轮中心线距离 ±2.0mm。

（2）卷筒中心高度偏差≤2.0mm。

（3）块式制动器，制动瓦中心线与制动轮中心线偏差≤3.0mm。

（4）块式制动器，制动轮与制动衬垫接触面积≥75%。

（5）块式制动器，制动轮径向圆跳动≤0.12。

（6）安全盘式制动器，制动盘与制动衬垫接触面积≥75%。

（7）安全盘式制动器，松闸时制动衬垫与制动盘间隙1.5~2mm。

（8）安全盘式制动器，制动盘端面圆跳动≤0.4mm。

（9）吊点在下极限位置时，钢丝绳在卷筒上的安全圈数>3圈。

（10）卷筒上钢丝绳排列，不得挤叠或乱槽。

6）液压自动挂梁安装技术要求

（1）上下游方向平衡误差≤8.0mm。

（2）单吊点挂梁左右方向平衡误差≤8.0mm。

4.4.9　大型压力钢管安装工艺

1. 工程概况

向家坝水电站右岸共4条引水隧洞，压力钢管分布在引水隧道末端下平段，1~4号机压力钢管长度分别为56m、36m、36m、36.448m。钢管分为直管、弯管及锥管，其内径为ϕ14 400~ϕ11 600mm，管体材质为07MnCrMoVR（610MPa级），加劲环材质为Q345-C；管壁厚度分为40mm、42mm和48mm三种规格，加劲环厚度为30mm，4条引水隧洞共88节钢管。半圆钢管的最大单元重量为21.3t，钢管的最大外形尺寸为15 184mm×15 184mm×2000mm，单节设计最大重量约为43t，单节最大吊装重量约为46t。

2. 大型洞室压力钢管安装方案选择

1）投标方案

引水钢管在进水口组圆平台组装成2.0m宽的管节后，最大吊装单元约43t，外形尺寸ϕ15.182m×2.0m。在现场采用50t汽车吊装配合MQ1260B/60t门机翻身，将钢管吊至进水口处的引水洞进口的轨道上，水平运输至洞内上平段，在上弯段转向到洞内斜直段，经过斜直段后在下弯段再次转向到下平段，最后将其滑移就位进行安装，洞内的轨道运输用卷扬机及滑车组为主要导向和吊装器具，局部用10t手拉葫芦短距离辅助。在下弯段进行适量扩挖，使钢管沿着斜直段直接行走到下水平段的延长线上，拐弯处用吊装天锚、导向滑车组和卷扬机配合钢管转向运行。

2）投标方案优缺点

洞内运输距离最大为310m，钢管重心高度为7.5m，钢管最大外形尺寸为15.182m，加运输支撑后重量为63t。在上、下弯段运输时，需6台卷扬机同时协调配合运行。多台卷扬机协调配合运行的指挥、控制、操作难度大，但只要准备充分、精心组织，就可以克服困难。

下弯段部分为空间转弯，转弯半径和转弯角度均比较小，有一定安全风险。

钢管运输安装占用1~4号洞混凝土浇筑的直线工期，斜井段和上平段混凝土浇筑受钢管运输安装制约，每条洞的钢管运输安装完成后才能开始相应的斜坡混凝土浇筑。

钢管在洞外进行组装焊接，施工场地大，施工环境较好，但需要做好防雨、防风等措施。

钢管在进水口组装，有专用的吊装手段，不受其他施工干扰的影响。

3）实施方案

单节钢管分四个瓦块，在加工厂制造防腐后，采用汽车运输到地下厂房进行组圆。在安装间布置两个组圆工位，在②、③机坑之间布置一个组圆工位，在③、④机坑之间布置一个组圆工位。在各个组圆工位进行组圆、焊接、内支撑安装、检验后，利用1200t桥机和50t施工桥机进行翻身吊装到钢管安装平台轨道上，通过卷扬机牵引到钢管安装位置进行安装焊接。

4）实施方案优缺点

（1）投资相对小。

（2）洞内运输距离短，安装运输安全可靠。

（3）场地小。地下厂房安Ⅰ只能布置一个组圆平台，一个内支撑组焊平台，另外在机组之间的部分平台可以布置平台，但施工通道狭窄。

（4）起吊手段很难保证。在钢管安装期间，将同时进行尾水肘管的吊装、尾水锥管的吊装、厂房混凝土浇筑吊装、机电埋件的吊装等，厂房内虽有50t施工桥机和厂房永久桥机，但两台桥机共轨，使用效率有限。除了安装大件吊装外，桥机还要承担钢管瓦块的卸车、瓦块的组圆、内支撑的安装等小件的吊装任务。

（5）厂房内的安全文明卫生很难保证。

（6）对厂房一线的施工干扰很大。

3. 钢管制造安装方案概述

1）钢管厂半圆制作

引水压力钢管分两瓣在钢管厂完成下料、坡口制备、卷板、预组装、除纵缝侧500mm以外的加劲环组焊、内支撑安装（半圆）、防腐、检验等工序工作后将半圆储存在厂内堆放场。

2）二次组圆

通过载重汽车将半圆运输至地下厂房，利用50/20t桥机卸车并直接将半圆吊到相应的组装平台上（安Ⅰ平台，以下简称1号组焊平台）；②、③机坑之间，③、④机坑之间的高程241.000组装平台（以下简称2号、3号组焊平台）进行管节组圆、剩余纵缝焊接、探伤检验、加劲环组焊、调圆、焊缝防腐、内支撑对接、附件安装、检查验收等工作。

3）钢管安装

钢管组焊完成并验收合格后，利用50/20t桥机对管节进行翻身，再用桥机将管节吊入钢管引水隧洞末端延长的运输轨道上。最后使用运输台车及卷扬机经下平段就位。最后进行钢管调整、加固、环缝焊接、环缝探伤、外壁防腐、内支撑拆除、内壁防腐、验收移交等工作。

4. 压力钢管制造

半圆制造工艺流程：材料进厂检验→画线、切割→坡口加工→卷制成型→管节预组装→加劲环组装焊接→内支撑安装→防腐→储存。其施工流程见图4-28。

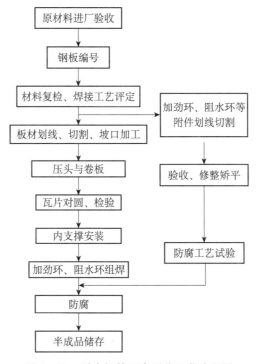

图 4-28　引水钢管厂内制作工艺流程图

1）材料检验

材料检验包括钢板、焊材、连接件及涂装材料等，检验内容如下：

（1）钢材检验。材料进厂后进行外观检查，通过目测观察钢板表面是否平整，有无碰伤、划伤和锈蚀等缺陷；利用1m钢板尺和粉线检测钢板的弯曲度是否超标；利用卷尺、游标卡尺等测量钢板的厚度、长度和宽度是否符合材料计划的要求；根据招标技术文件、设计图纸和规范要求进行材料的取样工作，并将取样样品送到有理化和物理性能检验资质的单位进行材料的检验。

（2）焊材检验。焊接材料进厂后进行抽样检验，化学成分、机械性能和扩散氢含量等各项指标均应符合现行国家标准规定，并具有出厂质量证明书。

（3）连接件检验。连接件的品种和规格应符合施工图纸和规范的要求。

（4）涂装材料检验。每批到货的涂料应附有制造厂的产品质量证明书和使用说明书。说明书内容应包括涂料特性、配比、使用设备、干硬时间、再涂时间、养护、运输和保管办法等。涂装材料运抵厂区后要进行抽样检验。

2）画线、切割

画线分为手工画线和数控自动画线，其中手工画线主要是利用卷尺、盘尺、钢板尺、画针、粉线、榔头等工具按照工艺图纸在钢板上进行放样工作，并做好水流方向、上下左右中心及瓦片的编号等工作。数控画线是将编制的图形输入数控切割机直接画线。

钢板切割采用半自动切割机和数控切割机两种方法进行，其中半自动切割机主要用于直线段切割，数控主要用于曲线段切割。

3）坡口加工

（1）直边坡口加工。直边坡口主要包括直管的纵和环缝、弯管的纵缝、锥管纵缝等。直边坡口均采用12m刨边机进行坡口加工。

（2）曲边坡口加工。曲边坡口主要包括弯管、锥管环缝。曲边坡口采用数控切割机及改进的半自动切割机进行其坡口的加工。切割后用角向磨光机修磨，对于610MPa钢板切割后须用角向磨光机打磨掉渗碳层。

4）卷板

压力钢管的瓦片全部用程控水平下调三辊卷板机（EZW11S－140×4000）卷（压）制完成。

（1）直管、弯管瓦片卷制。

①板料对中、压头。将钢板吊至卷板机进料托架上，启动托架电机，将钢板送入上下辊之间，利用卷板机上的对中装置将钢板对中，然后将待卷板的参数（板料的板厚、材质、规格、卷弧直径等）输入计算机，得出待卷板的下压量及卷制次数，启动工作辊（下辊）对钢板两端进行压头。

在卷曲过程中需注意移动下辊配合上辊进行，并尽量采用小进辊量反复多次卷制，同时用弧形样板检测使其两端弧度满足要求。

②瓦片卷弧、修弧。瓦片压头后，调整下辊反复卷制。卷制顺序为：先卷板端部，后卷中部。注意尽量采用小进辊量卷制，一般厚度38mm以上钢板卷曲4～5次即可完成。卷制过程中不断使用样板检查调整，弯管瓦片卷制的最后两次，应将瓦片分区调整卷制，并及时用弧度样板检测。

（2）锥管瓦片卷制。

锥管上下游管口弧度和半径（或外形尺寸）均不相同，其展开平面的表面素线是互不平行的直线，而且素线上各点的曲率均不相同。卷曲（对中、压头和卷制）时要严格按照其表面素线（滚压线）进行。考虑用卷锥装置（或称小头减速装置）卷弧将严重破坏锥管瓦片小头侧的焊接坡口，故锥管卷制方法采用"分区卷制"：根据瓦片展开长度，在压延方向将瓦片按照滚压线分成段长2～3m的小区，在卷板机上按照滚压线将压头工序完成，然后仍依照滚压线分区反复卷制，卷制顺序同样是先卷板端部，后卷中部，卷弧中严格按照滚压线控制调整。在卷制最后两次时，用弧度样板检测调整。

5）管节预组

钢管的预组装采用立式组装，使用50t门机将瓦片吊装至组装平台上进行。

按照瓦片的编号和水流方向等将瓦片吊装就位，用事先焊接在挡块上的压缝器顶紧瓦片下部，将对接缝初步对正，吊入"Ⅱ"形夹具。然后用千斤顶调整瓦片间间隙和错边量（对装间隙按焊接试验确定的收缩量控制），同时检测上下管口周长、圆度和平面度。检验合格后，在管壁外侧焊缝位置均匀焊接2～3块定位拉板，以确保其错边和坡口间隙不产生位移。定位拉板装焊完成后，将"Ⅱ"形夹具吊出，再次检查确认组装间隙、错边等控制指标对接缝的间隙是否符合要求。

6）纵缝焊接

（1）焊前准备。

①焊接材料准备。

②焊接工艺和规范参数确认。

③施工机具准备。

④焊工资格。凡参加钢管焊接的焊工，必须持有劳动人事部门颁发的锅炉、压力容器焊工合格证书或通过电力部、水利部颁发的适用于水利水电工程压力钢管制造、安装的焊工考试规则规定的考试，并持有有效合格证书。

焊接的钢材类别、焊接方法和焊接位置等均应与焊工本人考试合格的项目相符。焊工中断焊接工作6个月以上者，应重新进行考试。

⑤焊前清理。焊前对焊接坡口面及坡口两侧各10～20mm范围内的氧化皮、铁锈、油污及其他杂物清理干净。

⑥焊接环境条件。焊接环境出现下列情况时，应采取有效的防护措施，如无防护措施应立即停止焊接工作。

a. 风速：气体保护焊大于2m/s，手工电弧焊大于8m/s。

b. 相对湿度大于90%。

c. 环境温度低于 -5 ℃。

d. 雨天和雪天的露天施焊。

⑦焊前预热。

a. 预热条件：高强钢焊缝；板厚大于30mm的低合金属结构钢焊缝；环境温度低于5℃时。

b. 加热方式：采用远红外加热装置进行加热。预热宽度为焊缝中心线两侧各3倍板厚，且不小于100mm。焊缝的预热温度为80～120℃。

c. 检测方法：用温控箱或远红外数字测温仪测定温度。在距焊缝中心线各50mm处对称测量，每条焊缝测量点不少于3对。

⑧定位焊：钢管纵缝的定位焊在焊缝的背缝位置。

⑨焊缝类别。

Ⅰ类焊缝：包括所有主要受力焊缝，本标段Ⅰ类焊缝包括管壁纵缝、凑合节合拢环缝。

Ⅱ类焊缝：包括较次要的受力焊缝，本标段Ⅱ类焊缝包括管壁环缝、加劲环（阻水环）的对接焊缝。

Ⅲ类焊缝：包括受力很小的其他次要焊缝，本标段Ⅲ类焊缝包括灌浆孔背板与管壁的组合焊缝。

（2）焊接工艺评定。为了取得适应现场具体条件的合格焊接工艺，钢管在制造前将针对压力钢管（含附件）的钢板进行焊接工艺评定，并依据合格的评定成果制定焊接工艺。

焊接工艺评定及焊接工艺的具体内容如下。

①焊接工艺评定。

a. 工艺评定执行标准：DL/T 5017—2007《压力钢管制造安装及验收规范》。

b. 工艺评定的试件：工艺评定试件的钢材和焊接材料与制造钢管所用材料相同。试焊位置包括现场作业中所有的焊接部位，并按施工图纸要求做相应预热、后热。

c. 工艺评定和焊接试板：根据钢管使用的不同钢板和配套的焊接材料分别对610MPa级高强钢、Q345C低合金结构钢的焊接工艺评定，焊接试板的试焊位置与现场施工中所有焊接位置相同。

纵缝对接焊接试板：用于评定纵向对接焊缝焊接工艺。

斜45°对接焊接试板：用于评定环向对接焊缝焊接工艺。

角焊缝试板：用于评定环向角焊缝焊接工艺。

d. DL/T 5017—2007中的6.1节规定的可不做焊接工艺评定的焊缝。

e. 对接焊缝试板长800mm、宽500mm，焊缝位于宽度中部。

每块试板上应按要求打上试验程序编号钢印和焊接工艺标记。相应的试验程序和焊接工艺应有详细的文字说明。

焊接试板焊完后，我方将会同监理人对试板焊缝全部进行外观检查与无损探伤检查，并进行力学性能试验。试板不得有缺陷。若需修整的缺陷长度超过试焊长度的5%，则该试件无效，须重做评定。

对接试板力学性能试验方法按DL/T 5017—2007中6.1.20条及6.1.21条相关条款执行。

f. 焊接工艺评定报告：焊接工艺评定合格后，我方将按评定合格的工艺编写焊接工艺评定报告，报监理人审批。

②焊接工艺。

焊接工艺评定合格后，我方将依据评定合格的工艺编写用于焊接方式的焊接工艺，并报送监理人审批。

（3）焊接方法。

①钢管纵缝焊接采用手工焊封底，全自动气体保护焊焊接；单节钢管纵缝同时预热，同时施焊。对于焊接缺陷的处理采用手工电弧焊接方法。

焊接过程中，焊丝和焊条直径、气体流量、焊接电流、电弧电压、焊接速度、预热温度、焊接顺序、焊接方向、焊接层数、道数、单道宽度、每层厚度、层间温度控制、焊接线能量、环境温度及湿度、风速等焊接规范、工艺参数和要求应严格执行焊接工艺评定试验确定的规范、参数和要求，确保焊接质量。

②焊接层间温度控制。层间温度最高不高于 230℃。所有焊缝应尽量保证一次性连续施焊完毕，若中断焊接，在重新焊接前应再次预热，预热温度不低于前次预热的温度。

③焊接线能量控制。高强钢施焊前应严格控制在 40kJ 范围以内。

④焊接变形控制与矫正。

a. 通过调整焊接顺序控制弧度。当对圆完成后，纵缝处弧度出现直边外凸时的焊接顺序为：先在钢管内侧施焊，使其进一步外凸，然后用碳弧气刨在背缝清根，使其在反方向产生较大变形。之后在背缝施焊，同时用弧度样板经常性检查其弧度是否已符合要求，如是，则按常规正反方向交替焊接。反之亦然。

b. 通过预留反变形控制弧度。在瓦片组圆时根据焊接收缩情况适当预留一定量的反变形。

c. 通过机械矫正方式调整弧度。纵缝焊完后若弧度变形较大，则用专用冷矫装置来调整弧度。

（4）焊后处理。

焊后处理指焊缝的后热消氢、缺陷处理和表面清理等。

①后热消氢。

后热消氢应在焊接完成后进行，后热温度为 150 ~ 200℃。

②焊缝缺陷处理。

a. 经无损检测发现的焊缝内部不合格缺陷应用碳弧气刨机或砂轮将缺陷清除，并用砂轮修磨成便于焊接的凹槽。焊补前要认真检查，如缺陷为裂纹，则用磁粉探伤或渗透探伤，确认裂纹已经消除方可焊补。

b. 管壁材料焊接时需要预热、后热的焊缝做焊补时，应按主缝规定进行预热，焊补后按规定进行后热。

c. 根据检测结果确定焊缝缺陷的部位和性质，制定缺陷返修措施再处理缺陷，返修后的焊缝按规定进行复验，同一部位的返修次数不宜超过两次，超过两次须制定可行的技术措施并报监理人批准。

③表面清理、标记

焊接完毕，焊工应将焊缝药皮、飞溅等清理干净，进行自检。Ⅰ、Ⅱ类焊缝自检合格后应在焊缝附近用钢印打上钢号（高强钢上不打钢印），做好记录，焊工在记录上签字。

（4）纵缝检验。

①外观检查。

a. 检查焊缝有否表面夹渣、未焊满、表面气孔、飞溅和焊瘤等缺陷存在，若有则按规定处理合格。

b. 检查焊缝宽度是否符合规范要求，须盖过每边坡口 2~4mm，且平缓过渡。

c. 检查焊缝余高是否符合规范要求，须 0~3mm。

d. 检查焊缝两边咬边是否超标，深不超过 0.5mm，连续长度不超过 100mm，两侧咬边累计长度不大于 10% 全长焊缝。

②内部探伤检查。

a. 焊缝内部探伤在焊接完成 24h 以后进行。

b. X 射线探伤按 GB/T 3323—2005《金属熔化焊焊接接头射线照相》的标准评定，Ⅰ类焊缝Ⅱ级为合格，Ⅱ类焊缝Ⅲ级为合格；超声波探伤按 GB 11345—1989《钢焊缝手工超声波探伤方法和探伤结果分级》的标准评定，Ⅰ类焊缝 BⅠ级为合格，Ⅱ类焊缝 BⅡ级为合格。

c. 焊缝无损探伤长度占焊缝全长的百分比应该满足表 4-25 中"610MPa 级高强钢板Ⅰ类"的规定。

表 4-25　焊缝无损探伤抽（复）查率

办法	钢种	16MnR 级钢板		610MPa 级高强钢板	
	焊缝类别	Ⅰ类	Ⅱ类	Ⅰ类	Ⅱ类
一	射线探伤抽查率（%）	25	10	40	20
二	超声波探伤抽查率（%）	100	50	100	100
	射线探伤复查率（%）	5	（注2）	10	5

注：1. 任取表中的一种办法即可，若用超声波探伤，还须用射线复验。
　　2. 若超声波探伤有可疑波形，不能准确判断，则用射线复验。
　　3. 射线探伤应重点针对丁字形接头附近及超声波探伤发现可疑的部位。

d. 焊缝局部无损探伤部位包括全部丁字焊缝及每个焊工所焊焊缝的一部分。

e. 在焊缝局部探伤时，如发现有不允许缺陷，在缺陷方向或在可疑部位做补充探伤。如经补充探伤还发现有不允许缺陷，则对该焊工在该条焊缝上所施焊的焊接部位或整条焊缝进行探伤。

f. 无损探伤的检验结果（包括射线探伤的摄片）须在检验完毕后 48h 内报送监理工程师。

7）加劲环组装焊接

（1）加劲环（阻水环）组装。

每圈加劲环（阻水环）拼装成两段 1/2 圆并扣除纵缝侧预留的 1m 加劲环，加劲环安装必须在单节钢管调圆并验收合格后进行，预先在钢管外壁上画出加劲环或阻水环的装配线，在管节外壁侧沿圆周方向每间距 1000～2000mm 布置支墩，支墩高程低于安装加劲环装配线 30～50mm，其上配备专用楔子。

利用支墩上工装调整加劲环（阻水环）的位置，对接焊缝间隙和错边及其与钢管管壁间的间隙和垂直度，若钢管圆度超标或加劲环内圈弧度不符合要求，不可强行组装，需处理合格后再组装。重点控制加劲环与管壁的间隙及垂直度，直至符合设计和规范要求后再用定位焊。

（2）加劲环（阻水环）焊接。

根据其焊接位置特点，平角焊采用半自动 CO_2 气体保护焊接，仰角焊采用手工电弧焊接。

①加劲环（阻水环）对接缝焊接。

加劲环（阻水环）对接焊缝为 X 形坡口，采用手工焊，为了减小焊接应力需采用多层多道焊，焊接时应先焊仰焊位置 50% 的焊缝，然后在平焊位置清根并焊满，最后再将仰焊位置焊满。

②加劲环（阻水环）与钢管壁焊缝的焊接。

③为减小焊接应力，采用多层多道焊。焊接时安排 6～8 名焊工，沿钢管圆周方向做等分段对称焊接。焊接顺序为先焊仰焊位置 50% 的焊缝，后将平焊位置焊满，最后再将仰焊位置焊满。

8）内支撑安装

钢管内支撑采用米字形结构内支撑，主体结构采用钢管，中心采用圆形钢板进行连接。对于钢管管节长度大于 1.5m 的管节，每管节设置两榀内支撑；长度小于 1.5m 的管节设置 1 榀内支撑。两榀内支撑之间加剪刀支撑，材料选择型钢。

9）防腐

（1）防腐要求。

钢管内外壁采用喷射除锈，钢管内壁表面除锈等级应达到 GB 8923—1988《涂装前钢材表面锈蚀等级和除锈等级》规定的 Sa2 1/2 级；钢管外壁表面除锈等级应达到 Sa1 级；预处理后，表面粗糙度应达到以下要求：钢管内壁为 $Ra60～100\mu m$，钢管外壁为 $Ra40～70\mu m$。

内壁防腐：底层涂无机富锌，涂层厚度不小于 $100\mu m$；面层涂超厚浆型环氧沥青，涂层厚度不小于 $350\mu m$。

外壁防腐：表面涂刷 IPN 分子网络互穿重腐蚀涂料，干漆膜厚度应均不小于 $400\mu m$。

环、纵缝坡口两侧各 200mm 范围内，在表面预处理后，应立即涂刷无机富锌底漆，干漆膜厚度为 $100\mu m$。

（2）表面预处理。

钢管防腐蚀在钢结构密封防腐车间内进行。表面预处理前将钢材表面的焊渣、毛刺、油污等污物用钢丝刷、角向磨光机等清理干净。对于钢管表面附着的腐蚀性介质（如硫酸盐等）用清水或稀释剂洗净，再用压缩空气吹干。

钢管内、外壁均采用喷丸除锈。喷丸除锈采用喷射方式进行，以空压机风作为动力喷射用的压缩空气利用油水分离器过滤，除去油水。

（3）涂料涂装。

按设计或厂家说明书要求进行涂装工艺试验并报审后，进行钢板表面的喷涂。

清理后的钢材表面在潮湿气候条件下，钢管外壁涂装应在 4h 内完成；在晴天和正常大气条件下，钢管外壁涂装时间最长不应超过 12h。当空气中相对湿度超过 85%、钢材表面温度低于大气露点以上 3℃ 以及环境气温低于 10℃ 及产品说明书规定的不利环境，均不得进行涂装。

压力钢管涂装采用高压无气喷涂方法施工。经预处理合格的钢管在 4h 内及时在内底层喷涂无机富锌涂料，漆膜厚度不小于 100μm。待底漆检查合格后，再进行面层超厚浆型环氧沥青的涂刷，涂层厚度不小于 350μm。

（4）钢管外壁涂装。

钢管外壁经表面处理后，均匀涂刷 IPN 分子网络互穿重腐蚀涂料。

10）半成品储存

分瓣防腐并检验合格后，使用门机将其吊至堆放场进行存放。

5. 压力钢管安装

1）安装准备

（1）支墩埋设及桁架安装。

在钢管安装时要承受钢管自重和沿轨道边滑移时的推力，因此支墩要求有足够的强度和稳定性，主要采用连续混凝土支墩。支墩顶埋设钢板（300mm × 200mm × 20mm）和纵向插筋（ϕ25mm）。为保证钢管在洞内运输的稳定，支墩中心跨距为 9m。

为便于吊装运输，每台机组靠厂房侧设置 1 套支撑桁架与洞内支墩在同一直线上，桁架跨距为 9m，纵向长度为 4.2m，底部高程为 241.000m，①、②机高度为 7.39m，③、④机高度为 8.02m，主要由钢管、工字钢、槽钢和角钢组成，侧向采用支撑型钢进行加固。

钢桁架设计时考虑以③、④机的高度进行计算，其承载力按照钢管的单节最大吊装重量 46t，考虑 1.2 倍的冲击载荷，则其单侧的承载力为 $46 \times 1.2 \div 2 = 27.6$（t）。钢桁架单侧由 3 排组成，间距为 1m，钢管吊放至钢桁架时，主要由 2 排立柱进行支撑，其最大单排的受力为 13.8t。

钢桁架单排立柱（主要由 ϕ219 × 7 的钢管组成，材料为 Q235）的单根钢管特性如下。

截面面积：$A = \pi \times (0.219^2 - 205^2) \div 4 = 0.00466$（m^2）

惯性矩：$I = \pi \times (0.219^4 - 205^4) \div 64 = 2.62 \times 10^{-5}$（$m^4$）

钢桁架底部与基础板焊接，顶部为位移自由，其柔度为：

$\lambda = 1 \times 8.02 \div (2.62 \times 10^{-5} \div 0.00466)^{0.5} = 106.9 > 100.6$

其临界载荷为：$P_{cr} = \pi^2 \times 206 \times 10^9 \times 2.62 \times 10^{-5} \div (1 \times 8.02)^2 = 828.2$（kN），即为 84.5t。

稳定安全系数为：$n = 84.5 \div 13.8 = 6.1 > 3$（压杆工作稳定安全系数最大值）。

由于钢管的重心与桁架中心存在 4.5m 的偏心，须对其进行弯曲强度的校核，如下：

单排桁架结构的惯性矩：$I = \pi \times (0.219^4 - 205^4) \div 64 \times 3 + \pi \times (0.219^2 - 205^2) \div 4 \times 1.75^2 \times 2 = 0.0286$（$m^4$）

截面系数为：$W = 0.0286 \div (1.75 + 0.219 \div 2) = 0.0154$（$m^3$）

最大弯矩为：$M = 13.8 \times 9800 \times 4.5 = 6.086 \times 10^5$（N·m）

最大弯曲应力为：$\sigma = 6.086 \times 10^5 \div 0.015 = 3.95 \times 10^7 Pa = 39.5$（MPa）< $[\sigma] = 190MPa$

其中，$[\sigma]$ 为 GB 50017—2003《钢结构设计规范》中的值。

加上桁架两侧设置的斜支撑，足以满足钢管的承载能力。

钢支撑桁架在金属结构厂内制作完成后，通过拖车运输至安装间，然后利用 50t 桥机将其吊至各引水隧洞的出口并与预埋的基础板进行焊接。如与基础板不能直接对应位置，则用型钢将其连接并进行检查。

（2）轨道安装。

为使钢管顺利地滑移就位，采用连续混凝土支墩，并在支墩上敷设 43kg 级轨道。安装前应检查混凝土支墩高程里程，符合后支墩上放出轨道中心线，从下弯管开始，先在一侧由下往上装，装好一段后，再按间距安装另一侧。①～④引水洞钢管运输轨道安装长度分别为 60.7m、40.7m、40.7m、41.2m。

（3）加固件埋设。

为便于钢管安装时加固和防止混凝土浇筑过程中钢管移位，在每节钢管的两侧混凝土墙上埋设锚筋（由土建单位预埋），在首装节钢管下游管口附近埋设两根或三根工字钢，作为安装后加固用。

每台机组段 241.000 高程钢支撑桁架安装位置处预埋基础板。

在引水洞与⑤施工支洞交汇处及引水洞钢管段靠上游侧布置地锚，用于卷扬机及倒向地锚的布置，地锚采用 4 根钢筋埋入混凝土并两两相连。

（4）卷扬机布置。

根据地下厂房洞室分布情况，在①～③引水洞与⑤施工支洞交汇处设置 1 台 10t 卷扬机用于钢管洞内运输的主牵引动力，④引水洞与⑤施工支洞交汇处设置 2 台 5t 卷扬机和 1 台 10t 卷扬机。另外，在①、②机之间的⑤施工支洞设置 1 台 5t 卷扬机并通过地锚导向用于钢管运输的牵引动力及防倾翻辅助力。

（5）测量控制点设置。

为施工及检查钢管的安装中心、高程和里程，每节管或管段的上游管口下中心和左右中心部位均应设置控制点，左右中心处为高程控制点，下中心设置中心、里程结合控制点。控制点应做好标记并注意保护。主要控制点坐标如表 4-26 所示。

表 4-26　钢管安装控制点　　　　　　　　　　单位：m

机组号	定位节		与蜗壳相接的管节	
	起始桩号	中心高程	终止桩号	中心高程
①	①引 0+258.475	255.000	①引 0+314.475	255.000
②	②引 0+243.036	255.000	②引 0+279.036	255.000
③	③引 0+207.335	255.022	③引 0+243.335	255.000
④	④引 0+171.448	257.787	④引 0+207.896	255.000

（6）施工平台。

根据地下厂房在 2009 年 5 月现场具备的施工条件及其他施工项目需要的施工工位，考虑使用安 I 平台、①②机坑、②③机坑及③④机坑之间 241.000m 高程的平台作为钢管现场组装的工位。其中，因安 I 平台的地面高程为 274.740m，与桥机吊钩的距离约为 12m，无法满足钢管翻身的需求，因此考虑使用机坑之间的工位前作为钢管翻身平台。钢管安装初期（2009 年 6 月—9 月），利用①②机坑之间平台进行翻身，2009 年 10 月后由于①机坑混凝土浇筑至 241.000m 高程后将无法使用，此时考虑②③机坑之间的平台作为翻身使用。

2）钢管二次组圆焊接

将制造厂已成型检验合格的半圆运到地下厂房组装现场，利用地下厂房桥机卸车并吊到组装工位进行管节的组装焊接工作，主要有以下工作程序：半圆运输→管节组装→纵缝焊接→纵缝探伤检查→安装焊缝处加劲环并焊接→调圆→焊缝处防腐→安装对装→钢管附件安装。其现场组装焊接工艺流程见图 4-29。

（1）半圆运输。压力钢管分两瓣采用载重汽车通过 5 号公路→9 号公路→3 号公路→金沙江大桥→8 号公路→进厂交通洞运输至地下厂房钢管组装平台进行组装、焊接。

（2）管节组装。地下厂房管节组装使用 50/20t 桥机进行吊装，其组装工艺与钢管在厂内预组装相同。

（3）纵缝焊接。地下厂房钢管剩余纵缝焊接工艺与厂内纵缝焊接工艺一致，但须在现场做好烟尘等的防护措施。

（4）加劲环安装焊接。现场剩余纵缝侧的加劲环的组装、焊接与厂内施工工艺相同。

（5）调圆。钢管纵缝焊接合格的管节，按规范要求进行圆度检测，对于圆度超差的管节进行调圆处理。

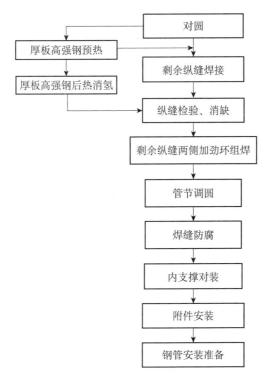

图4-29 引水钢管管节现场组装焊接工艺流程图

（6）调圆在对圆平台上进行，采用自制米字形调圆架。

（7）将调圆架吊入钢管内距管口约300mm处，旋转调圆架上的千斤顶使其顶紧内管壁，在千斤顶与管壁间设橡胶垫护。

（8）用钢盘尺测量上下管口直径，边测边调整千斤顶，直至圆度符合要求为止。

（9）焊缝处防腐。检验合格后的纵缝及其加劲环在焊接完成后进行防腐。除防腐方法采用人工涂刷外，其防腐要求及工艺与钢管厂内防腐相同。

（10）内支撑对装。钢管内支撑在现场将两瓣内支撑对焊。

（11）附件安装。钢管现场附件安装包括吊耳、铁鞋、爬梯的装焊。钢管内支撑安装完成，依据施工图纸进行吊耳、铁鞋及爬梯的组装和焊接。附件焊接全部采用手工电弧焊，并需满足相关规范要求。

3）压力钢管安装

钢管的安装顺序为：优先进行①、②机钢管的安装，然后进行③、④机钢管安装。以引水洞钢管段起始端钢管作定位节依次从向上游端往下游侧进行安装。

钢管安装主要施工工序为：轨道、地锚安装→钢管翻身→钢管吊装→钢管洞内运输→钢管调整、加固→环缝焊接→环缝检验→外壁防腐→内支撑拆除→内壁防腐→验收移交。具体工艺流程如图4-30。

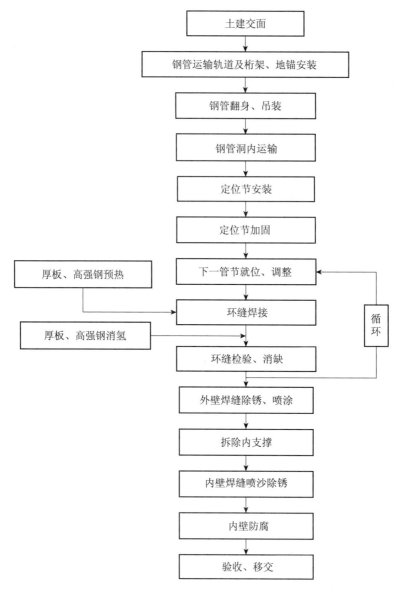

图 4-30 引水钢管安装施工工程序图

钢管安装控制点布置：除定位节、锥管起始点均测放控制点外，其余部位每间隔 10m 在引水洞底板上设置一组测量控制点，即钢管安装中心、里程点和高程点以及钢管左、右中心在隧洞底板上的投影点，并做好标记，注意保护。

（1）钢管调运翻身。

待准备工作完成后，按相邻管节编号匹配后利用施工桥机或永久大桥机吊至地下厂房①②机坑、②③机坑之间的组装平台进行钢管的翻身，翻身时采用桥机进行单钩翻身，并在钢管底部加设弧形保护垫块。

钢管翻身的钢丝绳选择为直径 $\phi32mm$，钢芯结构为 $6 \times 37S + FC$，抗拉强度为 1670MPa，2 根 16m，四股吊装校核（最小安全系数法）：

钢丝绳工作时的空间角度：$\beta = \arcsin \dfrac{\sqrt{3000^2 + 1000^2}}{7500} = 25°$

钢丝绳的最大工作静拉力：$S = 46 \div 4 \div \cos25° \times 9.8 = 124.4$（kN）

钢丝绳的最小安全系数为：$n = 4.5$

$F_0 = 653kN > 124.4 \times 4.5 = 560$（kN）（$F_0$ 为钢丝绳的最小破断拉力），满足要求。

每节钢管翻身及吊装的吊耳共布置 4 个，其布置如图 4-31。

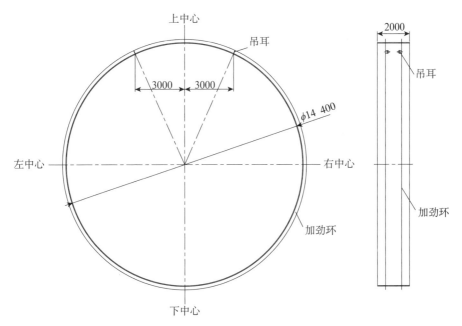

图 4-31　钢管翻身吊装吊耳布置图（单位：mm）

吊耳详图见图 4-32。

为保证吊装的安全，吊耳的计算如下：

考虑管节最大重量为 46t，动载系数为 1.1，空间夹角为 25°，则吊耳的设计最大承重力应为 $46t \times 1.1 \div 4 \div \cos25° = 13.96$（t）。吊耳材料选择 Q345C，厚度为 30mm。

根据 DL/T 5039—1995《水利水电工程钢闸门设计规范》附录 K 的吊耳验算公式，吊耳孔壁承压应力为：$\sigma_{cj} = 13.96 \times 9800 \div 30 \div 55 = 82.9$（MPa）$< [\sigma_{cj}] = 110MPa$，满足要求。

吊耳孔拉应力为：$\sigma_k = 82.9 \times (70^2 + 27.5^2) \div (70^2 - 27.5^2) = 113.2$（MPa）$< [\sigma_k] = 180MPa$，满足要求。

吊耳与加劲环的焊缝采用 45°"K"形坡口，另外一面与管壁焊接，焊接完成后进行 100% MT 无损检测。

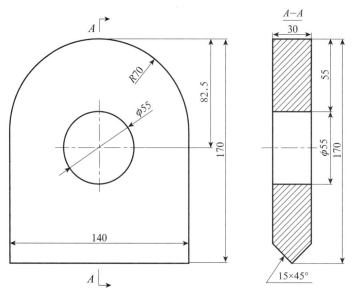

图 4-32 吊耳详图（单位：mm）

（2）平段钢管的吊装运输。

根据钢管直径大的特点，拟采用组合单元方式进行运输，对下平段钢管采用三节作为一个洞内运输单元，并设置增加辅助牵引绳和辅助安全支架，防止钢管倾翻，主要操作步骤如下：

①第一节钢管吊装至钢支撑桁架后，利用倒链将钢管缓慢向洞内滑移 2m，滑移时在基坑高程 241 平台增加辅助溜放钢丝绳 + 倒链，防止钢管后倾。

②第二节钢管吊装至钢支撑桁架后与第一节钢管的加劲环沿圆周采用型钢连接 6 处，形成整体。然后利用卷扬机将 2 节钢管向洞内滑移 2m，滑移前在钢管上游增加辅助安全支架，防止钢管向前倾翻，同时增加辅助牵引的卷扬机防止其向后倾翻。

③第三节钢管吊装至钢支撑桁架后与第二节钢管的加劲环沿圆周采用型钢连接 6 处，形成整体。运输时使用 10t 卷扬机作为主牵引动力拖动钢管，并辅以辅助绳同步保证运输的稳定性，同时加装安全装置，保证运输的安全。

（3）下弯管节的吊装运输。

由于④机组定位节在弯管段，因此先将第 1、2 节组装成大节（总重量约为 50t），然后进行运输安装，在水平段运输方式相同。

运输到上弯段起始点后，采用三点牵引就位——顶部一台卷扬机和滑轮组进行牵引，下部采用一台卷扬机和滑轮组挂两点同时牵引，拖运就位后，直接进行就位和安装。

（4）管节组装和调整。

安装的要点是严格控制台中心、高程、里程和加固质量。安装时先调中心，用千斤顶顶动钢管，使其下中心对正底下控制点，对准后再用 4 台千斤顶将钢管均衡地顶至要求高程。高程通过墙上设置的高程控制点，拉线检查，合格后焊上临时活动支腿，撤去千斤顶，重新检查中心、高程、里程和倾斜，不合格再调，反复数次调整，至首装节管口上下游几何中心误差小于 ±5mm，管口垂直度偏差小于 ±3mm。调整合适后可以用型钢固定，焊于预埋工字钢和锚筋上。

（5）弯管的测量控制。

弯管安装要控制上游管口下中心对正和管口的倾斜度，调正顺序是吊入弯管，将其下游口下中心对正首装节管口下中心，并检测上口下中心偏差。如有偏移，在相邻管口各焊一块挡板，在挡板间用压机顶转钢管使中心对正。然后再用压机、拉紧器调整两相邻管口的间隙，同时检测上管口倾斜度，然后开始由下中心分两个工作面进行压缝，压缝时要注意错牙，圆周均匀分布，间隙均匀，压缝方法是用压码楔子和压缝器压缝。

弯管的上下中心和水平段一样可挂垂线检测。但高程与里程有关，当通过拉线将钢管上的左右中心引到两侧混凝土墙上，得出 C 点（见图 4-33），C 点可能滞后或超前于已控制点 A。这时，A、C 点的高差就不是钢管的实际高差。此时，可把墙上控制点拉一根斜线或增设一个辅助点，则可在墙上钢管的斜坡线上量出实际高程差 h。

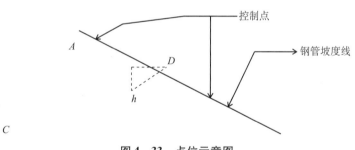

图 4-33 点位示意图

弯管的倾斜度测量，是通过在管口的上中心处挂垂球。用钢卷尺量出下中心至垂球间的距离 a 值（见图 4-34）。

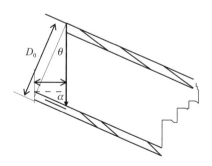

图 4-34 弯管倾斜度测量示意图

测得实际偏差值与理论值比较，可定出弯管的倾斜误差，少量的误差可以用千斤顶或拉紧器调整，也可以调整上下中心部位间隙来改善。弯管安装2节至3节后须进行检查调整，以免造成误差积累。安装完成几节弯管后，再复查首装节下游管口有无变化，以保证首装节稳定，防止弯管重量增加导致钢管往下游位移（见表4-27）。

表4-27　钢管安装尺寸极限偏差

序号	项目	极限偏差				检测工具
		首装节	与蜗壳连接的管节	弯管起点节	其他部位管节	
1	管口中心	5mm	12mm	25mm	25mm	全站仪
2	管口里程	±5mm	—	±10mm	—	全站仪
3	垂直度（直管）	±3mm	—	—	—	粉线、吊坠、钢直尺
4	钢管圆度	≤40mm，至少测4对直径				钢盘尺
5	环缝对口错位	10%δ（δ为板厚）				检验尺

为防止加固焊时因焊接收缩造成钢管移位，加固型钢的一端焊缝应为搭接，且应最后焊接。加固完后再复测中心、高程、里程、倾斜，做出安装记录。

（6）管节加固。

根据预先放置的测量控制点，钢管基本就位后取吊牵引绳，在钢管底部使用32t千斤顶进行钢管整体中心、高程及里程的调整，调整完成后在钢管的四周利用型钢与预埋插筋进行加固焊接。首装节钢管用[18槽钢在每道加劲环焊接加固一圈，其余管节用∠50×5角钢顺钢管安装轴线方向每隔一道加劲环焊接加固一圈，加固材料不能焊接在钢管管壁上，只能焊在加劲环或阻水环上，并且在钢管两侧用[18槽钢加斜支撑，定位节钢管的两端管口均要加固牢靠。

加固完成后，采用同样的方式将第二大节运输就位并与第一大节组合，包括进行中心、高程、里程及管口错牙、对接间隙的调整。调整合格后进行加温、焊接。

（7）环缝焊接。

①焊接工艺。

a. 安装焊缝均采用手工焊焊接、12个焊工对称分段倒退施焊的原则进行，管内6名焊工，管外6名焊工，以管左右中分界，管内先立焊、仰焊焊缝，管外平焊、立焊背缝气刨清根、打磨、做检查。焊接顺序如图4-35所示。

b. 环境温度低于-5℃时的低合金钢焊接以及高强钢焊缝焊接前，用远红外加热装置对焊缝两侧进行均匀预热，预热温度为120~150℃，用红外线测量焊缝两侧温度。

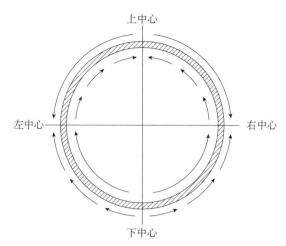

图 4-35　安装环缝对称施焊顺序图

c. 高强钢焊缝内用碳弧气刨清根的部位，再用砂轮机将影响焊接质量的渗碳层磨除干净。

d. 环缝焊接应逐条焊接，不跳越，不强行组装。所有焊缝尽量保证一次性连续施焊完毕，严格按《焊接工艺规程》的要求进行所有焊缝的焊接。

e. 焊接过程中对钢管安装尺寸进行检查，有偏差时及时校正。

f. 对变形和收缩应力，在施焊前选定合适的定位焊焊点和焊接顺序，从构件受约束较大的部位开始焊接，向约束较小的部位推进。

g. 双面焊接时在单侧焊接后进行清根并打磨干净，再继续焊另一面。

h. 多层焊的层间接头错开，层间认真打磨。

i. 每条焊缝一次连续焊完，当因故中断焊接时，采取防裂措施（加保温棚布）。在重新焊接前将表面清理干净，确认无裂纹后方可按原工艺继续施焊。

j. 焊接完毕，焊工进行自检。焊缝自检合格后在焊缝附近用钢印打上钢号，并做好记录。高强钢上不打钢印，但要进行编号和做出记录，并由焊工在记录上签字。

②定位焊。

定位焊位置距焊缝端部 30mm 以上，其长度在 50mm 以上，间距为 400～800mm，厚度不宜超过正式焊缝高度的 1/2，最厚不宜超过 8mm。施焊前要认真检查定位焊质量，如有裂纹、气孔、夹渣等缺陷应及时清除干净再焊。

③环缝焊接。

焊缝在施焊前用远红外温控加热仪进行加热，将加热片均布于钢管外侧的焊缝两侧。温度满足要求后，断掉加热片电源，即可进行钢管内外侧焊缝的焊接。焊接完毕进行焊缝后热，后热采用相同装置加热。

环缝焊接全部由手工电弧焊进行，焊接材料及焊接方法均按照焊接工艺评定制定的要求进行。

④焊接线能量控制。

焊接线能量的大小对钢管焊接部位的冲击韧性有很大影响，直接影响钢管的运行质量。线能量的控制是焊接过程中控制的重要参数，是每个焊接技术人员和焊工应该充分注意的问题，不容忽视。

根据焊接前的焊接工艺试验，确定线能量范围，一般控制在 20～40kJ。依据焊接工艺试验对焊条规格、焊接规范、焊接速度、每根焊条焊接焊缝的长度范围均做出相应规定，用于指导焊接生产。

⑤层间温度控制。

层间温度控制是获得优良焊缝金属的必要条件。层间温度偏高，则焊缝强度下降，晶粒粗大，低温冲击韧性下降，影响钢管的整体质量。层间温度过低，则不易熔化，导致焊缝熔合不好，影响焊缝质量，对钢管的整体质量也会造成影响。层间温度最高不能高于200℃。所有焊缝应尽量保证一次性连续施焊完毕，若因不可避免的因素确需中断焊接，那么在重新焊接前必须再次预热，预热温度不得低于前次预热的温度。

⑥焊缝消应处理。

环缝焊接的消应采取层间锤击法。

⑦焊后处理。

a. 经无损检测发现的焊缝内部不合格缺陷应用碳弧气刨机清除并用砂轮修磨成便于焊接的凹槽。焊补前要认真检查，如缺陷为裂纹，则用磁粉探伤确认裂纹已经消除方可焊补。

b. 对于管壁材料焊接时需要预热、后热的焊缝需要焊补时，应按主缝规定进行预热，焊补后按规定进行后热。

c. 根据检测结果确定焊缝缺陷的部位和性质，制定缺陷返修措施再处理缺陷，返修后的焊缝按规定进行复验，同一部位的返修次数不宜超过两次，超过两次须制定可行的技术措施并报监理人批准。

⑧环缝检验。

a. 外观检验。

环缝焊接完成后，外观检验应满足表4-28的要求。

表4-28 环缝焊缝外观质量控制标准　　　　单位：mm

序号	项目	焊缝类别	
		I 类	II 类
		允许缺欠尺寸	
1	裂纹	不允许	
2	表面夹渣	不允许	
3	咬边	深度≤0.5	

续表

序号	项目	焊缝类别	
		Ⅰ类	Ⅱ类
		允许缺欠尺寸	
4	未焊满	不允许	
5	表面气孔	不允许	
6	飞溅	不允许	
7	焊瘤	不允许	
8	焊缝余高 Δh	0~3	
9	对接接头焊缝宽度	盖面每边坡口宽度 1~2.5，且平缓过渡	

b. 内部探伤检查。

Ⅰ. 焊缝内部探伤在焊接完成 24h 以后进行。

Ⅱ. 采用超声波探伤、TOFD 探伤结合磁粉探伤进行焊缝的探伤检验。超声波探伤按 GB/T 11345—1989《钢焊缝手工超声波探伤方法和探伤结果分级》的标准评定，Ⅰ类焊缝 BⅠ级为合格，Ⅱ类焊缝 BⅡ级为合格；磁粉探伤的检验按 JB/T 6061—2007《无损检测 焊缝磁粉检测》的标准进行检验评定，抽（复）查比例见表 4-29。

表 4-29　环缝无损探伤抽（复）查率

钢种	610MPa		备注
焊缝类别	Ⅰ类	Ⅱ类	
超声波探伤抽查率（%）	100	100	
TOFD 探伤复查率（%）	10	5	
磁粉探伤复查率（%）	10	5	

Ⅲ. 焊缝局部无损探伤部位包括全部丁字焊缝及每个焊工所焊焊缝的一部分。

Ⅳ. 在焊缝局部探伤时，如发现有不允许缺陷，在缺陷方向或在可疑部位做补充探伤。如经补充探伤还发现有不允许缺陷，则对该焊工在该条焊缝上所施焊的焊接部位或整条焊缝进行探伤。

Ⅴ. 无损探伤的检验结果须在检验完毕后报送监理工程师。

4）移交、回填

钢管每安装焊接完成约 12m 并检验合格后交土建施工单位进行混凝土浇筑。

钢管外支撑加固见图 4-36。

5）钢桁架拆除

单条引水洞钢管全部吊运就位后，进行钢桁架拆除，拆除时利用 50t 桥机将其挂住防止割除过程的倾翻，然后进行底部与基础板处的切割，割除完成后整体吊至安装间的载重汽车运输出洞。

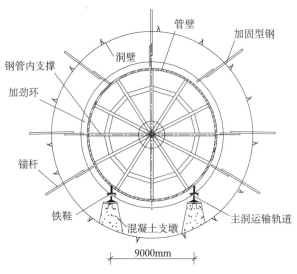

图 4 - 36　钢管外支撑加固图

6）内支撑拆除

内支撑拆除前，在钢管内支撑上焊接型钢搭设临时施工平台。钢管内支撑的端头与钢管接触处采用螺杆拧顶方式，在拆除时将螺杆拧松后取出。单榀内支撑的拆除顺序为：先进行钢管左右中心以上部分的拆除，然后进行钢管上半部分的防腐，最后将下半部分的内支撑全部拆除。内支撑拆除后使用载重汽车运输出洞。

7）内壁防腐

在钢管内支撑拆除后，对焊缝内壁进行二次除锈后补漆，焊缝区的除锈采用手工除锈，合格后手工进行涂漆，手工涂装厚浆型无溶剂超强耐磨环氧重防蚀涂料（喷涂型），涂层厚度不小于 $800\mu m$。

钢管内壁处理后，除锈等级应达到 GB/T 8923.2—2008《涂覆涂料前钢材表面处理　表面清洁度的目视评定第 2 部分》规定的 Sa2.5 级，表面粗糙度应达到 $Ra60 \sim 100\mu m$。

钢管涂装后外观质量：涂层表面应光滑、颜色均匀一致，无皱皮、起泡、流挂等缺欠，涂层厚度应基本一致，不起粉状。内部质量：漆膜厚度采用涂层测厚仪检查，附着力采用划格法或拉开法进行检查，其质量要求应满足 SL 105—2007《水工金属结构防腐蚀规范》中 4.4.2 ~ 4.4.4 的规定。

8）安装验收

钢管防腐处理完成，由监理单位和业主单位进行联合验收。

4.4.10　大管径伸缩节安装工艺

1. 工程概况

向家坝水电站左岸厂房坝段布置安装有 4 台机组，从左至右依次编号为新 1 ~ 4

号机组，引水钢管采用钢衬＋钢筋混凝土背管形式，引水钢管末端与厂房上游边墙之间设伸缩节室，内有一套伸缩节。伸缩节中心轴线安装高程为 258.000m，单套伸缩节轴线总长 3m，分两段到货，上游段、下游段长度各为 1.5m，出厂前预压缩量均为 10～15mm。单套净重约 110.7t，4 台机组共 4 套，总重约 442.8t。

2. 技术要求及存在的难点

向家坝水电站左岸厂房伸缩节过流直径为 ϕ12.20m，管内最大流速为 7.61m/s。伸缩节作为连接压力钢管和主厂房机组之间的关键金属结构部件，如此大直径在水利水电工程上尚不多见，同时受现场压力钢管安装进度以及伸缩节室尺寸等影响，安装难度很大，具有技术含量高、精度要求高、质量控制难等特点。

具体表现在：①作为压力钢管和厂房机组之间的"软连接"，其重要性不言而喻。②安装施工影响因素多。由于伸缩节单重大，仅能采用 MQ6000 门机进行吊装作业，吊装时与相邻设备 MQ2000 门机的干扰较大，需要加强协调，解决设备使用问题以及施工干扰，才可以顺利完成；同时伸缩节室内焊接空间有限，施工环境和焊接难度很大。③对焊缝的质量要求很高。④伸缩节运输难度大。根据现场实际情况，钢衬的运输道路坡陡、弯多，运输过程中的干扰因素较多。⑤施工强度高。根据施工进度安排，伸缩节需要在伸缩节室穿墙管安装调整后才能进行安装，安装进度受相邻标段穿墙管回填及 MQ6000 门机向右推进等项目进展影响很大。

我们对伸缩节设计、制造尺寸与现场安装环境等进行分析后，制定了详细的专项安装方案并进行了优化讨论，采取各种措施、施工工艺和技术，确保伸缩节安装质量。

3. 施工方案及工艺优化措施

1）详细规划道路及吊装方案，确保运输顺利

原定伸缩节运输方案为：在伸缩节完成制造后运送至仓库，待现场具备安装条件后运输至现场进行安装。吊装设备采用下游副厂房顶布置的 MQ6000 高架门机，MQ2000 港机配合翻身，然后吊装至伸缩节室进行安装。

由于单套伸缩节包含两节，假如采用一台平板拖车分批次送至吊装点进行吊装，效率十分低下，不仅要考虑运输道路的两次封锁以及吊装设备协调的配合，设备利用率低，而且对相邻部位施工干扰也较大。因此我们通过协调设备供货周期并结合现场施工进度，明确在单套伸缩节的到货日期与现场具备安装条件的节点重合，待伸缩节到货后不经过仓库现场验收直接运输进行安装，减少二次装车，大量节省倒运、运输等时间以及设备投入费用；同时在设备出厂验收前，在合适位置安装好吊耳并复核，确保满足现场需要。

伸缩节运输时提前做好托架，与托架接触部位垫枕木，同时通过钢丝绳、倒链等将伸缩节固定于拖车上，防止运输时倾翻，并标示醒目标记，事先与有关部门协调好做好场地规划，确保运输道路畅通。

2）吊装方案

在吊装顺序上，结合运输车辆顺序先下游段后上游段依次吊装。先吊装的下游段尽量紧靠下游管节上管口，并进行临时加固，然后吊装上游段，上游段上管口紧靠上游管节下口；起吊前再次确认伸缩节编号及安装方向，避免空中转动或二次翻身。

伸缩节进入伸缩节室后，调整下降速度，严禁与已安装管节碰撞，导致伸缩节结构发生变形进而影响安装精度及焊缝质量。

吊装过程中，左右两侧及上下游方向均布设不少于2根牵引绳，确保伸缩节就位精确。

3）伸缩节安装方案

（1）伸缩节安装工艺流程见图4-37。

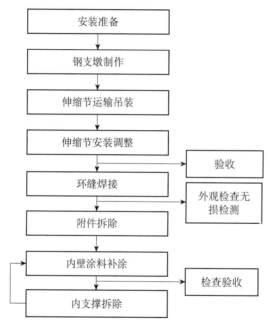

图4-37 伸缩节安装工艺流程图

（2）伸缩节调整、压缝。

伸缩节下游段安装前，在上口位置放测量点线。吊装就位后，根据管节间跨距，先完成下顶点与下游管节管口间预留间隙，然后通过调整伸缩节下游段调整垂直度，管中心调正后对下游段进行加固、定位焊，测量合格后进行下游段与G71管口对接环缝焊接。

焊接完成后释放下游段预压缩量。释放前测量G70下口与下游段上口之间的距离，沿钢管圆周设置释放基准点，预压缩量释放应分步骤均匀进行，最终预压缩释放量以下游段至上游管节下口之间的距离确定。预压缩量释放时先拆除内壁角钢，通过逐步松开调整螺母，必要时可配置倒链或千斤顶等辅助释放。

在测量上，本着"从整体到局部，由高级到低级，先控制后碎部"的原则，围绕工程施工建立安装轴线专用控制点。安装控制点随工程施工进度及时分层布设。

针对本次伸缩节安装，结合上下游管节测量数据，采用专用控制基准点同时请第三方复核数据，严格执行"三检制"，确保伸缩节底部支墩以及调整导轨安装精度，进而保证伸缩节安装质量。

（3）伸缩节焊接。

①施焊顺序。伸缩节环缝与上下管节的定位焊、错位等检查合格后，进行环缝的焊接。施焊顺序原则上按"压力钢管上口与伸缩节下游段下口→伸缩节下游段上口与伸缩节上游段下口→伸缩节上游段上口与压力钢管下口"的顺序进行焊接。

②合拢缝焊接要求。合拢缝焊接时，为减小焊接应力，采用多层多道小能量焊接，除打底焊外，每层焊缝焊接完成后立即用风铲进行消应处理。为减小焊接填充部分的金属受拘束应力，合拢缝背缝焊接时采用分段清根、分段焊接的方法，并在开焊后连续不间断一次焊完。

（4）调整、附件安装及涂装等。

伸缩节所有焊缝焊接完成后，进行补强板焊接。补强板焊完后，将调整螺杆筋板割除，橡胶组件装好后通过调节螺杆对伸缩节限位间隙修正。

拆除伸缩节上的工卡具和其他临时构件时，采用碳弧气刨或热切割在离管壁3mm 以上处切除，不得损伤母材。切除后钢管内壁（包括高强钢管外壁）上残留的痕迹和焊疤用砂轮磨平，对高强钢还应用着色探伤检查有无微裂纹，发现裂纹时用砂轮磨去，并复验确认裂纹已消除为止。

4）质量保证措施

（1）建立完善的质量保证体系，确保对伸缩节的安装质量进行有效控制。

（2）做好技术交底，在施工中各工序严格执行"三检制"，各道工序间实行工序传递卡制度。

（3）坚持质量问题"三不放过"原则。对施工过程中出现的问题，必须查明原因并采取有效措施后，才能进行施工。

4. 结束语

本次伸缩节运输安装重点与难点主要是运输过程中的风险控制以及安装过程中基础定位、平面位置尺寸和预埋件的准确性，另外一定要特别注意焊接质量以及施工顺序，才能确保安装质量符合设计、规范及使用要求。

后期对伸缩节的检测项目进行检查，各项数据均达到设计和规范要求，安装质量优良，解决了施工过程中的难点问题，安装工艺技术在工程中都得到了很好的落实和验证，较好解决了施工难题，实现了原定目标，对其他类似工程施工具有借鉴意义。

4.4.11 中孔钢衬安装工艺

1. 工程概述

向家坝工程泄洪坝段位于河床主河槽中部略靠右侧，前缘总长 248m，共分为 13 个坝段，泄 1 至泄 13。标准泄洪坝段宽 20m，共设有 12 个表孔、10 个中孔，采用溢流表孔与泄洪中孔间隔布置形式，高低坎底流消能，溢流表孔跨横缝布置。泄水坝段由中隔墙分成两个对称的泄洪分区，表、中孔坝面泄槽由于高程不同而用 3m 宽的中隔墙分离，中隔墙从上游闸墩起一直延伸至表中孔跌坎末端。泄水坝段坝体与消力池分缝位置在桩号 0 + 132.000m 处，其下游接消力池。

泄洪中孔采用短有压进口形式，进口底板高程为 305.00m，出口控制断面孔口尺寸为 6.0m × 9.6m（宽 × 高）。泄水中孔布置 3 道闸门控制，出口布置弧形工作门，其上游进口布置平面事故门，沿上游坝面设置反钩检修门。泄水中孔钢衬布置于中孔检修门下游至弧形工作门上游之间的孔壁四周，呈喇叭口形。

泄洪中孔钢衬选用双向不锈钢复合钢板，复材层为厚 4mm 的 00Cr22Ni5Mo3N（2205）钢板，基材为厚 26mm 的 Q345C 钢板。钢衬外侧设加劲板和阻水环，均为厚 30mm 的 Q345C 钢板，板高 300 ~ 350mm，其上焊有锚筋。单孔钢衬总重量为 405.789t，每孔的总长为 24.786m，按设计图纸分为 15 节，其中 1 ~ 3 节为喇叭口，其他管节为方管。

2. 施工布置及特点

泄洪坝段中孔钢衬主要在向家坝工区的金属结构加工厂进行制造，场内主要布置有钢衬下料平台、等离子数控自动（半自动）切割机、管节组焊平台、焊材保温库、防腐车间等。钢衬管的焊接主要采用手工电弧焊，进口段外弧采用自制的龙门架和液压千斤顶工装进行压制。相应配套布置板材堆放、下料、校正平台及防雨防风活动工棚。场内起重主要采用 20t（$L_k = 24m$）及 30t（$L_k = 24m$）龙门吊或 50t 汽车吊，转运采用 60t 平板拖车。

3. 泄洪中孔钢衬制作工艺

1）钢衬分节

根据设计图纸及设计交底，为减少现场焊缝、缩短安装工期、提高产品质量，结合复合板生产厂家提供的板材最大宽度尺寸和现场起吊能力，在钢衬加劲环位置不变的情况下对钢衬进行重新分节，将原设计 15 节合并为 8 节。其中，进口段至事故检修门 1 ~ 8 节合并为 4 节，事故检修门至出口段 9 ~ 15 节合并为 4 节。合并后单节最大重量为 48.6t。钢衬重新分节后的单孔钢衬特性见表 4 – 30。

表 4 – 30　重新分节后的单孔钢衬特性表

编号	节长（mm）	钢衬管重（t）	锚筋量	备注
1	2600	48.567	348 根/13.738t	阻水环 1 个 10.8t，加劲环 3 个

编号	节长（mm）	钢衬管重（t）	锚筋量	备注
2	2700	45.062	320 根/12.634t	加劲环 6 个
3	2701	43.696	312 根/12.318t	加劲环 6 个
4	2699	42.523	302 根/11.923t	加劲环 6 个
5	2850	42.267	292 根/11.528t	阻水环 1 个 8.9t，加劲环 3 个
6	2900	41.165	280 根/11.054t	加劲环 6 个
7	3000	35.302	224 根/8.843t	加劲环 6 个
8	2118	14.753	156 根/6.159t	加劲环 7 个

注：1. 上述钢衬管重量包括阻水环、加劲环重量，不包括锚筋重量。
　　2. 现场埋件：阻水环排水管道及角钢附件约 1.25t，钢衬管进口预埋板约 2.173t。

2）制作工艺流程

中孔钢衬制作工艺流程如图 4 - 38 所示。

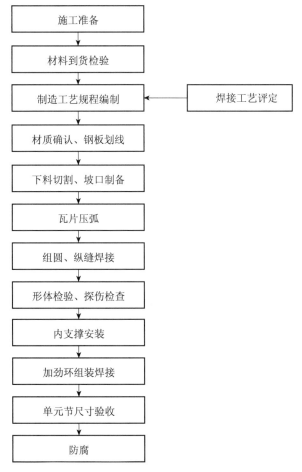

图 4 - 38　中孔钢衬制作工艺流程图

3）制作工艺

（1）钢板画线。

钢板画线前，应检查钢板的编号及尺寸，画线后由专职技术员对画线尺寸进行校核。画线后的钢板应用不含铁的油漆标出钢衬分段、分节、分块编号，水流方向、中心线、灌浆孔部位、加劲环部位、坡口角度以及切割线等。复合钢衬内壁严禁采用打钢印或使用样冲进行标记。钢板的画线偏差允许值如表4-31。

表4-31　钢板画线偏差允许值

序号	项目	允许偏差（mm）	序号	项目	允许偏差（mm）
1	宽度和长度	±1	3	对边相对差	1
2	对角线相对差	2	4	矢高（曲线部分）	±0.5

（2）钢板下料。

下料前，应由专职质检员对钢衬瓦片的制作工序流程卡、钢板下料尺寸、坡口加工线、方位线及所有工艺卡中要求的标记进行检查，无误后经质检员确认方可进行下料。

瓦片的下料主要采用数控等离子切割方式。部分难以铺设轨道的部位，辅助以半自动切割机或手工等离子切割下料。下料过程中，应充分考虑坡口切割及焊缝收缩余量。

瓦片的坡口主要采用火焰或等离子切割制备。对于火焰切割的坡口，应使用砂轮机打磨掉坡口处的熔渣、毛刺和缺口，直至露出金属光泽。所有边缘不得有裂纹、夹层、夹渣或其他缺陷。

（3）瓦片制作。

中孔钢衬进口段外弧采用自制的龙门架和700t液压千斤顶工装进行压制。压制前应先画好滚压线，做好相应样板，制作合适的压头，并清除钢板上的浮锈。压制过程中应少压多道，控制好变形及回弹量。压制过程中随时用样板进行检查。严禁压制过量后进行翻面压制。压制完成后应在专制平台上对瓦片的弧度、直线度、对角线等进行检查。

（4）瓦片组拼。

瓦片组拼在专用的平台上进行。组拼平台主要采用工字钢或厚钢板搭设，平台间相对不平度不大于1mm，放样开档及对角线偏差不大于2mm。瓦片在组拼平台上就位后用拉紧器固定，钢衬内壁不得采用压码调整纵缝；组拼完成后应由专业质检人员检查几何尺寸、焊缝错位等参数后方可进行焊接。

4）焊接工艺

（1）一般规定。

①焊缝分类。

根据DL/T 5017—2007《水电水利工程压力钢管制造安装及验收规范》焊缝分类要求，本标段内泄洪中孔复合钢衬的纵缝、环缝、加劲环对接焊缝及阻水环对接焊缝均属于Ⅱ类焊缝，其余属于Ⅲ类焊缝。

②焊接方法。

本标段复合钢衬制造及安装焊缝焊接主要采用手工焊条电弧焊，部分采用 CO_2 气体保护焊。

③焊条。

a. 双相复合不锈钢板中，基材焊接采用 $\phi3.2mm$ 或 $\phi4mm$ 的 J507（E5015）碳钢焊条，过渡层焊缝的焊接采用 $\phi3.2mm$ E309Mol 不锈钢焊条，不锈钢复层焊缝的焊接选用 $\phi3.2mm$ E2209 不锈钢焊条。

b. 焊条应具有产品质量证明书，E5015 焊条应符合 GB/T 5117—1995《碳钢焊条》的要求；E309Mol、E2209 焊条应符合 GB/T 983—1995《不锈钢焊条》的规定。

c. 焊条入库时，应按其相应标准的规定进行验收。对材质有怀疑时，应进行复验，合格后方可使用。

d. 焊接施工现场应设置专门的焊条管理员，负责焊条的保管、烘干、发放和回收，并做好详细的记录。

e. 焊条的烘干参数按焊条使用说明书的要求进行，烘干后的焊条应放入 100～150℃恒温箱或焊条保温桶中，随用随取。

f. 烘干后的焊条在大气中允许存放的最长时间如下：E5015 焊条 4h，E2209 和 E309Mol 焊条 1h；存放在保温桶内不得超过 4h。超过允许存放的时间，在使用时应重新烘干，重新烘干次数不应超过 2 次。

④焊前准备。

a. 管节组对前，焊缝坡口面及坡口两侧各 10～20mm 范围内的毛刺、铁锈、氧化皮、油污等应用角向磨光机清除干净，直至露出金属光泽。

b. 管节组对应以内壁对齐为准，复合钢衬对口错边量不大于 1.5mm，加劲环、阻水环对接焊缝对口错边量不大于 3mm。

c. 焊缝的组对间应符合 GB/T 985—2008《气焊、手工电弧焊及气体保护焊焊缝坡口的基本形式与尺寸》规定，当焊缝局部组对间隙超过 5mm，允许作堆焊处理。堆焊要求如下：严禁填充异物；堆焊后应达到规定的组对间隙，并修磨平整，保持原坡口形式。

d. 定位焊应符合下列规定：定位焊的焊接工艺要求与正式焊接相同；定位焊应由持有效合格证书的焊工施焊；定位焊缝的厚度不应超过正式焊缝厚度的 1/2，通常为 6～8mm，长度为 50～80mm，应具有足够的强度，确保在封底焊接过程中不开裂；定位焊的引弧和熄弧应在坡口内进行；定位焊尽可能在清根侧进行，以便背缝清根时清除；如果焊接在正缝侧，则不得有裂纹、未熔合、气孔和夹渣等缺陷，否则应清除重焊。

e. 当焊缝组对间隙太大，如大于 10mm 时，可采用背面加装临时工艺衬垫，待正缝焊接完毕后，在背缝清根时将工艺衬垫刨除。

（2）焊接工艺。

①基本要求。

a. 焊接施工现场环境应符合安全生产和文明施工的规定。当出现下列任一情况时，应采取有效的防护措施，方可焊接：

Ⅰ. 雨、雪、大雾天气的露天施焊。

Ⅱ. 现场风速大于8m/s（5级）。

Ⅲ. 环境温度低于-10℃。

Ⅳ. 相对湿度大于90%。

b. 严格执行开焊申请制度，必须在上道工序完成并检测合格后，才能开始焊接作业。焊前应检查焊缝坡口情况，清理焊缝及焊缝两侧10~20mm范围内的油污、铁锈、毛刺等杂物，并打磨至露出金属光泽。

c. 焊工应按照焊接作业指导书的规定施焊，对$00Cr_{22}Ni_5Mo_3N$复合层焊缝应控制焊接线能量，其每条焊道的热能输入不应超过25kJ/cm。应在坡口内引弧，严禁在非焊接部位的母材上引弧、试电流，并应防止地线、焊接电缆线、焊钳与衬壁接触打弧擦伤母材。

d. 焊接时，应将每道焊缝的熔渣和飞溅清理干净，各层各道间的焊接头应错开30mm以上。焊接过程中应控制基层层道间温度不高于200℃，过渡层及复层层道间温度不高于150℃。

e. 基层焊接完毕应反面清根后进行过渡层和复合层焊接，不锈钢盖面深度达到4mm以上。焊接完毕后应对过流面进行打磨至平滑过渡。

f. 采用碳弧气刨清根或清除焊接缺陷后，应用角向磨光机清理气刨表面和修磨刨槽，除去渗碳层。

g. 每条焊缝焊接完毕后，焊工应仔细清理焊缝表面，按《焊缝外观质量检查项目表》要求检测焊缝外形尺寸和外观质量，并按要求在焊缝附近做上记号（复合层侧严禁用含有铁的油漆或样冲等标记）。

h. 工卡具的拆除应采用碳弧气刨方法进行，并将残留疤痕修磨平整，不得伤及母材，且不应采用锤击方法拆除。

i. 板材对接焊缝坡口形式如图4-39所示。

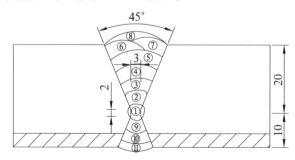

图4-39　板材对接焊缝坡口形式图（单位：mm）

复合钢板对接时,焊缝 1 至焊缝 9 采用 E5015 碳钢焊条,焊缝 10 采用 E309Mol 不锈钢焊条,焊缝 11 采用 E2209 不锈钢焊条。基层厚度为 26mm,复层厚度为 4mm。焊缝坡口为 45°,钝边为 2mm,根部间隙为 3mm。

加劲环对接焊缝与复合钢板对接焊缝形式相同,焊缝坡口为 45°,钝边为 2mm,根部间隙为 3mm。所有焊缝均采用 E5015 碳钢焊条。

复合钢衬四角连接角焊缝坡口形式如图 4 - 40 所示。焊缝坡口为 45°,焊缝 11 采用 E309Mol 不锈钢焊条,焊缝 1 至焊缝 10 采用 E5015 碳钢焊条,焊缝 12 及焊缝 13 采用 E2209 不锈钢焊条。基层厚度为 26mm,复层厚度为 4mm,其中一块板以基材和母材复合处开钝边为 2mm 的 K 形坡口,根部间隙为 2mm;其他板刨除结合处的复合层。

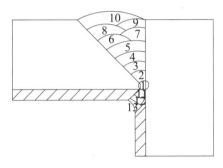

图 4 - 40　复合钢衬四角连接角焊缝坡口形式图

加劲环与钢衬外壁角焊缝如图 4 - 41 所示。在焊接前,应注意加劲环与钢衬外壁的贴合角度。焊缝采用 CO_2 气体保护焊焊接,焊高 K 为 18mm,选用 ER50-6 焊丝,焊丝直径为 $\phi 1.2$mm。施焊时气体流量为 20 ~ 25L/min,伸出长度为 15 ~ 25mm 之间,平焊电流为 80 ~ 350A,仰焊电流为 50 ~ 150A,立上焊电流为 50 ~ 160A,立下焊电流为 50 ~ 250A。

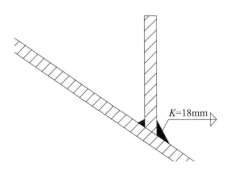

图 4 - 41　加劲环与钢衬外壁角焊缝图

②手工焊接参数。

a. 焊接参数。

极性:直流反接。

过渡层及复层焊接电流：80～120A；电弧电压：20～24V；线能量：不大于25kJ/cm。

基层焊接电流：100～160A；电弧电压：21～27V；线能量：不大于45kJ/cm。

焊条摆动：过渡层及复层≤8mm；基层≤15mm。

焊条直径：E2209 为 $\phi3.2mm$；E309Mol 为 $\phi3.2mm$；E5015 为 $\phi3.2mm$、$\phi4.0mm$。

b. 焊接技术要求。

焊条摆动参数：基层在 3 倍焊条直径内，复合层轻微摆动。

焊前清理：除去铁锈、油污及水分。

层间清理：除去焊渣及缺陷。

清根方式：碳弧气刨＋打磨。

清根要求：彻底清除根部缺陷，有必要时渗透检测。

③其他焊接控制事项。

a. 纵缝焊接时，采取分段退步法焊接。

b. 加劲环焊接时要求分层、分道焊接，焊接层间接头错开，先焊加劲环分块间的对接焊缝，再焊加劲环与钢衬外壁之间的角焊缝。

c. 基层焊接过程中严禁将碳钢焊材熔合到不锈钢母材上，基层焊缝离复合层结合面距离 1～1.5mm，否则必须将碳钢从复材上清理干净。

d. 采用不锈钢焊条焊接时，要求小范围施焊。焊接过程中焊条横向摆动幅度不宜过大，避免产生裂纹。

e. 所有焊缝采用多层多道焊接，每层尽量减少焊接接头。焊缝每层焊接完毕后必须打磨干净并仔细检查。

f. Ⅲ类以上焊缝必须按工序流转卡要求，注明焊接时间、焊接位置、焊缝编号和焊工钢印号等，以便追溯。

5）焊缝质量检查

（1）焊后应对所有焊缝进行 100% 外观质量检查，焊缝外形尺寸和外观质量检验项目及质量要求见表 4-32。焊缝外观检查宜采用焊缝量规和 5 倍放大镜进行。

表 4-32　焊缝外观质量检查项目表

序号	项目	允许尺寸（mm）	
		Ⅱ类焊缝	Ⅲ类焊缝
		允许缺陷尺寸	
1	裂纹	不允许	不允许
2	表面夹渣	不允许	深不大于 3，长不大于 9
3	咬边	深不大于 0.5	深不大于 1
4	未焊满	不允许	不大于 0.8，每 100 缺欠总长不大于 25
5	表面气孔	不允许	直径小于 1.5 的气孔每米范围内允许 5 个，间距不小于 20

续表

序号	项目	允许尺寸（mm）	
		Ⅱ类焊缝	Ⅲ类焊缝
		允许缺陷尺寸	
6	焊瘤	不允许	—
7	飞溅	不允许	—
8	焊缝余高	0~3	—
9	对接接头焊缝宽度	盖过每边坡口宽度 1~2.5，且平缓过渡	—
10	角焊缝焊角 K	+3、−1	—

（2）焊缝外形尺寸和外观质量检查合格并在焊接完成 24h 后进行无损伤检查。根据焊缝分级，Ⅱ类焊缝采用超声波 100% 探伤，探伤检验及评定按 GB 11345—1989 规定执行，以不低于 BⅡ 级为合格。焊缝表面采用渗透探伤，按 JB/T 6062—2007《无损检测 焊缝渗透检测》标准执行。

6）焊接缺陷的返修

（1）外壁表面被电弧、碳弧气刨等损伤及焊疤应修磨平整。

（2）$00Cr_{22}Ni_5Mo_3N$ 复合层表面应尽量避免损伤。若有损伤，应采用砂轮打磨，使其均匀过渡到母材表面，打磨深度应不大于 1mm，否则应予以补焊。

（3）焊缝存在不允许的表面裂纹和内部焊接缺陷时，返修前应认真分析焊接缺陷产生的原因，并制订返修工艺和预防措施。

（4）焊接缺陷的返修应按下列要求进行：

①Ⅲ类以上焊缝焊接缺陷的返修应由持有效合格证书且技能水平较高的焊工承担。

②返修时所采用的焊条应与原焊缝相同。

③焊接缺陷的清除采用碳弧气刨和砂轮打磨的方法，不允许采用电弧或气割火焰熔除。

④焊接缺陷彻底清除后，不允许有毛刺和凹痕，坡口底部应圆滑过渡。

⑤同一部位的返修次数不宜超过 2 次，$00Cr_{22}Ni_5Mo_3N$ 复合层焊缝及过渡层焊缝的同一部位返修次数不宜超过 1 次，若超过规定次数应经技术负责人批准并报监理工程师审批后方可进行，同时将返修情况记入钢衬制造质量档案。

⑥返修后的焊缝应按原焊缝的质量要求和无损检测方法，对返修处及其两端延伸方向附近进行 100% 检查。

7）内支撑安装

由于泄洪中孔钢衬断面均为矩形，单元节内支撑形式设计为井字形。每个管节布置 2 榀内支撑，合计 16 榀。

此外，由于二期基坑开挖比原设计量增大，混凝土浇筑工期较投标文件工期缩短，且混凝土施工量比投标文件增大，使过中孔工期进一步缩短。过中孔混凝土浇筑升层厚度由2m提高到3m，钢衬顶板混凝土浇筑层厚由1m提高到3m。原合同文件中，10个中孔拟共制作5套内支撑，分批次进行转换使用。为了保证中孔钢衬施工进度，上述内支撑共应制作10套。

为了满足混凝土3m升层情况下钢衬不发生变形，内支撑结构需加大，单孔内支撑工程量增大，内支撑结构及选用材料量另报。内支撑装配时与钢衬内表面接触处用橡皮垫垫紧，并使用4×40扁钢与管壁焊接成整体，以防止管节在运输中脱落。

8）加劲环和阻水环焊接

加劲环及阻水环焊缝焊接主要采用半自动气保焊或手工电弧焊进行。焊接前应将焊缝处浮锈打磨干净，直至露出金属光泽。

4. 安装工艺

1）总体安装方案

泄水中孔钢衬采用一期安装结构，随坝体混凝土施工同步进行安装。当泄水坝段甲块浇筑至高程294.960m后开始预留台阶，并埋设钢衬安装轨道埋件。根据土建施工台阶分两仓形成，钢衬亦分为两段安装，管节安装顺序为：7号（定位节）→6号（8号）→5号；4号（定位节）→3号→2号→1号。预留台阶第一仓浇筑至高程298.460m，待混凝土达到强度后即可进行8~5管节的安装；第二仓浇筑至高程302.960m，待混凝土达到强度后即可进行4~1管节的安装工。8~5管节安装完成后，可以首次向土建进行交面。

钢衬安装前，在每个中孔钢衬安装仓面布置两个活动工具房，用于存放施工用的电焊机、配电箱、烘箱等设备以及现场安装调整用手拉葫芦、千斤顶等工器具，施工电源就近从临时施工布置电源引接（可与土建共用）。

当前，中孔钢衬制造完毕后主要在新田湾渣场分区放置，待现场具备钢衬安装条件后，采用60t平板车将钢衬运输至现场。

根据二期工程起重设备与道路布置及安装现场仓面条件，中孔钢衬从下游5号港机与TB2号或TB3号塔带机配合吊装方式，由于没有钢衬转吊场地而只能全部采用缆机吊装。1~7号管节需用两台缆机抬吊，8号管节用一台缆机吊装。

中孔钢衬安装时，由下游至上游顺序进行，每个管节安装分为吊装、调整、加固、焊接、探伤、防腐等工序，所需工期约10天。由于本钢衬属于方形管节，受到混凝土侧压力作用后形位尺寸容易发生改变，因此在钢衬安装完成后，应在混凝土浇筑前采用缆风和型钢将钢衬固定，并且每浇筑完一仓混凝土后再对钢衬加固一次。

钢衬安装基本作业流程如图4-42所示。

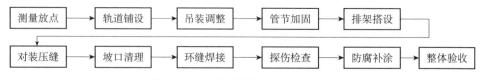

图4-42 钢衬安装基本作业流程图

钢衬内支撑的拆除须待钢衬外包混凝土施工完毕，满足龄期后再进行。

根据工期安排，中孔钢衬的安装集中在 2011 年 4 月下旬至 2011 年 10 月下旬，共约 6 个月时间。其中，每孔钢衬安装过程中，土建分两次向金属结构交面。从土建第一次向金属结构交面至金属结构完成所有钢衬安装工作向土建交面共需 58 天。其中，第一段钢衬 5～8 号管节 32 天安装完成后第一次向土建交面。

2）钢衬安装方案

（1）安装准备。

混凝土浇筑至高程 294.96m 时开始埋设一期插筋与钢板凳。埋件应在混凝土振捣充分后，并在收仓前进行安装。混凝土浇筑完成后，第三天测放钢衬安装控制点、线。安装控制点、线包括首装节上下管口中心投影点、钢衬安装中心线，中心线上点距按 5m 间距布设。所有测放控制点均要求有三维坐标，并根据测量放点数据进行钢衬支撑托架的安装工作。

（2）钢衬运输及吊装。

①钢衬运输。

泄水中孔钢衬在新田湾钢衬堆放场主要采用 25t、50t 汽车吊装车，用 40t 或 60t 平板拖车运输至缆机起吊点。金属结构厂至上述起吊场地运输距离均在 15km 以内。

②钢衬起吊点选择。

由于钢衬需提前一天运至缆机起吊点，进行部分锚钩焊接（除 1 号管节）并等待缆机吊装，起吊点处需一块不小于 20m×20m 或 10m×40m 的临时存放场地，存放两节钢衬。为减少临时存放场地协调难的问题，缆机吊装钢衬起吊点选择如下：在左岸坝顶形成后，优先选择左非 7～左非 8 坝段高程 384m 平台作为起吊场地；在左岸坝顶形成前，以左岸上坝公路缆机覆盖区域下方段作为起吊场地；枯水期以一期工程左非 1～左非 6 坝段导流缺口高程 280m 平台作为起吊场地；在上述条件均不具备的情况下，以右岸高程 380m 缆机授料平台作为起吊场地。

③钢衬吊装。

钢衬吊装前，必须由技术质检人员对管节编号、制造中心和实际几何中心的尺寸偏差及安装基准点进行复核，对吊装用吊耳与吊孔固定状况进行检查，并检查内支撑顶杆和斜楔有无松动现象、与上下管口连接固定是否牢固。此外，应对起吊用索具及卸扣等进行检查、核对，确认无误后使用。钢衬吊装主要使用 4 个 20t 卸扣、$\phi36\text{mm}\times15\text{m}$ 钢丝绳。

④吊装指挥与就位。

吊装过程中，缆机应平稳、匀速运行，防止两台缆机同步性偏差过大，导致平衡梁、起吊索具及钢衬吊点失稳。抬吊过程中，技术质检人员、安全人员、缆机报话员应配合缆机运行单位全程协助监护钢衬吊运状况，若发现缆机同步偏差较大或前方障碍应及时向缆机操作室报告，进行调整。

钢衬吊装就位时，应缓慢、平稳，防止碰撞已装管节、支撑或牵挂模板、钢筋，特别注意防止冲击钢支撑，避免钢支撑变形受损。

（3）首装节安装。

根据中孔钢衬结构特点，以 7 号管节、4 号管节作为首装节。钢衬安装部位支撑托架跨距为 5m。钢支撑托架采用 I 20a 作为垂直立撑和上横梁，斜撑采用 I16。

首装节吊装前，应复测首装节外形尺寸（含加劲环尺寸），根据首装节实际外形尺寸，预先在就位位置精确安装钢支撑托架，同时在管节加劲环上焊接辅助就位小支撑，吊装时根据倾斜度选配吊点、钢丝绳。在钢支撑托架的横梁上准确、明显地标记小支撑就位位置。

直接将首装节吊至钢支撑托架上（小支撑就位在横梁上预先标记位置处），检查管节下口上下游高程和中心线位置，基本到位后采用缆风绳张拉固定，并在钢支撑托架的横梁上小支撑就位位置上下游焊接挡块，防止管节移动。根据管节就位后的测量结果采用手拉葫芦、千斤顶等微调管节位置，满足规范要求后，将小支撑与钢支撑焊接成整体。采用角钢将管节侧向加劲环与首装节安装用预埋插筋连接，对管节定位进行加固。

首装节安装形位尺寸要求见表 4-33。

表 4-33　首装节安装形位尺寸表

检测项目	允许误差
首装节管口中心极限偏差	±5mm
首装节里程极限偏差	±5mm
两端管口垂直度	±3mm
对角线偏差	不大于 6mm

（4）其他管节安装。

首装节安装、调整、加固、验收合格后方可进行其他管节安装。为了保证施工质量和安全，5 号管节必须在 6 号管节调整加固、验收并完成定位焊焊接后方可吊装就位。同理，2 号、1 号管节均需在前一管节调整加固、验收并完成定位焊焊接后方可吊装。

管口左右岸侧及里程偏差，使用千斤顶及缆风配合进行微调。因管节单重较大，在钢衬管节调整过程中，注意观察下部钢支撑有无发生形变导致影响钢衬调整形位尺寸，否则可采用增设立撑方式进行定位。

其他管节安装形位尺寸要求见表 4-34。

表 4-34　其他管节安装形位尺寸表

检测项目	允许误差
管口中心极限偏差	25mm
对角线偏差	不大于 6mm

管节调整完毕后，应将相邻管节间内支撑用不小于∠70×7 角钢分层连接牢固，钢衬支腿与加劲环、支腿与钢支撑应可靠焊接。管口调整缆风不得随意拆除，中间节临时缆风可根据下节管节调整固定后，放松缆风绳并再次检查管口偏斜情况后决定是否拆除，特别是每段管节的第 1、4、5、7 节外管口调整固定尤为需要严格执行。

（5）管节压缝。

钢衬管压缝不得在复合层面焊接压码，压缝前应认真检查对接管口四对边长差情况，确定相邻管节管口合拢缝组对错边方向，确保错边均匀。正常情况下，应由中部向两端压缝。钢衬管口平面度偏差调整主要依靠调整四边间隙进行，因此在钢衬压缝过程中应注意检查、控制，合理调整间隙。环缝对接错边量不大于 1.5mm。

在环缝焊接完毕后，应进行复查，对比焊接前后管口中心、四边中心点坐标变化，有必要时割开下部支腿进行微调。

管节压缝完毕且经形位尺寸验收合格后方可进行定位焊焊接。同时，用如图 4–43 所示方式，用不少于 8 根角钢将内支撑连接起来。

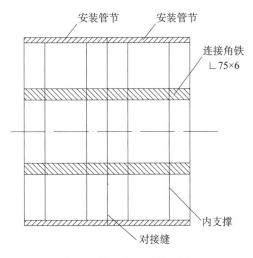

图 4–43　内支撑连接图

3）环缝焊接与探伤

钢衬焊接主要采用直流反接手工电弧焊进行，相关工艺参数按照前期报送的《关于报送二期泄洪中孔钢衬焊接工艺评定的函》（葛向机函〔2010〕38 号）及《关于报送泄洪坝段中孔钢衬焊接作业指导书的函》（葛向机函〔2010〕51 号）等文件执行。环缝焊接时，应先从复层侧焊接基层，在基层侧刨缝清根后焊接基层。在焊接过程中，复层焊接前应由质检员对焊缝深度进行检查，避免因复层焊缝厚度不足造成钢衬防腐蚀性能降低，检查合格后方可焊接。现场焊缝主要工艺流程如图 4–44 所示。

探伤工作在焊缝焊接完成 24h 后进行。根据 DL/T 5017—2007《水电水利工程压力钢管制造安装及验收规范》，泄水孔钢衬的环缝属于 Ⅱ 类焊缝，其探伤比例为

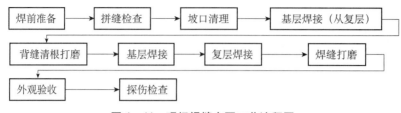

图4-44 现场焊缝主要工艺流程图

100%超声波探伤，检验等级不低于GB/T 11345—1989标准中BⅡ等级为合格。

4）锚筋及附件安装

锚筋采用上游吉林门机或缆机吊入仓内，顶部锚筋可直接吊至钢衬管节顶部分散放置，但应注意起吊前将锚筋先分成小捆分别捆扎，避免因锚筋集中堆放导致钢衬顶部变形。

为避免因锚筋安装影响钢衬管节调整尺寸，锚筋安装随环缝焊接逐步进行，但应滞后一条以上环缝（如第4节、第3节环缝焊接后方可进行第4节锚筋安装）。

锚筋安装时，应先对锚筋就位位置进行标记。锚筋点焊固定必须牢固可靠，防止锚筋坠落伤人。锚筋安装中主要采用人工方式定位。由于锚筋安装工程量大，必要时可分仓安装验收与交面，满足混凝土浇筑需要。

第1节上部预埋板安装，采用在预埋板下部Q345C基层面焊接挂板形式，就位时先利用挂板使预埋板下部与第1节对位，预埋板上部采用钢丝绳带5t手拉葫芦与第1节钢衬上部加劲环上吊点连接（连接2处以上）进行预埋板微调。微调到位，采用标准弧形加劲板连接第1节与预埋板，加劲板焊接固定可靠后，方可松落预埋板起吊绳。预埋板和第1节连接焊缝焊接工艺与环缝焊接工艺相同。

此外，根据现场进度，择机进行阻水环排水管道的安装工作。

5）缺陷修补、防腐及其他

钢衬焊接完毕后，应对钢衬表面进行缺陷修补。主要工作是：将钢管内壁不大于1.5mm、外壁不大于2mm的凹坑采用砂轮打磨平滑；将内壁大于1.5mm、外壁大于2mm的凹坑用砂轮打磨后进行补焊。将钢衬表面的熔渣、飞溅等打磨干净。对钢衬外表面环缝两侧清理后，采用手工电工工具打磨后进行防腐工作。

4.4.12 冲沙孔出口工作闸门及门槽安装工艺

1. 工程概况

1）工程简述

向家坝水电站冲沙系统布置于升船机坝段左侧，该位置设置一条冲沙孔，与6号导流底孔轴线重合。冲沙孔进口段设有进口挡水检修闸门和进口事故闸门两扇闸门，出口段设有一扇出口工作闸门。出口工作闸门为滑动支承兼止水高压滑动闸门，孔口形式为潜孔式平面滑动，孔口宽度为4.0m、高度为6.0m，底板高程为265.50m，其门槽布置于原6号导流底孔出口工作门门槽处。出口工作门门槽采用全封闭式门槽，主要包括下部—上游框架（含左、右两部分）、下部—下游框架（含左、右两部分）、上部—上游框架（含上、下两部分）、上部—下游框架（含上、下两部分）、顶部盖板等几部分。工程量见表 4-35、表 4-36，冲沙孔出口工作闸门技术特性见表 4-37。

表 4-35　冲沙孔出口工作门门槽工程量

序号	名称	数量	材质	单重（kg）	总重（kg）	备注
1	下部—上游左框架	1	焊接件		29 335.6	增加 1549.6kg
	下部—上游右框架	1	焊接件			
2	下部—下游左框架	1	焊接件		23 452.1	增加 840.4kg
	下部—下游右框架	1	焊接件			
3	上部—上游上框架	1	焊接件		37 519.4	增加 1577kg
	上部—上游下框架	1	焊接件			增加 1577kg
4	上部—下游上框架	1	焊接件		29 197.8	增加 996kg
	上部—下游下框架	1	焊接件			增加 996kg
5	顶部盖板	1	焊接件		15 898.9	
6	进人孔盖板	1	焊接件		339.4	
7	螺栓 M36×180	190	10.9 级	1.3	247	门槽连接孔 φ38
8	螺母 M36	190	10 级	0.3	57	
9	弹簧垫圈 36	190	65Mn	0.056	10.64	
10	螺栓 M56×300	66	10.9 级	11.7	772.2	顶部盖板孔 φ59
11	螺母 M56	66	10 级	1.1	72.6	
12	垫圈 56	66	65Mn			
13	螺栓 M20×170	24	10.9 级	0.3	7.2	进人孔盖板孔 φ22
14	螺母 M20	24	10 级	0.05	1.2	
15	垫圈 20	24	65Mn			
16	顶封板—30mm×400mm×4000mm	2	复合钢板	376.8	753.6	
17	侧封板—30mm×400mm×6060mm	4	复合钢板	570.9	2283.6	
18	底封板—30mm×400mm×4000mm	2	复合钢板	376.8	753.6	
19	搭接钢筋 φ25×810	108	Q235B	3.1	334.8	
20	DN100 复合排气阀	1	部件			
21	薄螺母 M56	66	10 级			
22	薄螺母 M20	24	10 级			
23	$d_1=\phi10+0.2$，$L=2535mm$	1	LD-19			
24	$d_1=\phi10+0.2$，$L=2955mm$	1	LD-19			
25	$d_1=\phi10+0.2$，$L=12\,280mm$	1	LD-19			
26	$d_1=\phi10+0.2$，$L=11\,980mm$	1	LD-19			
	螺栓 M30×120	198	10.9 级			门槽制造修改后增加连接螺栓孔 φ33，212.6kg
	螺母 M30	198	10 级			
	垫圈 30	198	65Mn			
	门槽合计				141.03664t	增加 7748.6kg

表 4-36 冲沙孔出口工作门闸门工程量

序号	名称	数量	材质	单重（kg）	总重（kg）	备注
1	门叶结构	1	焊接件	65 180.9	65 180.9	
2	柔性水封装置	1	装配件	275.9	275.9	
3	顶支承兼止刚性止水	1	ZCuAl$_{10}$Fe$_3$	274.4	274.4	
4	主支承兼刚性侧止水	2	ZCuAl$_{10}$Fe$_3$	368.4	736.8	
5	侧、反向滑块	8	ZCuAl$_{10}$Fe$_3$	13.8	110.4	
6	内六角圆柱头螺钉 M20×70	227	A2-80	0.22	49.94	
7	平垫圈 20	227	100HV			
8	弹簧垫圈 20	227	65Mn			
9	平垫圈 16	64	100HV			
10	弹簧垫圈 16	64	65Mn			
11	内六角平圆头螺钉 M20×40	32	12.9 级	0.2	6.4	
12	内六角平圆头螺钉 M16×60	32	12.9 级	0.2	6.4	
13	橡皮垫—20×80×800	4	防 100 号橡皮			
	合计				66 641.14	

2）技术特性

表 4-37 冲沙孔出口工作闸门技术特性表

序号	特性	内容
1	孔口形式	潜孔式平面滑动
2	孔口宽度	4m
3	孔口高度	6m
4	底坎高程	265.500m
5	设计水头	118m
6	总水压力	32 215kN
7	支承跨度	4.48m
8	支承形式	滑动式
9	启闭机形式	液压启闭机
10	吊点距离	2.3m
11	启闭力	2×8000kN/2×6000kN
12	孔口数	1

冲沙孔出口工作门门槽是由下部上、下游框架及上部上、下游框架与顶盖形成全封闭式门槽，下部上、下游框架由主支承、底支承及门楣组合成整体焊接件，顶盖预留液压启闭机安装孔位及油缸活塞杆伸入孔。

3）施工难点与重点分析及应对措施

（1）按照设计图纸要求，门槽底坎工作面平面度、主支撑刚性止水工作面平面度、门楣工作面平面度、门叶底缘直线度均要求为 0.05mm，施工时无法按照常规方法进行检测，施工难度较大。施工时需通过与闸门配合，然后采用塞尺进行测量。

（2）门槽主支撑面与底坎的垂直度检测也是本项目施工的重点与难点。施工时，因门槽与闸门均为整体结构，安装调整难度大，安装精度要求高，故为保证门槽与闸门配合时止水效果采用较精密挂线检测方法进行检测。

（3）按照设计图纸要求，闸门起吊中心线与液压启闭机起吊中心线应重合。但实际施工时因门槽安装误差与浇筑变形等很难控制，调整难度较大。因此，为保证闸门起吊中心线与液压启闭机起吊中心线安装误差在设计允许范围内，防止闸门在运行过程中卡阻以及闸门门槽工作面的损伤，施工时必须控制门槽与闸门安装误差，浇筑前加固牢靠，浇筑时谨慎下料及振捣。

（4）门槽封板焊接顺序的选择将影响焊接后封板的焊接质量，进而影响整个门槽的安装质量，因此采用合理的焊接顺序也是本次闸门门槽安装的重点与难点。故门槽封板焊接时必须严格按照施工规范进行施工。

（5）门槽安装与混凝土的浇筑施工工序以及浇筑过程对门槽的防护也是本项目的施工难点与重点。为保证门槽在混凝土浇筑过程中的安装质量，施工时明确门槽安装进度及施工工序，确定混凝土施工工艺后方能进行浇筑。

（6）根据门槽分块情况，门槽下部结构为左右岸分块，因此，门槽底坎也被分成了两块，中间通过水密焊进行封焊。但门槽底坎工作平面度设计要求为 0.05mm，水密焊后很难达到设计要求，后续需通过研磨等手段方能满足要求。

2. 施工进度计划及安装工艺流程

1）施工计划

冲沙孔出口工作门槽于 2015 年 9 月 15 日陆续到施工现场，故门槽、闸门到货后根据实际情况开始施工，安装工期约 70 天。

2）工艺流程

冲沙孔出口工作闸门及门槽安装见图 4-45。

3. 施工依据

除招标文件技术条款和设计图纸外，还应遵循下列验收规范（不限于）：

DL/T 5018—2004《水电水利工程钢闸门制造安装及验收规范》

GB 50236—2011《现场设备、工业管道焊接工程施工规范》

SL 105—2007《水工金属结构防腐蚀规范（附条文说明）》

4. 运输路线

闸门到货→码头装车（100t 或 50t 平板拖车）→金沙江大桥→左岸上坝公路→坝后高程 280.0m 交通洞→高程 260.0m（高程 297m 平台底部）→闸门等大件采用 300t 履带吊至高程 297m 平台

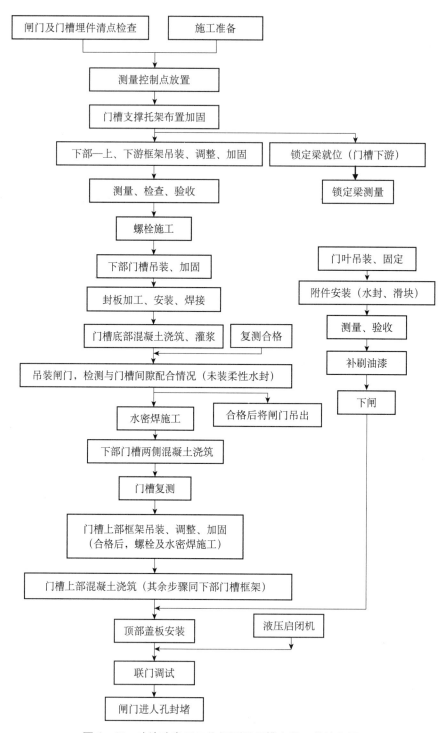

图 4 - 45 冲沙孔出口工作闸门及门槽安装工艺流程图

门槽到货→金沙江大桥→左岸上坝公路→坝后高程 280.0m 交通洞→高程 260.0m（高程 297m 平台底部）→闸门等大件采用 300t 履带吊至高程 297m 平台。

5. 施工准备

1）闸门门槽到货验收及周边环境清理

安装前，应对照设计图纸及设计通知检查各部件是否齐全；按照门槽及闸门制造质量检测标准，对照出厂检测记录检查核对各部件出厂拼装的安装标记、外形结构尺寸，进行复查验收；逐件检查设备的数量、外观质量及门槽有无损坏或制作上的缺陷，做好详细记录，发现问题及时向监理、业主反映，以便查明原因协调解决。

门槽密封性要求很高，安装前应对门槽各水密焊缝坡口、顶部盖板与门槽顶部干涉点的处理情况、顶部盖板水封的安装和配合精度、油缸安装孔和进人孔内过焊孔的封堵情况、排气阀各水封面的配合情况等进行全面检查，确保安全。应将排气阀的检修闸阀调整至开启状态。

根据图纸及施工方案，制定焊接工艺、质量保证措施以及安全保证措施等技术文件，组织施工技术交底。

对门槽施工场地进行清理，清除周边的杂物及影响施工的垃圾，设置门槽现场组装平台，配备垫梁、千斤顶等专用工具，并设置安全防护绳与专门的施工人员，同时在门槽孔口设置防护栏杆，防止人员坠落。

闸门、门槽构件摆放时应垫平摆正，避免变形，注意保护闸门、门槽工作面及涂层等不受损坏。

2）测量控制点线的放置与防护

根据施工需要，需放置两组控制点线：①门槽中心线；②孔口中心线。

须对放置的控制点线进行防护，防止在施工过程中被破坏。门槽安装前放置控制点线，控制点线应便于测量及满足埋件里程、高程及桩号偏差的控制。点线放置完成后要做明显标识。施工过程中要注意对放置点线的保护，安装点线应保留至起升装置的安装。另外，因闸门、门槽配合间隙较高，所有结构测量时温度应控制在 25℃ 以下。

3）起重用具的检查与处理

闸门、门槽吊装前首先对吊装用具进行检查，包括钢丝绳、卡环、倒链、千斤顶等，如果发现钢丝绳断丝、卡环开裂等缺陷则禁止使用。安装用起重设备、工器具在安装前要准备齐全，并仔细检查，保证设备运转正常，测量器具偏差满足安装要求，经相关部门校验并在有效期内。

4）施工通道的布置与搭设

为了方便施工，在现场布置施工平台，具体为利用 $\phi48mm$ 的焊管在门槽节间部位及闸门上下游布设施工平台，并设置防护栏杆。平台搭设需注意以下几点：

（1）施工平台具有一定的强度要求，须满足门槽拼装及设备的载荷要求。

（2）在平台上敷设马道板并绑扎牢固，便于施工人员行走。

（3）排架四周按要求搭设安全网。

5）吊耳设置

门槽、闸门吊装时，不能直接捆绑吊装，需设置吊耳。根据现场实际情况，每个门槽安装单元设 4 个吊耳，同时设置翻身吊耳，在吊装时可采用该吊耳对安装单元进行吊装。

因厂家在闸门、门槽制作时均设有临时吊耳，且在工厂验收完成后保留至工地，故闸门、门槽安装时应对厂家预设吊耳进行检查，若满足吊装要求，可使用厂家吊耳对闸门、门槽进行翻身等吊装工作；若不满足吊装要求，则应单独设置吊耳，并对设置吊耳进行受力计算校核。闸门、门槽安装完成后，割除所有临时吊耳。割除吊耳时，根部应保留 2mm，不能伤及门槽或闸门，然后采用角磨机打磨光滑、平整，约 1mm 左右。

6. 门槽安装

门槽分三大块安装，门槽下部和门槽上部及顶盖，根据出厂分块需在现场高程 297m 将门槽组装后进行吊装。

1）门槽底板托架安装

下部上游框架及下部下游框架总重 52.79t，钢衬渐变段 G11 ~ G13 安装完成后，在门槽预留混凝土基础上左右两侧焊接门槽支撑托架，支撑托架顶面高层控制在 264.9m 之下，其承载载荷要满足门槽下部框架总重。

2）下部门槽框架及封板安装

下部门槽框架拼装后包括下部上游框架、下部下游框架，其中下部上游框架重 29.34t，下部下游框架重 23.45t，总重为 52.79t；下部上游框架最大截面长宽为 5400mm × 2040mm，下部下游框架最大截面长宽为 5400mm × 840mm，拼装后总体最大截面长宽为 5400mm × 2880mm。

（1）门槽安装。

门槽安装时，事先在高程 297.0m 门槽预拼装位置设置两根锁定梁并找平，待门槽运输至高程 260.0m、4 号导流底孔下游处后，采用 300t 履带吊依次将下部门槽框架结构吊装至高程 297.0m 平台，然后拆除厂家在运输过程中对门槽的保护（若不干扰吊装，应在闸门配合调整前拆除），进行卧式拼装。拼装时，将门槽下部上游侧放置于底部，下部下游侧放置于上部。门槽拼装成整体后进行检测，检测合格后采用 220t 与 300t 履带吊配合翻身吊入门槽。拼装形式如图 4 - 46。

门槽框架拼装时，按照厂家对门槽的编号以及定位线进行组拼，组拼时采用锥形定位销对节间高强度螺栓安装位置进行定位，然后采用同等规格普通螺栓对螺栓孔进行逐一试穿，若均满足穿孔要求，则使用永久螺栓进行施工。螺栓施工时，按照厂家提供扭矩数据进行施工，原则上从中间向两边对称施工，初拧与终拧在 24h 内完成，具体实施工艺同高强螺栓施工工艺。

图 4 - 46　门槽拼装形式

门槽拼装、检测完成后，根据门槽理论安装位置提前在托架顶部画出定位线，然后采用 300t 履带吊将下部结构整体吊至托架顶部相应位置。门槽调整过程中，300t 履带吊主钩先不松钩，首先进行门槽上下游与左右岸粗略调整与加固；待门槽完全定位后，主钩松钩，进行门槽的精确调整；精确调整完成后，进行门槽的临时加固与测量（此阶段主要检测主支撑与底坎的垂直度、门槽中心线、门槽对接缝控制点、门槽底坎水平度）；测量合格后进行永久加固（用螺杆加固），然后进行门槽底部混凝土回填。待下部混凝土回填完成，重新对门槽进行复核，复核合格后进行框架之间水密焊焊接。水密焊焊接前须检查水密焊焊缝坡口是否满足设计要求，然后进行焊接。

门槽加固时，除了设计提供的锚筋外，建议采用花篮螺栓（一侧与插筋相连，一侧与门槽相连）进行调整，门侧左右两侧各设置 10 组（单侧 5 组，对称分布），每侧间距 1m；上下游方向设置 4 根缆风绳固定。其余部位按照设计图纸使门槽与一期插筋相连。加固则是通过门槽底板下搭接钢筋与预埋插筋焊接牢固，搭接钢筋与插筋焊缝为 12mm 双面贴角连续焊缝，搭接长度大于 100mm。

吊装门槽时，必须对门槽工作面进行防护，以免吊装时损坏工作面。垂直度检测时采用挂铅垂线的方法，具体操作方法为：准备 4 节 1 号电池、导线若干、1 个小灯泡、1 把内径千分尺，然后将电池、灯泡、千分尺串联。操作时导线一端与钢丝线相连，另一端与千分尺相连，用千分尺测量触头接触主支撑面，当灯泡亮时进行读数（见图 4 - 47）。

（2）门槽工作面检测。

提前在门槽底坎位置画出闸门落入底坎后的理论位置（主要为左右岸位置），然后采用 300t 履带吊将闸门缓慢吊入门槽，吊装至闸门安装理论位置，在闸门上游面采用小木楔将闸门顶至下游面，使闸门与门槽工作面紧密接触，然后采用塞尺进行检测。检测合格后，将闸门吊出孔口。若检测不合格，则采用刚性支撑或千斤顶

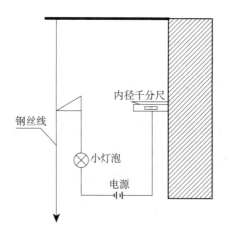

图 4 - 47　门槽垂直度检测示意图

在相应位置进行调整处理，直至合格。

闸门现场吊装需增设临时吊耳，吊耳应安装在门顶结构可受力部位，吊耳及其焊缝应经过强度计算、校核。各临时吊耳在使用完毕后均应割除，并打磨平整。闸门吊入门槽时，尽量低速下落，避免下落过程中对门槽与闸门工作面的碰撞。

（3）封板安装。

下部门槽框架验收合格后，可进行封板安装。封板安装时先安装门槽下游侧，然后安装门槽上游侧；封板焊接时先焊接门槽与封板的焊缝，最后焊接封板与钢衬的焊缝，以避免焊缝收缩变形的影响。焊接顺序为先焊接下游侧封板，再焊接上游侧封板，且每块封板应先焊门槽侧焊缝，再焊钢衬侧焊缝。

门槽与钢衬之间采用 30mm 厚不锈钢复合钢板封板进行连接，封板安装前应根据钢衬与门槽之间的间距进行加工。封板与钢衬的坡口为单边 V 形坡口，焊缝位于钢衬内侧（不锈钢层）；封板与封板的坡口也为单边 V 形坡口，焊缝位于钢衬外侧（基层）。由于封板与钢衬的板厚不同（钢衬板厚 24mm），板厚相差 6mm，封板基层侧在焊前加工成斜坡，坡度为 1:4。具体坡口形式见图 4 - 48。

封板分为底封板、侧封板与顶封板几部分。为保证封板强度，应在封板外侧增加筋板与钢筋，筋板间距为 500mm，同时在筋板中间部位开 R75mm 过浆孔。

封板与底坎、钢衬压缝时，建议从底坎中间向两侧同时进行，保证封板与底坎、钢衬间隙预留均匀，定位焊缝有一定强度，厚度不超过 8mm，长度大于 50mm，间距为 100～400mm。封板安装完成后需进行回填灌浆并进行灌浆孔封堵。根据现场门槽混凝土回填实际情况，只需对底封板及底板部位进行回填灌浆，侧封板及顶封板不需要进行回填灌浆。

封板焊接完成后应对门槽进行二次测量，测量合格后方能进行混凝土浇筑，混凝土浇筑后再对门槽进行第三次测量检查。

混凝土浇筑时，首先对一期混凝土面进行凿毛，然后对门槽底部混凝土进行回

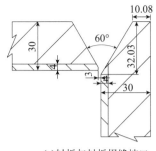

(a)封板与封板焊缝坡口

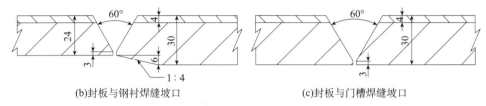

(b)封板与钢衬焊缝坡口　　　　　　　(c)封板与门槽焊缝坡口

图 4 - 48　封板与封板、钢衬及门槽坡口（单位：mm）

填，回填结束后进行灌浆，待门槽底部灌浆完成后进行闸门与门槽间隙配合检测，检测合格后进行门槽三期混凝土回填。门槽底部浇筑高程为 263.5～265.5m，浇筑时控制下料强度及进度，采用软轴振捣棒进行振捣，振捣时严禁碰撞门槽；高程 265.5m 以上门槽浇筑时同门槽底部浇筑工艺。

（4）门槽安装控制参数。

门槽底板上平面控制高层：265.500m；

门槽下部上、下游框架对接缝控制点：坝下 0 + 177.630m；

门槽中心线控制点：坝左 0 + 198.400m；

闸门起吊中心线：坝左 0 + 198.400m，坝下 0 + 177.180m。

3）上部门槽框架安装

门槽上部上游框架顶部截面长宽最大外形尺寸为 5480mm × 1980mm，上部下游框架顶部截面最大外形尺寸为 5480mm × 880mm。门槽上部截面总体长宽最大外形尺寸为 5480mm × 2860mm。上部上游框架重 37.519t，上部下游框架重 29.198t，总重为 66.717t。

如法炮制，上部门槽安装时同下部门槽框架安装，吊装至高程 297.0m 平台后采用 300t 履带吊与 200t 汽车吊配合进行拼装，拼装、检测完成后采用 300t 履带吊吊装至下部门槽框架顶部。

上部门槽框架整体吊装时，下部门槽三期混凝土必须达到凝期，并完成门槽浇筑后的变形检测。检测合格后，进行上部门槽框架的吊装。

4）工作闸门安装

工作闸门为整体式闸门，总重为 66.641t，外形尺寸为 6385mm × 4690mm ×

830mm。闸门到货后直接运至高程 260.0m，采用 300t 履带吊吊装至高程 297.0m 拼装区域进行到货检查等工作，检查合格后进行闸门水封及附件安装，然后采用 300t 履带吊吊装入槽。

闸门安装注意事项如下：

（1）闸门到货后，检查青铜主支承滑块螺栓预紧情况，每个螺栓预紧力为 60kN。

（2）柔性水封橡皮接头处应用热胶法粘接，胶合接头处不得有错位、凹凸不平和疏松现象，其强度与橡胶本身强度相等，所有橡皮安装时应预留 10% ~ 15% 的长度。

（3）水封装置安装允许偏差和水封橡皮的质量要求，应符合 DL/T 5018—2004《水电水利工程钢闸门制造安装及验收规范》中 8.2.4 条至 8.2.8 条的规定。安装时，应先将橡皮按需要的长度黏结好，再与水封压板一起配钻螺栓孔。橡胶水封的螺栓孔不准采用热烫法加工，其孔径应比螺栓直径小 1mm。平面闸门水封压缩量应符合图纸要求。

（4）止水橡皮安装后，两侧止水中心距离和顶止水中心至门叶底缘距离的允许偏差为 ±3.0mm，止水表面的平面度为 2.0mm。

（5）闸门提起后在闸门进入轨道之前，在止水橡皮与轨道处浇肥皂水润滑。

（6）工作闸门吊入门槽时，为方便后续启闭机施工，应将闸门垫高 1.5m 左右，垫块可采用枕木等材料，并对门槽底板采取防护措施，以免损坏门槽底板的不锈钢工作面。

（7）为保证后期液压启闭机安装方便，油缸下锁紧螺母应随闸门一同吊装。

闸门吊装时，需在闸门顶部设置两个安装吊耳，吊耳安装位置应避开闸门空腔位置，防止闸门吊装变形，宜安装在闸门主筋板位置。为保护闸门主支承而在出厂时加装的临时防护槽钢，按照尽量晚拆除的原则，在闸门吊装前方可拆除。

5）顶部盖板及进人孔盖板安装

顶部盖板重 15.899t，进人孔盖板重 0.339t。在工作闸门吊入门槽后，采用 220t 汽车吊或 50t 汽车吊进行顶部盖板及进人孔盖板安装。安装前应将门槽上部框架与顶部盖板连接面清理干净。密封件安装完成后，检查合格后方能进行顶部盖板安装。门槽上部框架与顶部盖板之间采用螺栓连接。

顶部盖板在流道过水过程中为承压部件，盖板与上部框架的连接面及密封件一定要安装检查到位；顶部盖板与门槽顶部干涉点厂家处理情况到货后进行复核，所有过焊孔应进行检查及封堵。

6）门槽安装技术要求

门槽安装调整后埋件的允许偏差符合招标文件、设计图纸及 DL/T 5018—2004 规范的规定（但不限于）。因冲沙孔工作闸门与门槽不同于普通平面闸门，故部分（序号中带△，项中加粗）安装偏差应高于规范偏差，安装时应高度注意。埋件安装允许偏差见表 4 – 38。

表 4 – 38 门槽埋件安装允许偏差表 单位：mm

序号	埋件名称		底坎	门楣	主轨	反轨	侧墙	止水板
1	对门槽中心线	工作范围内	±5	+2 −1		+3 −1	±5	+2 −1
		工作范围外				+5 −2	±5	
2	对孔口中心线	工作范围内	±5			±3	±5	±3
		工作范围外				±5	±5	
3	高程	▽	±5					
△4	门楣中心对底坎面的距离			±3 （±1）				
5	工作表面一端对另一端的高差		3 （1）					
6	工作表面平面度（工作范围内）		2 （0.05）	2 （0.05）	2 （0.05）		2	2
7	工作表面组合处的错位	工作范围内	1	0.5		0.5 （加工面） 1 （不加工面）	1	0.5
		工作范围外				2	2	1
8	表面扭曲	工作范围内	2	1		1	3	3
		工作范围外允许增加				2	2	2

（1）所有的门槽构件工作面上的连接焊缝，在安装工作完毕，二期混凝土回填后，必须仔细进行打磨平整，其表面粗糙度、平面度、平整度应与焊接的构件一致。

（2）安装使用的坐标点和基准线，除了应能控制门槽各部位构件的安装尺寸及精度外，还应能控制门槽的总尺寸及安装精度。

（3）为设备安装基准线用的基准点，应当保留到安装验收合格后拆除。

（4）二期混凝土浇筑过程需采用合理分层，用有效手段进行振捣，保证混凝土密实且浇筑时不影响门槽变形。

（5）门槽安装完毕后，应对所有的工作表面进行清理，门槽范围内影响闸门安全运行的外露物必须清除干净，并对门槽的最终安装精度进行复测。

（6）安装尺寸须进行误差检查。凡施工详图上注有公差要求的尺寸，则按图纸要求测量检查；图纸上没有注明公差要求的尺寸，按照 DL/T 5018—2004 进行检查。

（7）门槽二期混凝土必须在门槽二期埋件安装检查合格并经监理人签证后的 7 日内浇筑，逾期应重新复核和处理。二期混凝土拆模后，应对门槽及埋件进行复测，同时清除遗留的钢筋头及污染物。

（8）二期混凝土浇筑过程中应注意对门槽构件的工作面进行必要的保护，避免碰伤及污物贴附，影响止水及支承摩擦副的正常工作。

（9）与钢衬连接的门槽封板须按照焊接工艺施焊。

（10）灌浆孔封堵措施：清理灌浆孔，烘干水汽，采用 CHS2209 焊条塞焊并磨平。

（11）门槽安装中要对底坎平面度、下部框架顶面平面度、上部框架顶面平面度及顶盖油缸基座平面度，按照安装顺序进行监控测量。监控测量分安装、焊接及浇筑后三个阶段进行，并且事前要确定监控点。

7. 焊接施工

门槽焊接焊缝主要有：上、下游框架对接焊缝，上部、下部框架对接焊缝；封板与门槽对接焊缝，封板与钢衬对接焊缝，封板与封板焊缝。埋件外露面板、封板采用厚 30mm 不锈钢复合板；基板材料为 Q345B，厚 26mm；复合层材料为 00Cr22Ni5Mo3N 双相不锈钢，厚 4mm。

上、下游框架现场对接焊缝在 278.00m 高程以下采用 6mm 深剖口水密焊，在 278.00m 高程以上采用 20mm 深剖口水密焊。上部、下部框架现场对接焊缝采用 6mm 深剖口水密焊。

1）焊缝分类

根据设计通知单要求，封板与整体门槽和上、下游水工钢衬之间的焊缝类别按 Ⅱ 类焊缝进行焊接。

2）焊缝坡口形式

封板与门槽、钢衬的焊缝坡口形式为单边 V 形坡口对接焊缝，其中底封板长 4.0m，侧封板长 6.06m，顶封板长 4.0m。（注意：封板板厚 30mm，钢衬板厚 24mm。）

3）焊前准备

（1）封板安装前，严格清理坡口面及其两侧的油污、水锈等，保持坡口清洁、干燥。封板安装要求错牙不超过 1mm。由于封板与钢衬的板厚差 6mm，因此要求封板与钢衬的不锈钢面对齐。

（2）封板安装调整点焊完毕，立即开始焊接。保证焊点有足够的强度，焊前和焊中严格检查焊点质量，防止焊点裂纹。

（3）定位焊应符合下列规定。

定位焊的焊接工艺要求与正式焊接相同。

定位焊应由持有效合格证书的焊工施焊。

定位焊缝的厚度不应超过正式焊缝厚度的 1/2，通常为 6～8mm，长度为 50～80mm，应具有足够的强度，确保在封底焊接过程中不开裂。

（4）定位焊的引弧和熄弧应在坡口内进行。

4）焊接

（1）由于封板相邻两块结构件已加固固定，所以封板焊缝的刚性拘束度较大，且施焊环境恶劣，焊接不当较易产生裂纹，因此，每块封板与门槽之间的两条焊缝必须同时施焊。焊接采取两人分段交错跳跃式由中间向两头焊接，每段长度 800 ~ 1000mm，每段连续焊接 2 ~ 3 层，然后跳焊另一段，直至全部焊缝焊完 3 层。每条焊缝均必须连续焊完，不得中断。

（2）焊工应按照焊接作业指导书的规定施焊，对 $00Cr_{22}Ni_5Mo_3N$ 复合层焊缝应控制焊接线能量，其每条焊道的热能输入不应超过 25kJ/cm。应在坡口内引弧，严禁在非焊接部位的母材上引弧、试电流，并应防止地线、焊接电缆线、焊钳与衬壁接触打弧擦伤母材。

（3）焊接时，应将每道焊缝的熔渣和飞溅清理干净，各层各道间的焊接头应错开 30mm 以上。焊接过程中应控制基层层道间温度不高于 200℃，过渡层及复层层道间温度不高于 150℃。

（4）基层焊接完毕后进行过渡层和复合层焊接，焊接基材时，其焊道不得触及和熔化复材，焊道表面应距复合界面 1 ~ 2mm，焊道余高应小于 1 ~ 1.5mm；焊接过渡层时，在保证熔合良好的前提下，要尽量减少基材金属的熔入量，采用直径不大于 $\phi3.2mm$ 的焊条及较小的焊接线能量，过渡层厚度不得小于 2mm。复材焊缝表面应尽可能与复材表面保持平整、光滑，对接焊缝余高不大于 1.5mm，且焊后磨平。

5）手工焊接参数（直流反接），见表 4-39

表 4-39　手工焊接参数表

焊条直径 （mm）	焊接 位置	电流 （A）	电压 （V）	焊接速度 （cm/min）	焊接电能量 （kJ/cm）
$\phi3.2$	过渡层及复层	80 ~ 115	20 ~ 24	8 ~ 10	≤25
$\phi3.2/\phi4.0$	基层	100 ~ 160	21 ~ 27	10 ~ 15	≤40

焊条直径：CHS2209 为 $\phi3.2mm$；CHE507 为 $\phi3.2mm$、$\phi4.0mm$。

焊接技术要求及焊条摆动参数：基层在 3 倍焊条直径内，复合层轻微摆动。焊前清理：除去铁锈、油污及水分。层间清理：除去焊渣及缺陷。

6）其他焊接控制事项

（1）基层焊接过程中严禁将碳钢焊材熔合到不锈钢母材上，基层焊缝离复合层结合面距离 1 ~ 1.5mm，否则必须将碳钢从复材上清理干净。

（2）采用不锈钢焊条焊接时，要求小范围施焊。焊接过程中焊条横向摆动幅度不宜过大，应小于 2.5 倍焊条直径，避免产生裂纹。

（3）所有焊缝采用多层多道焊接，每层尽量减少焊接接头。焊缝每层焊接完毕后必须打磨干净并仔细检查。

（4）遇有穿堂风或风速超过 8m/s 的大风和雨天以及环境温度在 5℃ 以下，相对湿度在 90% 以上时，焊接处应有可靠的防护措施保证焊接质量。

（5）焊接时，采用对称焊接，焊工焊接参数保持一致以控制焊接变形。

（6）封板与钢衬、门槽对接焊缝打磨平整、光滑。

（7）对门槽工作面（尤其是止水座板面）做好保护。

7）底坎、封板焊后须灌浆处理。灌浆孔封堵措施：清理灌浆孔，烘干水汽，采用 CHS2209 焊条塞焊并磨平。

8）焊接材料

$00Cr_{22}Ni_5Mo_3N/00Cr_{22}Ni_5Mo_3N$、$00Cr_{22}Ni_5Mo_3N/Q345B$ 等对接焊缝焊接采用 CHS2209 焊条，其余焊缝均采用 CHE507 焊条。

9）焊条的保管和使用

（1）焊接施工现场应设置专门的焊条管理员，负责焊条的保管、烘干、发放和回收，并做好详细的记录。

（2）焊条的烘干参数按焊条使用说明书的要求进行，烘干后的焊条应放入 $100 \sim 150℃$ 恒温箱或焊条保温桶中，随用随取。

（3）烘干后的焊条在大气中允许存放的最长时间如下：CHE507 焊条 4h，CHS2209 焊条 1h，存放在保温桶内不得超过 4h。超过允许存放的时间，在使用时应重新烘干，重新烘干次数不应超过 2 次。

10）电焊机选用 ZX7-400 型逆变直流焊机，该型焊机参数稳定、调节灵活、安全可靠，并满足焊接电流调节的要求。

11）焊缝外形尺寸和外观质量检查合格并在焊接完成 24h 后，焊缝表面采用渗透探伤，按 JB/T 6062—2007 标准执行。

8. 防腐

防腐包括闸门和门槽节间部位、现场安装焊缝两侧未涂装的钢材表面、损伤部位以及拼装完成后表面的最后一道面漆。防腐技术要求详见招标文件及设计文件的相关条款。预处理前，应将闸门、门槽表面整修完毕，并将金属表面的铁锈、氧化皮、油污、焊渣、灰尘、水分等污物清除干净。

9. 专家相关建议

（1）为防止门槽底部混凝土浇筑后形成空腔或混凝土不密实，浇筑完成后，根据实际情况考虑是否需要化学灌浆。若灌浆，则要制订专门的灌浆方案。

（2）门槽底坎平面度仅对与闸门配合后的工作范围要求为 0.05mm，其余部位可按 GB 5018—2008《润滑脂防腐蚀性试验法》规范进行处理。

（3）为保证门槽安装精度，需采用螺杆进行调整。

10. 人力设备资源配置

1）人力资源配备

人力资源配置见表 4-40。

表 4 - 40 人力资源配置表

序号	工种	人数	备注
1	技术管理	3	
2	冷作工	20	
3	电焊工	6	
4	起重工	2	
5	电工	2	
6	测量队	4	
7	质检人员	2	
8	安全员	2	
9	其他	6	
10	合计	47	

2）设备资源配置

主要设备、工器具配置见表 4 - 41。

表 4 - 41 主要设备、工器具配置表

序号	名称	规格型号	数量	备注
1	300t 履带吊	300t	1 台	
2	220t 汽车吊	220t	1 辆	
3	50t 汽车吊	50t	1 辆	
4	平板拖车	100t	1 辆	
5	直流电焊机	ZX-400	4 台	
6	载重汽车	8t	1 辆	
7	水平仪	S3	1 台	
8	经纬仪	J2	1 台	
9	角磨机	电动 ϕ150	4 台	
10	焊条保温桶		4 只	
11	倒链	3t	3 台	
		5t	3 台	
12	千斤顶	8t	4 台	
		16t	4 台	
		32t	4 台	

3）主要材料

主要材料配置见表 4 - 42。

表 4 - 42 主要材料配置表

序号	名称	型号及规格	单位	数量	备注
1	型钢/钢板	工字钢 I16、角钢 $\angle$63	t	15	加固材料

序号	名称	型号及规格	单位	数量	备注
2	圆钢	$\phi25$、$\phi16$	t	1.5	
3	马道板	$\delta=50mm$，$L=4000mm$	m³	7	
4	防雨布		卷	4	
5	钢丝绳	$\phi40$	m	100	
6	焊管	$\phi48$	m	240	

11. 质量保证措施

项目部常务经理是质量管理工作的第一责任人，下设三级检查机构的质量保证体系。项目部质量技术办承担三级检查工作，施工厂（队）设专职二检人员，下属各中队技术干部负责一检工作。整个体系采用项目经理→技术办→施工厂（队）二检→施工厂（队）一检的垂直领导体系。

工程技术人员须认真熟悉、阅读设计图纸和有关技术资料，理解设计意图、构件及设备的使用原理，优化施工方案，切实起到指导生产的作用。

认真做好技术交底，使每个职工做到心中有数，明确任务和内容、技术要求、技术关键、技术难度、质量要求。施工人员接受技术交底工作，并严格按图纸、工艺等技术文件施工，未经监理单位批准不得进行更改。

（1）建立完善的质量保证体系，确保对冲沙孔门槽及闸门的安装质量进行有效控制。从设备到货至设备安装验收，按照质量手册的程序性文件技术规范和标准进行质量控制和质量检测。

强化质量意识，严格执行"三检制"，对每道工序进行质量验收，上道工序没有合格证不得转入下道工序。设专职质量检查人员，按质量保证体系的程序进行检查验收，实行质量否决权。

（2）对造成的质量事故，严格执行"三不放过"原则。

（3）安装所有测量控制点的设置，均由施工测量中心提供数据，并在施工现场设置。安装中所用测量仪器、检测工具等须经计量单位校验，并在有效期内使用。

（4）施工过程中，接受监理工程师的指导和监督检查，对监理工作积极配合。如更改设计，需经监理工程师同意并签字或有修改通知书后方能更改。

（5）焊工经培训合格后，持证上岗，且具有能源部、水利部颁发的适用于水利水电工程安装焊工考试合格证或劳动人事部门颁发的锅炉、压力容器有效合格证书。定期对全部焊接设备进行检修，防止设备带病运行。

（6）施工中加强资料管理，质量检测记录做到资料齐全、不漏项，及时整理归档保存。

12. 安全保证措施

安装工程实施前，厂（队）根据安全管理原则，由主管安全的队长组织编写安装工程安全管理施工组织设计。编制完成的安全管理施工组织设计将印刷成册，发至各级人员，并进行专门学习考核，使每一位员工的安全意识和安全管理知识都提高到较高水平。

厂（队）将定期召开专题安全例会，各施工班组主要负责人参加例会。要求各班组在班前布置生产任务的同时，专题布置安全生产工作不少于 5 分钟，使每位员工在生产过程中始终将安全放在首位。

安全工程师和安全员在日常检查工作中随时发布安全指令，作业层按安全指令要求完善安全措施；每一单项工程开工前以及进行下道工序施工前，须经安全工程师及安全员检查开具安全合格证，否则不得进行下道工序施工。

（1）起吊重物时，起重指挥人员须配备信号旗和口哨，指挥信号准确无误；起吊设备的操作人员听从指挥，防止误操作；严禁人员在起吊重物下停留。起吊使用的钢丝绳、倒链、卸扣等需要定期检查，如有问题立即处理。

（2）施工人员进入工地要戴安全帽，高空作业时系好安全带，并搭好安全网，防止高空物体坠落。

（3）所有施工人员执行本工种安全操作规程，杜绝违章作业。

（4）严格执行"布置生产任务的同时布置安全工作，检查生产工作的同时检查安全情况，总结生产的同时总结安全工作"的"三同时"制度。

（5）大件的运输吊装。

①门槽及闸门运输时，拖车头中心对准公路中心缓慢行驶。

②门槽及闸门运输、吊装前，须做好技术交底，使每个施工人员都心中有数。

③门槽及闸门运输前按安装工期要求，规划运输时间及路线并报交通管理部门审批，办取通行及吊装手续。

④门槽及闸门装卸车时，须注意用枕木配以木板垫平、垫牢。另外，钢丝绳捆绑和吊运钢管时，应在钢丝绳和构件间加设软垫。同时，门槽及闸门的运输重心一定要装在载重汽车的中心，并捆绑牢固，在最大尺寸处加警示标志。

⑤运输载重汽车必须限速行驶，以引路车开道。

⑥吊装的所有工器具、设备所承重的荷载都不得超过其额定荷载，施工时起重工具要随时检查，发现不安全因素要及时处理。

⑦所有参加起吊的起重工作人员，必须严守起重操作规程，指挥信号明确，其余参加起吊的工作人员注意做好配合工作，确保门槽及闸门起重、运输的安全。

（6）建立设备定期维护检查制度，确保设备安全正常运行。

（7）保障门槽及闸门安装过程水平、垂直安全通道的畅通、安全。

（8）施工现场做好防火工作，配备足够的灭火器材。

（9）脚手架应搭设牢靠，并应定期检查。

4.4.13　右岸坝后电站空间压力钢管现场制造与安装

1. 工程概况

向家坝水电站右岸坝后厂房电站引水钢管采用坝后钢衬钢筋混凝土背管的布置

形式，进水口事故闸门后经方圆渐变段断面变为直径为 9.2m 的圆形，渐变段末端后约 1m 处即为钢管起始端，从进水口至厂房内与蜗壳相接段接口位置，9 号、10 号、11 号机压力钢管分别长 185.572m、204.244m、221.912m。钢管分节制造，其中 9 号机 82 节、10 号机 90 节、11 号机 96 节，总共 268 节。斜管段高程 301.80m 以前采用 Q345R 钢材，厚度为 24～32mm；斜管段中部以下管节选用 610MPa 级别 07MnCrMoVR 高强钢材，厚度为 32～46mm。3 条压力钢管共设置 4 个空间弯，空间斜直段安装时，安装精度检测有别于平面直管，安装精度控制难度较大，如允许范围内的安装误差累计，将直接影响后续管节安装。

2. 现场制造环节控制

压力钢管下平段、下弯段管节材质为 07MnCrMoVR 高强钢，管壁厚度为 36～46mm，管节长度为 2.5m（其中 1 节为 1m），原方案为单节制造、单节吊装，调整就位后现场环缝采用手工电弧焊焊接，此方案吊装单元多，占用现场起重设备时间长，且现场环缝数量多，占用压力钢管直线工期。考虑到现场起重设备起吊能力（MQ6000 门机，70m 幅度内可吊 60t，单个管节最大重量为 28t）后对制造、安装方案进行了优化，改为在制造厂内将部分管节摞节并焊接完成，环缝焊接方式采用埋弧自动焊（610MPa 级高强钢大直径压力钢管环缝采用埋弧自动焊在国内首次应用），既提高了安装质量，又缩短了工期。

3. 安装环节质量控制

（1）采用三维建模进行偏差控制。压力钢管安装时，先利用 CAD 软件绘制压力钢管三维图，建立各管节控制点坐标实测值与理论值对照纠偏表，以此指导压力钢管安装调整，及时纠正偏差，防止安装误差累计。为提高安装精度，需建立合适的三维模型及坐标系，将检测结果经过转换后在合适的坐标系中分析钢管的安装偏差，以便确定钢管的偏离方向和偏离量大小。现场安装控制坐标系一般选用机组坐标，因压力钢管包含四个空间斜直段，斜直段安装过程中偏差容易积累，为更好地控制斜直段压力钢管，选取压力钢管进水口管口中心点作为控制点，通过控制钢管进水口管口中心点与机组引水中心线的垂直距离来控制钢管的偏差，即钢管进水口管口中心点与机组引水中心线的垂直距离越小，则偏差越小。通过上述建模，把压力钢管斜直段安装偏差控制简化为控制一个点（管口中心点）与一条线（机组引水中心线）的距离大小，有利于更加直观地控制安装偏差。

（2）检测数据的处理、分析及应用于钢管纠偏。钢管安装调校完毕后，通过测定钢管管口上顶、下底、左平、右平四个点在机组坐标系中相对设计值的偏差来判定钢管安装偏差。因压力钢管制作存在一定的圆度差，管口并不是一个完美的圆，为尽可能降低管口圆度差对检测结果的干扰，应尽量让检测结果反映钢管的真实偏差，需对检测数据做适当取舍和处理。具体做法如下：在确定管口中心点沿左右岸方向（X 轴）的偏差时，取上顶和下底两个点在 X 轴上偏差的平均值，舍弃左平和右平两个点；在确定管口中心点沿上下游方向（Y 轴）的偏差时，取左平和右平两

个点在 Y 轴上偏差的平均值，舍弃上顶和下底两个点；在确定管口中心点在高程方向（Z 轴）的偏差时，取左平和右平两个点在 Z 轴上偏差的平均值，舍弃上顶和下底两个点。上述数据取舍均为防止管口出现不圆的情况时对检测结果的干扰。上述计算过程能计算出管口中心点在 X、Y、Z 轴三个方向上的偏差，进一步通过计算管口中心点到机组引水中心线的垂直距离可以判定钢管安装的偏差大小以及偏差方向，根据上述计算结果指导钢管纠偏。

（3）根据检测结果下料制作。斜直段钢管在纠偏过程中容易出现现场安装环缝部分位置管口间隙过大的情况。为避免环缝间隙过大，确保现场安装焊缝质量，部分管节可以在分析上一节钢管偏差情况的基础上用下料制作的方式进行针对性制作，该思路类似于凑合节的"整节凑合"。

第5章　专题案例及处理方案

5.1　新8号机压力钢管孔状漏水问题

1. 问题概述

2013年3月下旬，新8号机计划性停机检查时发现压力钢管腰线部位存在一处孔状漏水，但停机时间较短，未能查清漏水原因。4月1日流道检修专题会要求在抬高蓄水位之前将其处理。5月16日，新8号机开始停机检修，17日晚搭设排架后对孔状漏水进行了详细检查。

图5-1　新8号机压力钢管孔状漏水检查图

漏水孔位于第4管节，顺水流方向右侧腰线以上950mm，距离第3、4管节之间的环向焊缝330mm，距离加劲环170mm。漏水孔呈不规则孔状，直径约

20mm。经三峡金属结构检测中心超声波检查，该孔周边钢板存在长 300mm、宽 70mm 的条带状缺陷，缺陷从下往上斜穿钢板。采用铁丝穿透检查，发现左右侧可穿入 30～50mm，向上穿透钢板后进入混凝土面，穿入 1800mm，向下无法穿入（见图 5-1）。

2. 原因分析

制造安装单位查找板材领用记录，追踪到该钢板的钢板号和批号。该钢板在制造安装过程中均未见异常，分析钢管制造和安装过程，也不会产生类似缺陷。

钢材生产厂家也追踪了该块钢板的出厂 UT 扫描记录，该板进行了 100% 覆盖的自动超声波探伤，未发现缺陷，符合供货标准。但是，因钢材生产厂家采用目前通用的直探头对钢板进行 UT 检测，对于在板厚方向呈倾斜状的缺陷会造成 UT 反射信号显著下降或消失，现场对缺陷 UT 检测时的缺陷回波当量也未超过标准。另外，这类缺陷一般会导致底波消失，其自动探伤设备可以监控底波消失，但在探伤记录中未发现此类现象。经分析缺陷的形状，可能为缩孔经过轧制后形成的扁平状、光滑通道。

3. 处理方案

（1）灌浆堵水。安装单位于 2013 年 5 月 18 日开始焊接灌浆管，进行水泥灌浆，灌浆压力为 0.3MPa，灌入约 80L 水泥砂浆。等强 24h 后，拆除灌浆管，仍有少量漏水。5 月 20 日，再次进行灌浆处理，灌注聚氨酯约 3L，等强 12h 后，堵水成功（见图 5-2）。

图 5-2　灌浆堵水

（2）刨除部分母材缺陷。5 月 21 日，刨除部分母材缺陷，宽 70mm、长 100mm、厚 20mm，清理干净，预热后进行焊接（见图 5-3）。

（3）贴补钢板。预制一块 32mm×300mm×600mm 的钢板，卷制成型后，贴补在缺陷位置，预热焊接、后热、UT、PT 检查合格后涂装。5 月 22 日贴补钢板焊接完成，UT、PT 检测合格，涂刷油漆。5 月 26 日油漆干燥等强，交面给电厂进行充水，机组运转正常（见图 5-4）。

图5-3　刨除部分母材缺陷

图5-4　贴补钢板

4. 经验教训

钢材出现母材缺陷，直到钢管安装完成、充水运行后才发现。首先是钢材生产制造厂家，其出厂前进行了100%的UT扫描，但因扫描设备自身的盲区，导致不合格钢材出厂；其次，根据合同要求，设备到货后，施工单位进行了100%的UT探伤检测，出具了检测合格的报告，但其检测不细致，流于形式，没有发现该母材缺陷；第三，在压力钢管制作时，钢材下料、卷制、组圆、喷涂、安装等各个环节均有可能发现该缺陷，但也因疏忽未发现。

在以后的工作中，应对钢材的到货验收和UT检测重点把关，防止出现类似质量问题。

5.2　右岸进水口事故闸门水封起皱问题

1. 问题概述

2011年10月，安装单位在安装第1套进水口事故闸门水封时，未严格按照规范要求进行运输和安装，导致橡塑复合水封表面聚四氟乙烯出现严重的皱褶，予以报废（见图 5 - 5、图 5 - 6）。2011 年 11 月，设备供应商免费提供了一套替换的新水封，用于 5 号机（原 4 号机）进水口事故闸门。

为保证水封安装质量，安装单位在供应商的全程监督和指导下进行了第 2、3、4 套 [8 号（原 1 号）机、7 号（原 2 号）机、6 号（原 3 号）机] 水封的运输和安装，但表层聚四氟乙烯仍有较严重的起皱现象。

图 5 - 5　安装在闸门上的水封，水封表面的聚四氟乙烯起皱

为查清水封自身质量情况，安装单位在现场监理见证下进行了取样，并送四川省产品质量监督检验监测院进行质量检测，结果发现拉伸强度为 11.6MPa，不能满足规范（≥18MPa）的要求，质量不合格。经查，该供应商生产的水封应用于右岸电站 13 扇闸门（进水口事故闸门 4 扇、进水口检修闸门 1 扇、排沙洞进水口检修闸门 2 扇、排沙洞进水口事故闸门 2 扇、尾水出口检修闸门 4 扇）。

图 5 - 6　存放在仓库的水封，也有起皱现象

2. 原因分析

供应商提供的水封抗拉强度偏低，为水封表层聚四氟乙烯起皱的重要原因。施工单位没有严格按照要求进行存放、在安装运输过程中进行了盘折、水封吊装支架固定不牢固等，是水封表层聚四氟乙烯起皱的直接原因。安装现场场地较小，现场安装环境差为水封起皱的客观原因。

3. 处理方案

已经安装的7扇闸门水封［6～8号机（原1～3号机）进水口事故闸门、1号和2号排沙洞进水口的检修闸门及事故门］，由供应商提供7套经检验合格的新水封，安装单位进行更换安装，原水封报废（见图5-7）。进水口检修闸门安装经送检合格的新水封，原水封退货。

5号机（原4号机）进水口事故闸门水封，为2011年11月供应商提供的新水封，其生产批次不同，且自检合格，可继续使用。为确保质量，安装单位对该水封进行了取样送检，质量合格。

尾水出口检修闸门水封因生产批次不同，检查合格，且该闸门水头较低，更换方便，同意该水封继续使用。

图5-7　重新提供的新水封安装后图片

4. 经验教训

闸门采购招标时，买方对水封的性能、生产厂家均提出了要求，DL/T 5018—2004中也对水封的性能有明确规定。但是，闸门生产厂家采购时为了降低成本，对橡皮水封生产厂家一再压低价格，橡皮生产厂家为了降低生产成本，也只能在质量上做文章，形成了恶性循环。经了解，橡皮水封抗拉强度低主要是天然橡胶比例低，加入了过多的廉价再生橡胶。

为了防止上述现象发生，建议在闸门招标采购时规定橡皮水封交货前必须到有资质的检测单位检测，合格后才能发货。另外，在闸门安装合同中也应增加由安装单位对到货的水封进行检验的合同条款，确保水封质量处于受控状态。

5.3 金属结构设备与土建接口问题

1. 问题概述

门槽埋件安装与土建结合紧密，且为多个专业交叉施工，如混凝土浇筑、金属结构安装和灌浆等，专业界面较多，很容易因专业间交流不够导致出现质量问题。向家坝右岸电站门槽安装时就出现了一些质量问题，常见的问题主要有以下几方面：

（1）过流面混凝土底板高程与门槽底坎高程不一致。

（2）土建专业设计图纸和金属结构专业设计图纸中的门槽二期混凝土结构不一致，导致闸门无法入槽。

（3）门槽安装完成后，二期混凝土浇筑不密实，出现二期混凝土漏水现象。

（4）门槽一期插筋安装位置偏差过大。

（5）排沙洞出口弧门门槽二期混凝土、支撑大梁二期混凝土、门楣二期混凝土等部位未进行灌浆作业。

2. 原因分析

出现上述质量问题的原因主要是专业交流不够，无论是业主、设计、监理还是施工单位均存在专业间交流不够，而导致出现了各种各样的质量问题。

（1）过流面混凝土底板高程与门槽底坎高程不一致。

主要原因是土建施工单位对该部位的高程控制不敏感，要求不够严格，另外也不排除测量队的测量问题。地下电站的进水口检修门和事故门底坎、尾水洞出口检修闸门底坎均有类似质量问题，特别是尾水洞出口一期混凝土较检修门底坎高100mm，偏差过大。

（2）土建专业设计图纸和金属结构专业设计图纸中的门槽二期混凝土结构不一致，导致闸门无法入槽。

该问题主要是由设计院两个专业的图纸会审不严格导致。图纸发放后，业主、监理和施工单位均是各专业看各专业的图纸，一般不会看其他专业的图纸，所以该问题不易发现，直到闸门无法入槽时，才发现图纸上的错误，右岸进水口检修门就有这个问题。后审阅其他部位的闸门图纸时，发现尾水管闸门、进水口事故闸门等均存在类似错误。

（3）门槽安装完成后，二期混凝土浇筑不密实，出现二期混凝土漏水现象。

门槽二期混凝土浇筑时，因振捣不充分、浇筑不密实，后采取了补充处理的措施，但仍出现了局部少量的漏水现象，如尾水管检修闸门的门槽二期混凝土、进水口 5 号机检修闸门门槽二期混凝土都有类似的漏水现象。

（4）门槽一期插筋安装位置偏差过大。

门槽一期插筋安装位置偏差过大，导致门槽安装时无法按照图纸要求采用厂家提供的锚筋进行直接焊接加固。该问题普遍存在，主要是由于插筋由土建单位安装，且插筋要伸出混凝土面，导致模板安装不便，插筋安装难度增大。

（5）排沙洞出口弧门门槽二期混凝土、支撑大梁二期混凝土、门楣二期混凝土等部位未进行灌浆作业。

该问题主要是专业间交流不够造成的。

3. 处理方案

（1）过流面混凝土底板高程与门槽底坎高程不一致。

出现该问题时，如果偏差不大（小于 20mm 时），底坎安装时可适当调整底坎设计高程，保证底坎与一期混凝土面高程一致。如果偏差过大，只能凿除高出的混凝土。如果混凝土面低于底坎设计高程，则凿毛后再补浇筑混凝土。

（2）土建专业设计图纸和金属结构专业设计图纸中的门槽二期混凝土结构不一致，导致闸门无法入槽。

出现该问题时，只能凿除多余的二期混凝土，保证闸门顺利入槽。

（3）门槽安装完成后，二期混凝土浇筑不密实，出现二期混凝土漏水现象。

加强对二期混凝土施工质量的管控，对不密实的部位进行灌浆处理。

（4）门槽一期插筋安装位置偏差过大。

采用增焊搭接板的方式处理。

（5）排沙洞出口弧门门槽二期混凝土、支撑大梁二期混凝土、门楣二期混凝土等部位未进行灌浆作业。

补充灌浆处理。

4. 经验教训

出现上述问题的根源在于专业间的交流不够。施工方在报送门槽浇筑方案时，应由总工程师安排，召集各专业人员进行联合审查，合并报送施工方案；审核时，严格方案会签、审批流程，多专业人员参与，共同研究，确保各专业切实知悉。

5.4　伸缩节"十"字焊缝问题

1. 问题概述

向家坝水电站引水压力钢管伸缩节（共 4 套）由某公司（简称"制造单位"）承制，至 2011 年 11 月，4 套伸缩节全部到货。伸缩节端管和压力钢管上下游管节各有 3 条纵缝（制造焊缝），120°均布。

2012 年 2 月，安装单位开始 3 号机（原 6 号机）、4 号机（原 5 号机）伸缩节的安装，发现 3 号机（原 6 号机）伸缩节与上游压力钢管对接位置两条纵缝间距 30mm，与下游压力钢管对接位置两条纵缝间距 175mm；4 号机（原 5 号机）伸缩节与下游压力钢管对接位置两条纵缝正对，不满足规范规定的纵缝错开不小于 5 倍板厚（270mm，板厚 54mm）的要求。

3 号机（原 6 号机）伸缩节与上游压力钢管对接位置两条纵缝间距约为 20 ～

30mm（见图 5 - 8）。

图 5 - 8 3 号机伸缩节与上游压力钢管对接位置两条纵缝间距图

3 号机（原 6 号机）伸缩节与下游压力钢管对接位置两条纵缝间距约 175mm（见图 5 - 9）。

图 5 - 9 3 号机伸缩节与下游压力钢管对接位置两条纵缝间距图

2. 原因分析

伸缩节端管一端与波纹管焊接，另一端与压力钢管焊接，两端加工要求不一样，如图 5 - 10。

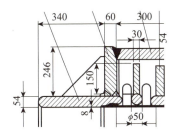

图 5 - 10 端管加工示意图（单位：mm）

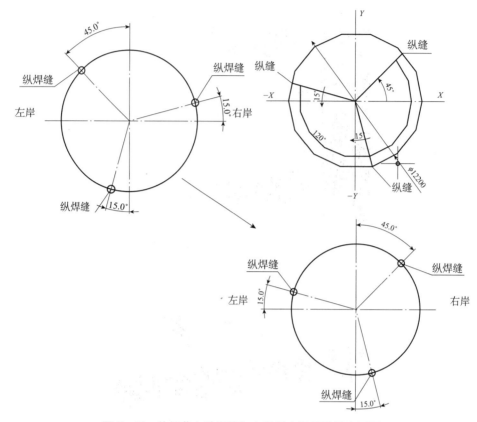

图 5 – 11　伸缩节上游端管与上游压力钢管纵缝布置图

以伸缩节上游端管与上游压力钢管纵缝布置图为例（图 5 – 11），若伸缩节以垂直方向直径为轴旋转 180°，正好与压力钢管纵缝布置重合。

2010 年 6 月，在制造单位召开了压力钢管伸缩节的设计审查会，安装单位提供了与伸缩节相连压力钢管的纵缝位置和坡口形式，制造单位负责伸缩节端管分缝设计。安装时才发现"十"字焊缝现象，这既有技术上的原因，也有管理上的原因。

从技术上分析，主要是因为制造单位制造过程中端管为外协加工，而端管的两端加工要求不一样，外协厂家将端管上下游侧加工反了，再将上下游对调，造成伸缩节端管纵缝位置左右向颠倒，即以垂直方向直径为轴旋转了 180°，正好与压力钢管纵缝形成"十"字焊缝。

从管理上分析，制造单位未严格按照图纸施工是造成"十"字缝的主要原因。端管上下游加工反后没有反馈给制造监理等相关方，直至安装就位后才发现，错过了在伸缩节组焊、验收、吊装就位等环节中纠正错误的机会。说明制造单位的质量管理体系存在漏洞，监理单位的制造监管不到位，未按照图纸要求仔细进行严格检查验收，业主单位虽多次强调接口关系的重要性，但并未将此作为验收项予以落实。

3. 处理方案

2012 年 2 月 17 日，向家坝工程建设部组织召开专题会，会议认为做好"十"字焊缝的焊接可满足使用要求。减小"十"字焊缝应力的措施主要有：采用小电流施焊、焊接过程逐层采用锤击消应、焊完后对焊缝表面进行磨平处理等。

会后，按照专题会处理意见进行了处理。

（1）用原钢板边料做"十"字焊缝焊接试板，试板力学性能检验符合标准规定。

（2）现场按制定的焊接工艺焊接，为减小"十"字焊缝应力，主要采用了小电流施焊、焊接过程逐层锤击消应、焊完后对焊缝表面进行磨平处理等措施。焊后检测合格。

4. 经验教训

为避免类似事件再次发生，在今后的制造项目中，制造单位应严格按图施工，各相关单位应加强沟通协调，将重要的接口关系作为控制要点和检验验收项目，确保界面清楚、接口正确。

另为避免类似情况出现，建议在设计和制造环节加强标志标记环节控制，确保接口等及时、正确传导。

5.5   中孔弧形工作门固定支铰铸造缺陷问题

1. 问题概述

泄洪中孔弧形工作门（共 10 扇）由某公司（简称"制造单位"）承制，其中固定支铰（共 20 件）为外协铸钢件，由外协单位承制。2011 年 8 月，首批固定支铰到货 6 件，检查发现其中 2 件支铰局部有裂纹，我方高度重视，及时通知制造监理和制造单位对所有到货支铰进行探伤检查。

2011 年 10 月 3 日，在宜昌召开了专题会议，制造监理和制造单位对探伤检查结果进行了汇报。经讨论分析，明确要求 2 件缺陷较为严重的予以报废，其余 4 件处理后做进一步检查，再确定是否使用。

2011 年 11 月，剩余 4 件支铰处理后检测结果显示存在质量隐患，为保证精品工程，经与制造单位和外协单位达成一致，决定将首批 6 件固定支铰全部报废。

2. 原因分析

经分析，向家坝中孔弧门固定支铰尺寸较大，铸造厂铸造工艺不合理是造成这次质量缺陷的主要原因。

3. 处理方案

为保证设备整体质量，首批 6 件固定支铰全部报废。事后，制造监理和制造单位派专人对外协单位监督检查，并提供技术指导。该单位对原有工艺进行了改进，重新制作的固定支铰经检测合格，能够满足使用要求。

4. 经验教训

加强外购外协件的质量控制，建议在监理合同中明确监理人对外购外协件和分包项目的监理要求，若有必要，可考虑延伸至外购外协厂或分包商监理。

5.6 闸门工艺过焊孔未封堵造成漏水的问题

1. 问题概述

向家坝水电站右岸地下厂房尾水出口有 2 条尾水洞，共设 4 扇尾水检修门（每洞 2 扇）。2012 年 4 月 30 日，安装单位完成了尾水检修门和固卷启闭机的联合调试，具备下闸条件。2012 年 5 月 16 日，尾水检修门按要求进行下闸挡水。2012 年 5 月 17 日，安装单位和现场安装监理在巡检时发现闸门底角漏水。

2. 原因分析

经检查分析，漏水位置为闸门每节底部内边梁过焊孔位置。因该闸门止水方式为"顶侧止水为上游厂房侧止水，底止水为下游面板侧止水"，设计图纸也未对过焊孔有明确的封堵要求，制造单位在制造完毕后也未进行封堵，所以造成下闸后水从下游侧通过内外边梁中间再从底部过焊孔位置向上游喷射。

3. 处理方案

2012 年 5 月 17 日，业主物资设备部接到通知后立即组织安装单位、现场安装监理以及业主项目部负责同志召开专题会议商定了处理方案。

处理措施为：首先对尾水侧的水用泵进行抽排，抽排至 600mm 深时在尾水侧面板前方砌筑挡水坎，再用泵抽去挡水坎和闸门之间的水，最后将闸门提起搭设平台进行封焊处理。

2012 年 5 月 21 日，全部处理完毕，重新下闸挡水。

同时，业主方物资设备部举一反三，对其他类似止水形式的闸门进行了排查，后来发现右岸排沙洞进口事故闸门也存在类似问题，通知安装单位在下闸前进行了处理。

4. 经验教训

通过此次事件，一方面设计单位在以后的图纸设计中要结合实际，对可能忽略的问题在图纸上进行明确要求；另一方面，制造单位和制造监理也应在闸门制造完毕后进行发运前全面检查。另外，安装单位在安装过程中也要根据经验，对容易发生问题的部位进行提前检查，将问题消除在验收前。

后　记

本书从向家坝工程金属结构设计、制造、安装等工程管理实践出发，在具体的章节中对从三峡工程建设过程中传承下来的管理理念以及管理体系等管理内容进行了简单介绍，更加突出了从合同甲方角度出发的管理思路、方法措施，同时也将管理过程中容易出现的问题及经验教训进行了剖析。

在完成对向家坝工程金属结构总结和归纳后，通过对管理者自身管理及系统的理论进行提炼、分析，为以后大中型水电工程人才培养方面提供了更多参考帮助。同时，通过对向家坝工程主要金属结构的设计、制造、安装等工序进行技术总结，也更加有利于水电站部分金属结构管理专业人员对水电站的认识。结合现场不同情况总结出的一套经验及心得，可以适用于我国今后许多大中型水利水电工程更好、更快地开发、建设以及管理等工作。

（1）管理提炼。本书以向家坝工程为依托，以项目管理实践为基础，从项目管理者的角度出发，对项目的金属结构按过程进行挖掘、梳理，从中发现管理重点、难点，对典型案例进行分析，一方面可以更好地提升自身管理水平，另一方面也为管理人员提供借鉴，避免犯同类错误，达到管理经验固化的目的。

（2）文化传承。向家坝工程建设部员工多是承建过三峡工程的管理者、建设者，本身即是三峡文化的传承人，始终铭记三峡文化，求真务实，上下一心，方法科学，最终实现了专业技术能力和质量水平的整体提升。

受自身管理水平、写作能力的限制，本书难免有不妥之处，同时不同工程的特点及边界不尽相同，结合技术更新、管理完善等，同样的问题在不同时期可能会需要不同的处理思路及措施。因此，本书也会在今后的工作中不断修订和完善。